机 械 工 程 图 学

第 2 版

主　编　邹玉堂　路慧彪　刘德良
主　审　陆国栋

机 械 工 业 出 版 社

本书根据教育部高等学校工科画法几何及工程制图课程指导委员会2015年修订的"画法几何及工程制图课程教学基本要求"编写，将计算机绘图、徒手绘图和尺规绘图有机融合，辅以教学视频及立体模型，注重空间思维能力、创新设计能力、徒手绘图能力及计算机应用能力的培养。

全书共11章，主要内容包括制图的基本知识与技能、计算机绘图基础、投影基础、立体的投影、组合体、轴测图、机件的表达方法、标准件与常用件、零件图、装配图、计算机辅助设计基础。

本书可作为高等学校机械类、近机类各专业画法几何及机械制图课程的教材，也可供职大、电大及函授等工科院校同类专业的师生学习和使用。本书还配有教学视频，读者可扫描正文中的二维码观看。

图书在版编目（CIP）数据

机械工程图学/邹玉堂，路慧彪，刘德良主编 . —2 版 . —北京：机械工业出版社，2021.5（2023.7 重印）

ISBN 978-7-111-68017-8

Ⅰ.①机… Ⅱ.①邹…②路…③刘… Ⅲ.①机械制图 – 高等学校 – 教材 Ⅳ.①TH126

中国版本图书馆 CIP 数据核字（2021）第 068370 号

机械工业出版社（北京市百万庄大街 22 号 邮政编码 100037）

策划编辑：白文亭 责任编辑：白文亭

责任校对：陈 越

责任印制：任维东

北京玥实印刷有限公司

2023 年 7 月第 2 版第 3 次印刷

184mm×260mm · 18 印张 · 446 千字

标准书号：ISBN 978-7-111-68017-8

定价：69.00 元

电话服务　　　　　　　　　网络服务

客服电话：010 – 88361066　　机 工 官 网：www.cmpbook.com

　　　　　010 – 88379833　　机 工 官 博：weibo.com/cmp1952

　　　　　010 – 68326294　　金 书 网：www.golden – book.com

封底无防伪标均为盗版　　机工教育服务网：www.cmpedu.com

前　　言

机械制造业是我国国民经济的支柱产业，党的二十大报告提出，加快建设制造强国。随着我国经济发展进入新常态，传统机械制造业面临种种困难，转型升级已迫在眉睫，智能制造成为机械制造业转型升级和实现产业结构调整的必然趋势。工程图样作为工程界交流的语言，相关课程也面临着教学内容、教学体系和教学手段的改革。

本书参照高等学校工科画法几何及工程制图课程指导委员会修订的"画法几何及工程制图课程教学基本要求"，结合本校近年来对机械制图课程教学改革的研究与实践，充分吸取了各兄弟院校对制图课程教学改革的成功经验编写而成。

计算机绘图技术正在逐步取代传统的手工制图技术，多媒体技术正在逐步改革传统的教学模式。为培养适应时代发展需要的高级技术人才，本书将计算机绘图、徒手绘图和尺规绘图有机融合，删减了画法几何部分的内容，辅以多媒体课件，注重空间思维能力、创新设计能力、徒手绘图能力及计算机应用能力的培养。本书采用了最新颁布的国家标准，选择了广泛使用的 AutoCAD 软件。

相比第 1 版，第 2 版主要在最新国家标准追踪、绘图软件版本更新、计算机辅助绘图技术发展等方面做了修改和补充，同时为了满足线上教学及线上、线下混合教学需要，还补充了教学视频，读者可扫描正文中的二维码观看。

本书由邹玉堂、路慧彪、刘德良主编，陆国栋教授主审。参加编写的有路慧彪（绪论、第 1 章、附录）、刘德良（第 2、3、11 章）、邹玉堂（第 6、7 章）、原彬（第 8 章）、孙昂（第 10 章）、王淑英（第 4、5、9 章）。原彬、刘德良、于彦、于哲夫、曹淑华、孙昂等录制了本书的教学视频。

本书在编写过程中，得到了大连海事大学的大力支持，苗华迅同志为编者上机绘图做了大量的辅助性工作，在此一并表示感谢。并向在编写过程中所参考的同类著作的作者表示衷心的感谢。

由于编者水平所限，书中缺点和错误之处在所难免，敬请广大读者批评指正。

编　者

目　　录

绪　　论

1. 认识工程图

语言、文字和图是人类表达交流思想和传承文明的三种最重要的方式。由于图具有直观性、形象性、简洁性和确定性，在描述形状、结构、位置、大小等信息时远优于其他表达方式，因而广泛应用于科学研究、工程设计和信息表达等诸多方面。工程界常说"一图胜万言"，这种说法已被广泛认可。例如我国汉代张衡的地动仪以及诸葛亮的木牛、流马，其制作方法均有确切文字记载，但未见图样传世，现在已经很难确切知道其具体结构和形态。相比而言，达·芬奇设计的发条传动装置、差动螺旋、自行车、照相机、起重机、坦克车、潜水服及潜水艇、滑翔机、旋转浮桥等器械或装置，则均可通过图样读懂。正如宋代史学家郑樵在《通志》中所说"图谱之学不传，则实学尽化为虚学矣""凡器用之属，非图无以制器"。

0-1　认识工程图 1

图是图形（Graphics）、图样（Drawing）、图像（Image）、图画（Picture）的统称。以投影原理为基础，按照特定的制图标准或规定绘制的，用以准确表示工程对象的形状、大小和结构，并有必要技术说明的图，即为工程图样。现代化生产中，一切机器、仪器、设备和工程建筑都是按照工程图样进行生产和建设的。在工程技术领域，工程图样作为构思、设计与制造过程中工程与产品信息的定义、表达和传递的主要媒介，是工程技术部门的一项重要技术文件。它在机械、土木、建筑、水利、园林等领域的技术工作与管理工作中发挥着重要作用，是工程界表达、交流的"技术语言"。工程图学是研究工程技术领域有关图的理论及其应用的科学。

0-2　认识工程图 2

工程图要能够表达客观存在，能够交流设计思想，就需要有统一的表达方法和制图标准。工程图学是随着人类科技和文明的发展而逐渐产生并发展的，经历了从简单到复杂、从混乱到规范的完善过程。工程图学的发展过程及特点概括如下。

（1）工程图学源于几何学，经历了漫长的发展历程

成书于春秋时期的《周礼考工记》中已记载了规矩、绳墨、悬垂等绘图工具的运用情况，《史记·秦始皇本纪》有"秦每破诸侯，写仿其宫室，作之咸阳北阪上，南临渭，自雍门以东至泾、渭，殿屋复道周阁相属"的记载，表明了古人很早就使用了工程图。古代的图样，由于保存上的困难，流传至今的极少。随着几何学的发展，古代图样的表达方法逐渐丰富，并对制图标准有了研究。如北宋李诫（字仲明）所著的《营造法式》中的图样，就使用了相当于现代各种投影法绘成的宫殿建筑的平面图、立面图、剖面图、详图及构件图；被李约瑟称为"中国科学制图学之父"的三国时期的裴秀在《禹贡地域图》序中提出"制图六体"（分率、准望、道里、高下、方邪、迂直）来规范地图绘制。但总的说来，在古代我国工程图学发展缓慢，还没有形成统一的理论体系和制图标准。

（2）工程应用的发展进步促进工程图学的发展和完善

　　以蒸汽机为代表的第一次工业革命期间，由于设计、制造业快速发展，工程图作为产品信息的载体被大量使用。法国科学家蒙日在 1795 年系统地提出了以投影几何为主线的画法几何，把工程图的表达与绘制高度规范化、唯一化，从而使得画法几何成为工程图的语法，工程图成为工程界的语言；在以电力广泛使用为标志的第二次工业革命期间，随着现代化大工业生产模式的逐渐形成和发展，促使互换性和公差配合等制造标准的发展和成熟应用；以电子计算机的发明为起点的第三次工业革命，促使计算机图形学（Computer Graphics，CG）的形成，极大地推动了工程图学的发展，引起了工程图样从表达的形式和内容到绘制的工具和方法上的深刻变革。

　　（3）数字化、标准化、网络化、国际化是现代工程图学的发展趋势

　　由于计算机图形学和计算机辅助设计（Computer Aided Design，CAD）及其相关技术的不断发展，实现了基于统一、完整的数字化产品数据模型和安全的产品信息库的产品生命周期管理（Product Life - Cycle Management，PLM），促使现代工程图学向数字化、标准化、网络化的方向发展；由于产品和企业国际化进程的加快，工程图学国际化发展趋势明显。

　　工程图学与不同的行业领域结合，形成了具有不同专业领域特点的学科，如机械工程制图、建筑工程制图、土木工程制图、电气工程制图、船舶工程制图等，其中机械工程制图是用图样确切表示机械的结构形状、尺寸大小、工作原理和技术要求的学科。

　　传统的机械图样主要有零件图和装配图，此外还有布置图、示意图和轴测图等。计算机图形学、计算机辅助设计技术发展和普及后，机械图样的绘制方法和表达形式也有了新的变化，与数字化相关的图样逐渐普及，可以实现无纸化生产。图 0-1 是正滑动轴承部件的部分工程图。

2. 图与空间思维能力

　　通过了解人类大脑的生理机能从而指导科学用脑一直是科学家们不懈研究的课题。人类大脑分为左半球和右半球，分别主导人类相关的活动与能力。一般来说，大脑左半球控制肢体右侧的活动，具有语言、概念、数字、分析、逻辑推理等功能；右半球控制肢体左侧的活动，具有音乐、绘画、空间几何、想象、综合等功能。

　　按照多元智能理论（霍华德·加德纳于 1983 年提出），人类的智能可以分成以下几个范畴：语言（Verbal/Linguistic）、逻辑（Logical/Mathematical）、空间（Visual/Spatial）、肢体运动（Bodily/Kinesthetic）、音乐（Musical/Rhythmic）、人际（Inter - personal/Social）、内省（Intra - personal/Introspective）、自然探索（Naturalist）、生存智慧（Existential Intelligence）等，通过科学的、有针对性的培养，可以促进学生思维能力的提升。

　　工程制图课程以图样为对象，不仅需要严谨的逻辑分析能力，更与空间思维密切相关，因而是大多数工科学生在大学期间唯一一门同时使左右脑都得到锻炼、综合能力得到提高的课程，这一点希望在学习过程中注意。

3. 课程的性质和任务

　　本课程理论严谨，实践性强，与工程实践有密切联系，对培养学生掌握科学思维方法，增强工程和创新意识有重要作用，是普通高等院校本科专业重要的技术基础课程。本课程的学习任务如下。

　　1）培养使用投影的方法用二维平面图形表达三维空间形状的能力。

　　2）培养对空间形体的形象思维能力。

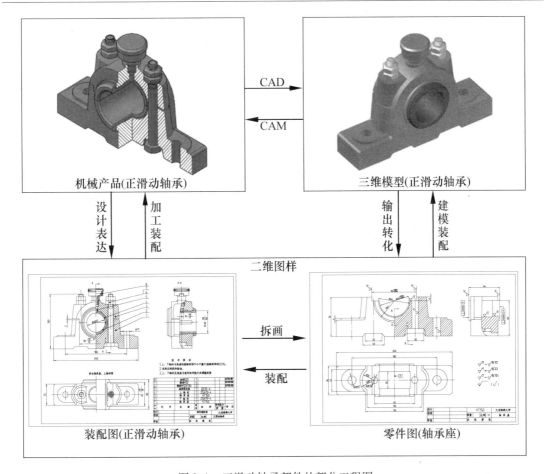

图 0-1　正滑动轴承部件的部分工程图

3）培养创造性构型设计能力。

4）培养使用绘图软件绘制工程图样及进行三维造型设计的能力。

5）培养仪器绘制、徒手绘画和阅读专业图样的能力。

6）培养工程意识，贯彻、执行国家标准的意识。

4. 课程的学习方法

1）认真听课，按时完成作业，弄懂基本原理和基本方法。

2）注意画图和看图相结合，物体与图样相结合。多看、多画、多想，注意培养空间想象能力和空间构思能力。

3）严格遵守有关制图方面的国家标准规定。

4）计算机绘图是一种先进的绘图手段。学习时，应跟随教师的讲解，同步操作，尽快熟悉绘图软件的使用方法，通过反复上机操作实践，掌握快速、准确绘图的技能和技巧。

0-3　课程的学习方法

5）正确使用制图工具和仪器，按照正确的工作方法和步骤画图，保证图样内容正确。

6）工业生产中对图样的要求是非常严格的，一条线或一个字的差错往往会造成重大的损失，所以，作为一个未来的工程技术人员，应注意通过每一次作业来培养自己的严肃认真的工作态度和耐心细致的工作作风。

第1章 制图的基本知识与技能

【本章主要内容】
- 基本制图标准简介
- 尺规绘图
- 徒手绘图

工程图样是产品设计、制造、安装、检验等过程的主要依据，也是技术交流的重要工具。为便于生产、管理和交流，必须对图样的各个方面做出统一的规定，如图样的画法、尺寸注法、图线、文字的书写要求等。《技术制图》和《机械制图》的国家标准是工程界重要的技术基础标准，也是绘制和阅读机械图样必须遵守的准则和依据。本章介绍机械制图的基本知识，并着重介绍《机械制图》和《技术制图》国家标准中相关的基本规定。

1.1 基本制图标准简介

1.1.1 国家标准的编号及名称

本章将涉及多部国家标准。现以 GB/T 14689—2008 为例说明标准的编号及名称。

GB/T 14689—2008　　　技术制图　　图纸幅面和格式
　　　标准编号　　　　　　　　　标准名称

1）标准代号"GB"表示"国家标准"，是"国标"的拼音缩写。

2）"T"表示该标准的属性为"推荐性标准"，无"T"时为"强制性标准"。

3）"14689"为该标准的顺序号。

4）"2008"为该标准批准年号，为四位数字。

5）标准名称中"技术制图"为"引导要素"，表示标准所属的领域。

6）标准名称中"图纸幅面和格式"为"主体要素"，表示标准的主要对象。

1.1.2 图纸的幅面和格式（GB/T 14689—2008）

1. 图纸的幅面及图框格式

绘制图样时，应优先采用表 1-1 中规定的基本幅面。必要时，也允许按照规定加长幅面（由基本幅面的短边成整数倍增加后得出）。图纸的幅面尺寸如图 1-1 所示。其中粗实线所示为第一选择（基本幅面），细实线和细虚线所示分别为第二选择和第三选择（加长幅面）。

1-1 制图基础——标题栏

表 1-1　图纸的基本幅面和尺寸　　　　　　　（单位：mm）

幅面代号	A0	A1	A2	A3	A4
$B \times L$	841×1189	594×841	420×594	297×420	210×297
e	20		10		
c	10		5		
a	25				

在图纸上必须用粗实线画出图框，其格式分为不留装订边和留装订边两种，如图 1-2 所示，尺寸按表 1-1 的规定。为了图样复制或缩微摄影时方便定位，应该用粗实线从图纸边界的各边中点开始伸入至图框内约 5mm 画出对中符号。

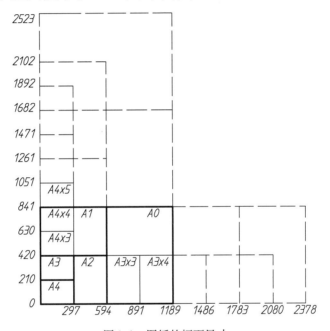

图 1-1　图纸的幅面尺寸

2. 标题栏

每张图纸上都必须画出标题栏。标题栏的位置应位于图纸的右下角。标题栏的格式和尺寸按 GB/T 10609.1—2008《技术制图 标题栏》的规定绘制，图 1-3a 是标准推荐的标题栏格式。学校制图作业所使用的标题栏可以简化，建议采用图 1-3b 所示格式。

投影符号一般放置在标题栏中图样代号区的下方，如图 1-4 所示，分别为第一角画法和第三角画法的投影识别符号。

一般情况下，看图的方向与看标题栏的方向应一致。对于按规定使用预先印制的图纸并旋转后绘图时，为明确绘图与看图一致，图纸的方向应在图纸的下边对中符号处画出一个方向符号。如图 1-5 所示。方向符号是用细实线绘制的等边三角形，其大小和所处的位置如图 1-6 所示。

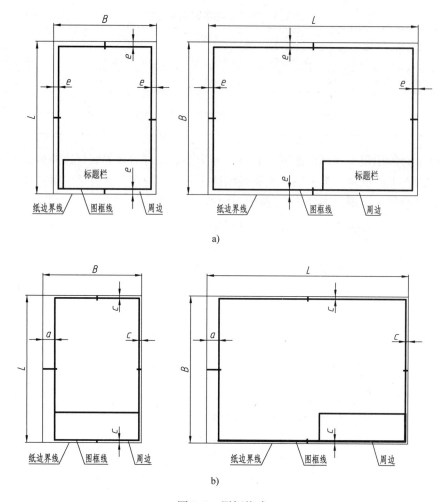

图 1-2　图框格式

a）不留装订边　b）留装订边

1.1.3　比例（GB/T 14690—1993）

比例是指图中图形与其实物相应要素的线性尺寸之比。

比例一般应标注在标题栏中的比例栏内。必要时可在视图名称的下方或右侧标注比例。

需要按比例绘制图样时，应由表 1-2 规定的系列中选取适当的比例。其中括号中为非优先系列，只有在必要时方可采用。

为了能从图样上得到机件大小的真实概念，应尽量采用 1:1 的比例画图。当不宜采用原值比例时，可根据情况采用适当的缩小或放大比例。在标注尺寸时，应标注实际大小，与所选的比例无关，如图 1-7 所示。

1-2　制图基础——
比例

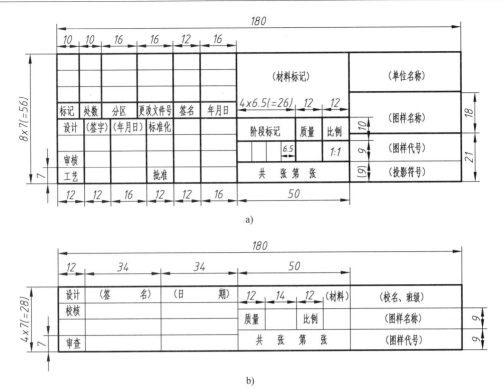

a)

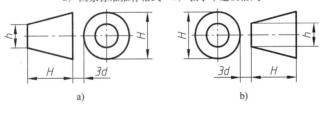

b)

图 1-3　标题栏格式

a）国家标准推荐格式　b）教学中建议格式

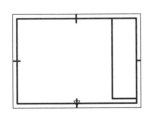

a)

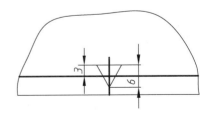

b)

图 1-4　投影识别符号及画法

a）第一角　b）第三角

注：$H = 2h$，h 为图样中尺寸字的高度；d 为图样中粗实线的宽度

图 1-5　按方向符号指示方向看图　　　　图 1-6　方向符号的大小和位置

1.1.4　字体（GB/T 14691—1993）

国家标准规定了适用于技术图样及有关技术文件的汉字、字母和数字的结构形式及基本尺寸。

表 1-2　图样的比例

种类	比例				
原值比例	1:1				
放大比例	5:1	2:1		(4:1)	(2.5:1)
	$5 \times 10^n:1$	$2 \times 10^n:1$	$1 \times 10^n:1$	$(4 \times 10^n:1)$	$(2.5 \times 10^n:1)$
缩小比例	1:2	1:5	1:10	(1:1.5)	$(1:1.5 \times 10^n)$
	$1:2 \times 10^n$	$1:5 \times 10^n$	$1:1 \times 10^n$	(1:2.5)	$(1:2.5 \times 10^n)$
				(1:3)	$(1:3 \times 10^n)$
				(1:4)	$(1:4 \times 10^n)$
				(1:6)	$(1:6 \times 10^n)$

　　图样中书写的文字必须做到：字体工整、笔画清楚、间隔均匀、排列整齐。

　　字的高度代表字的号数，其公称尺寸系列如下：1.8mm、2.5mm、3.5mm、5mm、7mm、10mm、14mm、20mm。如需要书写更大的字，则字的高度应按$\sqrt{2}$的比率递增。

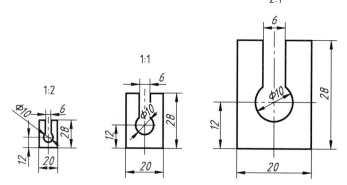

图 1-7　用不同比例画出的图形

1-3　制图基础——仿宋字

1. 汉字

　　在图样中的汉字（包括说明、标题栏、明细栏等中的汉字）应写成长仿宋体字，并应采用中华人民共和国国务院正式公布推行的《汉字简化方案》中规定的简化字。汉字的高度 h 不应小于 3.5mm，其字宽一般为 $h/\sqrt{2}(\approx 0.707h)$。CAD 制图中应使用长仿宋矢量字体。长仿宋体汉字示例如图 1-8 所示。

字体工整笔画清楚间隔均匀排列整齐 (10号字)

横平竖直注意起落结构均匀填满方格 (7号字)

技术制图机械电子汽车航空船舶土木建筑矿山井坑港口纺织服装 (5号字)

螺纹齿轮端子接线飞行指导驾驶舱位挖填施工引水通风闸阀坝棉麻化纤 (3.5号字)

图 1-8　长仿宋体汉字示例

2. 字母及数字

　　字母和数字分 A 型和 B 型，在同一图样上只允许选用一种型式的字体。两种字体的笔画宽度分别为字高的 1/14 和 1/10。因为一般图样上的数字和字母的字高为 3.5，所以图样上字母与数字的笔画宽度正好与细实线的宽度相近。

阿拉伯数字和拉丁字母分直体和斜体两种，其中斜体字的字头向右倾斜与水平线约成 75°角。

字母和数字的示例如图 1-9 所示。

图 1-9　字母及数字示例

1.1.5　图线（GB/T 4457.4—2002、GB/T 17450—1998）

1-4　制图基础——
图线

1. 线型

国家标准 GB/T 17450—1998 规定了 15 种基本线型。可根据需要将基本线型画成不同的粗细，并令其变形、组合而派生出更多的图线型式。GB/T 4457.4—2002 在此基础上规定了机械设计制图所需要的 9 种线型，见表 1-3。

表 1-3　机械制图的图线

序号	名称	线　　型	线宽	应　　用
1	细实线		$d/2$	过渡线、尺寸线、尺寸界线、指引线和基准线、剖面线、重合断面的轮廓线、螺纹牙底线、重复要素表示线、辅助线、投影线等
2	波浪线		$d/2$	断裂处的边界线；视图与剖视图的分界线
3	双折线		$d/2$	断裂处的边界线；视图与剖视图的分界线
4	粗实线		d	可见棱边线、可见轮廓线、相贯线、螺纹牙顶线、螺纹长度终止线、齿顶圆、剖切符号用线等
5	细虚线		$d/2$	不可见棱边线、不可见轮廓线
6	细点画线		$d/2$	轴线、对称中心线、分度圆、孔系分布的中心线、剖切线

（续）

序号	名称	线　型	线宽	应　用
7	粗点画线	—— — — ——	d	限定范围表示线
8	粗虚线	— — — — —	d	允许表面处理的表示线
9	细双点画线	— · · — · · —	$d/2$	相邻辅助零件的轮廓线、可动零件的极限位置的轮廓线、成形前轮廓线、轨迹线、中断线等

2. 线宽

机械图样中的图线分粗线和细线两种。粗线宽度以 d 表示，细线的宽度为 $d/2$。图线宽度的推荐系列为：0.13mm，0.18mm，0.25mm，0.35mm，0.5mm，0.7mm，1mm，1.4mm，2mm。实际应用时粗线宽度优先采用 0.7mm 或 0.5mm，因而细线宽度相应取 0.35mm 或 0.25mm。

3. 线素

机械图样中的图线由点、短间隔、画、长画等线素构成。绘图时线素的长度应符合表 1-4 的规定。

表 1-4　图线线素的尺寸

线素	线型	长度	图　例
点	点画线、双点画线	≤0.5d	
短间隔	虚线、点画线、双点画线	3d	
画	虚线	12d	
长画	点画线、双点画线	24d	
双折线			

注：表中给出的长度对于半圆形和直角端图线的线素都是有效的。半圆形线素的长度与技术笔从该线素的起点到终点的距离相一致，每一线素的总长度是表中长度加 d 的和的。

4. 图线画法

1）同一图样中，同类图线的宽度应基本一致。

2）虚线、点画线及双点画线的各线素间隔应基本相等。

3）除非另有规定，两条平行线之间的最小间隙不得小于 0.7mm。

4）图线在接触与连接或转弯时应尽可能在画上相连。

5）虚线、点画线与任何图线相交，都应尽量在画（或长画）处相交，而不应在间隔或点处相交。

6）点画线首末两端应是画而不是点，并且应超出图形 3~5mm。

7）当细点画线或细双点画线较短时，允许用细实线代替。

图线画法如图 1-10 所示。

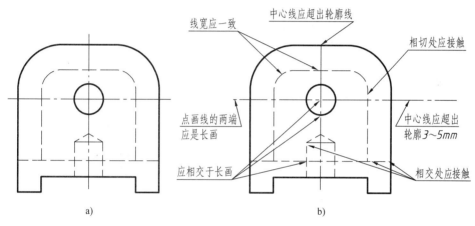

图 1-10　图线的画法

a）较好　b）不好

1.1.6　尺寸注法（GB/T 4458.4—2003）

图形只能表达机件的形状，要确定它的大小，还必须在图形上标注尺寸。

1. 基本规则

1）机件的真实大小应以图样上所注的尺寸数值为依据，与图形的大小及绘图的准确度无关。

2）图样中（包括技术要求和其他说明）的尺寸，以毫米为单位时，不需标注计量单位符号（或名称），如果采用其他单位，则应标注相应的单位符号。

3）图样中所注的尺寸，为该图样所示机件的最后完工尺寸，否则应另加说明。

4）机件的每一尺寸，一般只注一次，并应标注在反映该结构最清晰的图形上。

5）在保证不致引起误解和不会产生理解多意性的前提下，力求简化标注；应尽可能使用符号和缩写词。常用的符号和缩写词见表 1-5。

6）若图样中的尺寸全部相同或某个尺寸和公差占多数时，可在图样空白处作总的说明，如"全部倒角 C1""其余圆角 R4"等。

7）同一要素的尺寸应尽可能集中标注，如多个相同孔的直径。

8）尽可能避免在不可见的轮廓线（虚线）上标注。

表 1-5　常用的符号和缩写词

名称	符号或缩写词	名称	符号或缩写词
直径	ϕ	深度	▽
半径	R	沉孔或锪平	⌴
球直径	$S\phi$	埋头孔	⌵
球半径	SR	弧长	⌒
厚度	t	斜度	∠
均布	EQS	锥度	◁
45°倒角	C	展开长	◯→
正方形	□		

2. 尺寸注法

图样中的尺寸由尺寸界线、尺寸线、尺寸数字组成。

表 1-6 中列出了在机械图样中标注尺寸的方法。

表 1-6　尺寸注法

项目	说　明	图　例
尺寸界线	尺寸界线用细实线绘制，并应由图形的轮廓线、棱边线、轴线或对称中心线处引出。也可利用轮廓线、轴线或对称中心线作为尺寸界线	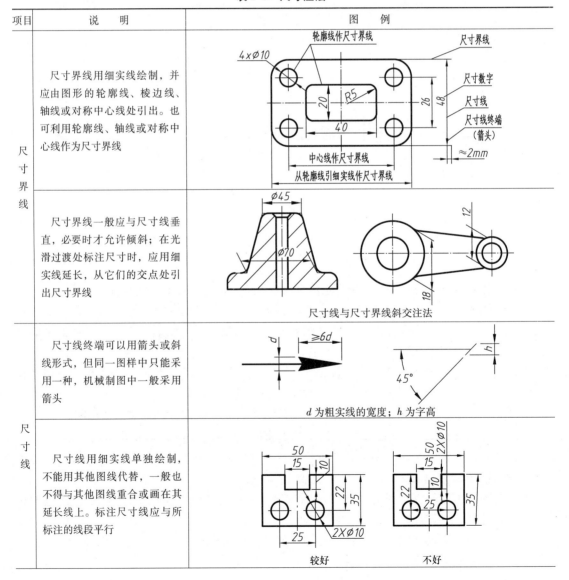
	尺寸界线一般应与尺寸线垂直，必要时才允许倾斜；在光滑过渡处标注尺寸时，应用细实线延长，从它们的交点处引出尺寸线	尺寸线与尺寸界线斜交注法
尺寸线	尺寸线终端可以用箭头或斜线形式，但同一图样中只能采用一种，机械制图中一般采用箭头	d 为粗实线的宽度；h 为字高
	尺寸线用细实线单独绘制，不能用其他图线代替，一般也不得与其他图线重合或画在其延长线上。标注尺寸线应与所标注的线段平行	较好　　　　　不好

（续）

项目	说　明	图　例
尺寸线	当有几条互相平行的尺寸线时，它们之间要保持适当间隔，并且大尺寸应该注在小尺寸的外面，以避免尺寸线相交	较好　　　　　　　　不好
	线性尺寸的数字一般应注写在尺寸线的上方，也允许写在尺寸线的中断处	
尺寸数字	注写方法1：线性尺寸数字方向，一般按照图 a 所示的方向注写，并尽可能避免在30°范围内标注尺寸。当无法避免时，可按图 b 的形式标注	a)　　　　　　　　b)
	注写方法2：非水平方向尺寸，其数字可水平注写在尺寸线中断处 （方法2在不引起误解时允许采用，但同一张图样中，应尽可能采用同一种方法）	

（续）

项目	说　明	图　例
尺寸数字	尺寸数字不可被任何图线所通过，否则必须将图线断开	
	符号与缩写，名称见表 1-5	 板厚为1.5　45°倒角轴向尺寸为2　端面为边长等于20的正方形 沉孔直径为12深4.5　埋头孔：锥面直径13锥角90°　圆锥面锥度为1:5　8个直径为4的圆孔沿直径为42的圆周均布
直径和半径	圆和大于半圆的圆弧应标注直径尺寸，等于或小于半圆的圆弧应标注半径尺寸，并分别在尺寸数字前加"φ"或"R"；标注球面直径或半径时，应在直径或半径符号前加注"S"	
	半径尺寸必须标注在投影是圆弧的图形上，且尺寸线应从圆心引出	 正确　　　　错误
	当圆弧的半径过大或在图纸范围内无法标出其圆心位置时，可按图 a 形式标注；若不需要标注圆心位置时，可按图 b 形式标注	 a)　　　b)

（续）

项目	说　明	图　例
小尺寸标注	没有位置画箭头或写数字时，箭头可外移或用小圆点代替，尺寸数字也可调整到尺寸界线外或引出标注	
角度标注	角度数字一律水平注写；角度尺寸界线应沿径向引出，也可用夹角两边轮廓线作为尺寸界线；尺寸线应画为圆弧形，其圆心是该角顶点	

1.2　尺规绘图

尺规绘图是借助丁字尺、三角板、圆规、分规等绘图工具和仪器进行手工操作的一种绘图方法，正确使用各种尺规工具和仪器既能保证绘图质量，又能提高绘图速度。

1-5　传统绘图工具

1.2.1　尺规绘图的工具与仪器

1. 图板、丁字尺和三角板

图板是画图时铺放图纸的木板，表面应平坦光洁，软硬适中。一般为长方形，使用时横放。左侧边为丁字尺的导边，必须平直光滑。

绘图时图纸应靠近图板左边，为便于使用丁字尺，图纸下边与图板下边的间距应大于丁字尺尺身宽度，然后将图纸用胶带纸固定，如图 1-11 所示。

丁字尺主要用于画水平线，由尺头和尺身两部分组成。绘图时用左手将尺头紧靠图板左侧导边，上下移动使用，尺身的上边为工作边，画水平线时，画线方向从左至右，铅笔稍向画线方向倾斜，如图 1-12 所示。

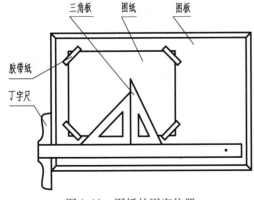

图 1-11　图纸的固定位置

图 1-12　丁字尺的使用

　　三角板与丁字尺配合使用，能画垂直线和与水平成一定角度的斜线。画垂直线时，画线方向从下至上。如图 1-13 和图 1-14 所示。

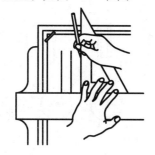

图 1-13　丁字尺与三角板配合使用

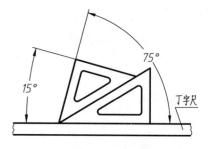

图 1-14　两块三角板配合使用

2. 绘图仪器

　　绘图仪器中最常用的是圆规和分规。

　　圆规用于画圆和圆弧。圆规的一条固定腿上装有钢针，另一条带有肘形关节的活动腿上可装铅笔插腿或鸭嘴笔插腿。使用时要使钢针上带有凸出小针尖的一端朝下，以免钢针扎入图板太深，同时要使针尖略长于铅笔尖，如图 1-15 所示。画圆或圆弧时，圆规针尖要准确地扎在圆心上，沿顺时针方向转动圆规柄部，圆规稍微向前进方向倾斜，一次画成。当画半径较大的圆或圆弧时，要调整圆规，使针尖和铅笔尖同时垂直纸面，如图 1-16 所示。

　　分规用于量取尺寸数值和等分线段。两腿并拢时，针尖要平齐。量取尺寸数值时，分规的拿法像使用筷子一样，便于调整大小，如图 1-17 所示。

图 1-15　圆规针尖的安装

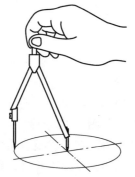

图 1-16　圆规的使用方法

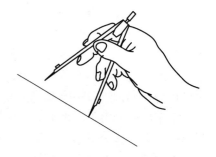

图 1-17　分规的使用方法

3. 绘图铅笔

　　绘图铅笔上有标号 B 或 H 表示铅芯的软或硬。B 前的数字越大铅芯越软，画出的图线也越黑。H 前的数字越大铅芯越硬，画出的图线也越淡。标号"HB"表示铅芯软硬适中。

　　一般画底稿时用 2H 铅笔，画粗实线和粗点画线时用 B 或 HB 铅笔，画其余图线时用 2H 铅笔，写字用 HB 或 H 铅笔。

　　削铅笔时应保留有铅笔标号的一端。画粗实线的铅笔，其铅芯应削磨成四棱柱形，使所画的图线粗细均匀，边缘光滑。画其余线条时可削磨成圆锥形，如图1-18 所示。画线时要注意用力均匀，匀速前进，并应注意经常修磨铅笔尖，避免越画越粗。

4. 比例尺和曲线板

比例尺为尺面上刻有不同比例刻度的直尺，用于量取不同比例的尺寸，最常见的为三棱柱式，因此也叫三棱尺，如图 1-19 所示。常用的比例尺的三个侧面有 6 种不同比例的刻度，采用这 6 种比例画图时，可直接在比例尺上量尺寸，不需要计算，比较方便。

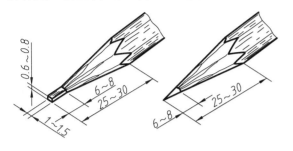

图 1-18　铅笔的削磨

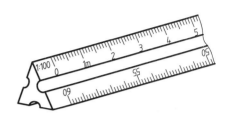

图 1-19　比例尺

曲线板是用来画非圆曲线的，形状多种多样。使用时，应先把要连接的各点，徒手用细实线尽可能光滑地连接起来。然后，根据曲线部分的曲率大小及变化趋势，从曲线板上选择与其贴合的一段，依次进行描画。每次连接至少要通过 4 个点，并且前面应有一小段与上一次描画的曲线末端一小段重合，而后面一小段应留待下一次连接时光滑过渡之用。

5. 其他绘图工具

除以上绘图工具、仪器外，设计和生产部门中还广泛使用各种类型的绘图机，它兼有丁字尺和三角板的功能，可提高绘图速度。

绘图时，还应备有铅笔刀、橡皮、量角器、擦图片、透明胶带纸、清洁用的毛刷和修整铅芯用的细砂纸板等工具。

1.2.2　尺规绘图的步骤和方法

1. 绘图前的准备工作

1) 准备工具。准备好所用的绘图工具和仪器，削好铅笔及圆规上的笔芯。

2) 固定图纸。将选好的图纸用胶带纸固定在图板偏左下方的位置，使图纸边与丁字尺的工作边平齐，固定好的图纸要平整。

2. 打底稿

用 H 或 2H 铅笔轻画底稿，顺序如下。

1) 画图框和标题栏。

2) 进行布图，画图形的主要中心线和轴线。

3) 画图形的主要轮廓线，逐步完成全图。

4) 画尺寸界线、尺寸线。

3. 描深

底稿完成后，经校核，擦去多余的图线后再加深，步骤如下。

1) 加深所有粗线圆和圆弧，按由小到大顺序进行。

2) 自上而下加深所有水平的粗线。

3) 自左至右加深所有垂直的粗线。

4）自左上方开始，加深所有倾斜的粗线。

5）按加深粗线的图样顺序，加深细线。

6）画尺寸线终端的箭头或斜线，注写尺寸数字，写注解文字，加深图框线和标题栏。

1.2.3 几何作图

图样上的每一个图形，都是由直线、圆、圆弧及其他曲线连接而成的几何图形。本节介绍几种常用的几何图形的画法。

1. 线段等分

以五等分线段 AB 为例，方法如图 1-20 所示。

1）过 A 点作任意线段，并用分规以任意长度截取五等分，得 1_0、2_0、3_0、4_0、5_0 各点。

2）连接线段 $5_0 B$，过 1_0、2_0、3_0、4_0 分别作 $5_0 B$ 的平行线交 AB 于 1、2、3、4 即为等分点。

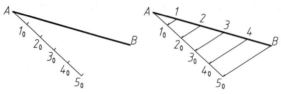

图 1-20　线段等分

2. 正六边形的画法

等边三角形、正六边形和正十二边形画法类似。均可用丁字尺配合 30°/60° 三角板，或用圆规取得圆周上的等分点。在此仅介绍正六边形的画法。

1）丁字尺配合三角板画法，如图 1-21 所示。

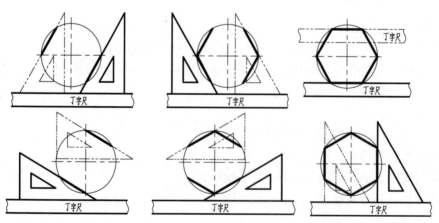

图 1-21　圆内接正六边形的画法 1

2）使用圆规等分圆周画法，如图 1-22 所示。

3. 正方形的画法

正方形和正八边形画法类似。均可用丁字尺配合 45° 三角板，取得圆周上的等分点，如

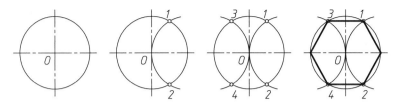

图 1-22　圆内接正六边形的画法 2

图 1-23 所示。

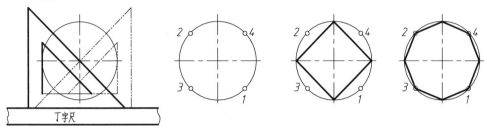

图 1-23　圆内接正方形、正八边形的画法

4. 正五边形的画法

圆内接正五边形的作图如图 1-24 所示，步骤如下。

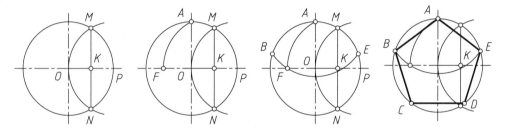

图 1-24　圆内接正五边形的画法

1）以 P 点为圆心，PO 为半径作圆弧，交圆周于 M、N 两点。连接 MN，交 PO 于 K 点。

2）以 K 为圆心，KA 为半径作圆弧，与水平中心线交于 F 点。

3）以 A 为圆心，AF 为半径作圆弧，交圆周于 B、E 两点。

4）以 B 和 E 为圆心，AB 为半径作圆弧，交圆周于 C 和 D。

5）依次连接 A、B、C、D、E，即完成正五边形作图。

5. 任意正多边形近似画法

以正七边形为例说明 n 等分圆周和任意正 n 边形的画法，如图 1-25 所示。

作图步骤如下。

1）以直径的一个端点 B 为圆心，以圆的直径为半径画弧，交直径 CD 于 K、K' 两点。

2）将直径 AB 七（n）等分。过 K（或 K'）连接奇数（或偶数）分点并延长分别与圆周相交，并作各交点关于直径 AB 的对称点。

3）依次连接各点，得圆内接七（n）边形。

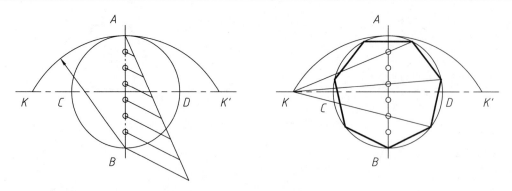

图 1-25   圆内接正 n 边形的画法

6. 斜度和锥度的画法

（1）斜度的画法

斜度是指一直线（或平面）对另一直线（或平面）的倾斜程度。其大小用这两条直线或平面夹角的正切表示。在制图中一般用 $1:n$ 表示斜度的大小。

如过 C 点作一条对 AB 直线 1:5 斜度的倾斜线，其作图方法如图 1-26 所示，从 A 点以定长量取 5 段，从末端做垂线量取 1 段长，得到 D 点；连接 AD，再过 C 点作 AD 的平行线，即为所求的倾斜线。

斜度一律用符号标注，符号所示的倾斜方向与斜度的方向一致。如图 1-27a、b 所示。斜度符号的画法如图 1-27c 所示。符号的线宽为 $h/10$（h 为字的高度）。

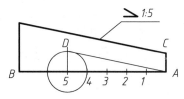

图 1-26   斜度的画法

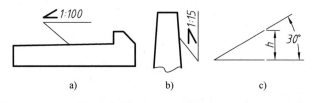

a)   b)   c)

图 1-27   斜度注法

（2）锥度的画法

锥度是指正圆锥底圆直径与其高度之比。圆锥台的锥度为其两底圆直径之差（$D-d$）与其高度之比。锥度 $= D/L = (D-d)/l = 2\tan(\alpha/2)$，如图 1-28 所示。制图中一般用 $1:n$ 表示锥度的大小，图 1-29 为锥度的画法。

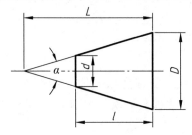

图 1-28   圆锥和圆锥台的锥度

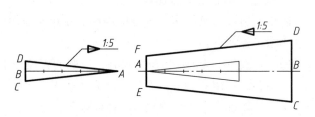

图 1-29   锥度的画法

　　锥度也可用符号标注，必要时可在括号中注出其角度值，如图1-30a、b所示。符号所示的方向应与锥度的方向一致，锥度符号的画法如图1-30c所示，符号的线宽为$h/10$（h为字的高度）。

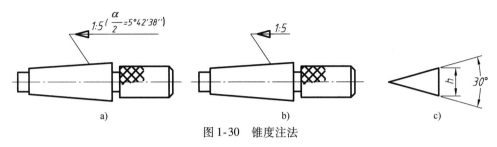

图1-30　锥度注法

7. 椭圆的画法

　　椭圆的画法有多种，常用的精确画法为同心圆法，近似画法为四心圆法。表1-7分别列出上述两种椭圆画法的步骤。

表1-7　椭圆的画法

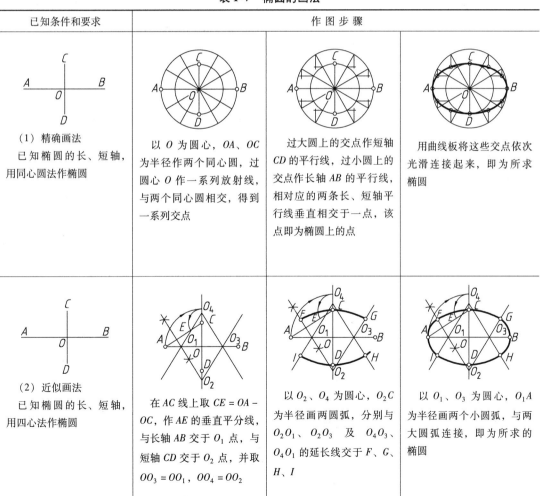

已知条件和要求	作 图 步 骤		
（1）精确画法 已知椭圆的长、短轴，用同心圆法作椭圆	以 O 为圆心，OA、OC 为半径作两个同心圆，过圆心 O 作一系列放射线，与两个同心圆相交，得到一系列交点	过大圆上的交点作短轴 CD 的平行线，过小圆上的交点作长轴 AB 的平行线，相对应的两条长、短轴平行线垂直相交于一点，该点即为椭圆上的点	用曲线板将这些交点依次光滑连接起来，即为所求椭圆
（2）近似画法 已知椭圆的长、短轴，用四心法作椭圆	在 AC 线上取 $CE = OA - OC$，作 AE 的垂直平分线，与长轴 AB 交于 O_1 点，与短轴 CD 交于 O_2 点，并取 $OO_3 = OO_1$，$OO_4 = OO_2$	以 O_2、O_4 为圆心，O_2C 为半径画两圆弧，分别与 O_2O_1、O_2O_3 及 O_4O_3、O_4O_1 的延长线交于 F、G、H、I	以 O_1、O_3 为圆心，O_1A 为半径画两个小圆弧，与两大圆弧连接，即为所求的椭圆

8. 两线段光滑连接的画法

绘制图样时，经常用到两线段光滑连接的画法。所谓光滑连接是指用已知半径的圆弧光滑地连接两已知线段或圆弧，使它们在连接处相切。表1-8列出各种线段之间光滑连接画法的步骤。

表1-8　线段光滑连接的画法

连接名称	已知条件和要求	作图步骤		
圆弧连接两直线				
圆弧连接两圆弧				
圆弧连接直线和圆弧				

（续）

连接 名称	已知条件和要求	作图步骤
直线连接两圆弧		

1.2.4　平面图形的尺寸分析和画图步骤

正确地绘制平面图形，首先要确定出合理的画图步骤，这样就需要对平面图形中的尺寸进行分析，从而判断各线段在图形中的地位。

1. 平面图形的尺寸分析

平面图形中的尺寸，按其作用可分为定形尺寸和定位尺寸两种。

（1）定形尺寸

定形尺寸是确定图形中几何元素形状和大小的尺寸。如线段的长度、角度的大小、圆的直径和圆弧的半径等，如图 1-31 中的 70、30°、ϕ20、R21 等。

1-6　平面图形
尺寸分析

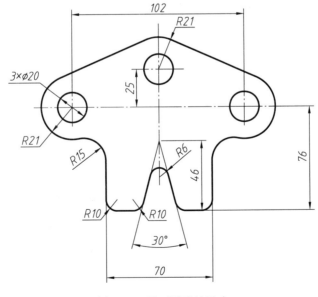

图 1-31　平面图形的尺寸

（2）定位尺寸

定位尺寸是确定图形中几何元素位置的尺寸，如图 1-31 中的尺寸 102、25、46 等。

标注定位尺寸时，必须先选好基准。所谓基准是标注尺寸的起点，可以是确定尺寸位置所依据的一些面、线或点。对于平面图形必定有两个方向基准，即水平方向和垂直方向基准，可以用对称中心线、圆或圆弧的中心线以及图形的底线及边线等。

2. 平面图形的画图步骤

平面图形中的各种线段，根据其所注的尺寸数量及连接关系可分为已知线段、中间线段、连接线段三类。

（1）已知线段

定形与定位尺寸都完全给出，可直接画出的圆、圆弧和直线段，如图 1-32 中的圆弧 *SR5*。

（2）中间线段

定形尺寸给出，而定位尺寸中有一个需要由该线段与其他线段的连接关系求得的圆弧或直线段，如图 1-32 中的圆弧 *R52*。

（3）连接线段

只有定形尺寸，而无定位尺寸，必须由该线段与另两线段的连接关系来决定的圆弧或直线段，如图 1-32 中的圆弧 *R30*。

1-7　绘图的基本步骤

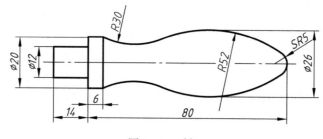

图 1-32　手柄

显然，画平面图形时，应首先画出各已知线段或圆弧，再画出各中间线段或中间圆弧，最后画出各连接线段。

表 1-9 以手柄为例，说明其画图步骤。

表 1-9　手柄的作图步骤

（1）画中心线和已知线段的轮廓线，以及相距为 26 的两条范围线	（2）确定中间弧 *R52* 的圆心 O_1 及 O_2，并找出该圆弧与已知圆弧 *R5* 的切点 *A*、*B*，画出圆弧
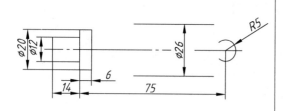	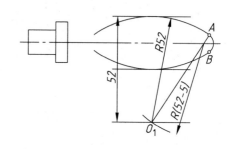

（续）

（3）确定连接圆弧 R30 的圆心 O_3 及 O_4，并找出该圆弧与中间圆弧 R52 的切点 C、D，画出连接圆弧 R30	（4）擦去多余的作图线，按线型要求加深图线，完成全图
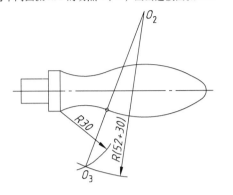	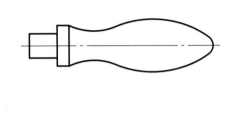

1.2.5　平面图形尺寸标注示例

标注平面图形的尺寸，必须遵守 GB/T 4458.4—2003 的规定，并根据各线段的不同作用，注出其相应数量的定形和定位尺寸。

图 1-33 ～ 图 1-36 为几种平面图形的尺寸标注示例。正确标注平面图形的尺寸，应注意以下几点。

1）凡在水平与垂直两个方向都对称的图形，或某一个方向对称的图形，应选择对称中心线为基准，并与基准成对称地标注相应的定位尺寸。

2）当图形的最大轮廓为直线时，应标注图形的总长和总宽尺寸，如图 1-33 所示；当最大轮廓为圆弧时，不标注总长和总宽尺寸，如图 1-34、图 1-36 所示。

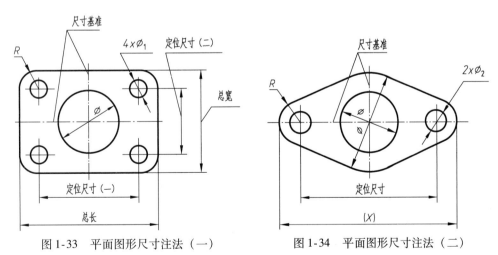

图 1-33　平面图形尺寸注法（一）　　　图 1-34　平面图形尺寸注法（二）

3）凡图形中某一尺寸是由另外两个确定的尺寸所确定时，这种尺寸不标注，如图 1-35 中打"×"的尺寸。

4）同一圆周上对称分布的圆弧，应注直径尺寸，如图 1-34 和图 1-35 中的尺寸"ϕ"。

5）图形中相同的圆可以合注，如图 1-33、图 1-34、图 1-36 中的 $4 \times \phi_1$、$2 \times \phi_2$ 和 3 ×

ϕ_1。但相同圆弧不能合注,且仅在一处标注即可。

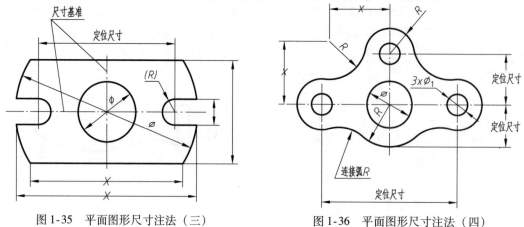

图 1-35　平面图形尺寸注法（三）　　　　图 1-36　平面图形尺寸注法（四）

6）凡图形中起连接作用的圆弧,不注定位尺寸,如图 1-36 中打"×"的尺寸。

1.3　徒手绘图

徒手绘图指的是按自测比例徒手画出草图。草图并不是潦草的图,仍应基本做到图形正确,线型分明,比例匀称,文字工整,图面整洁。徒手绘图是工程技术人员必须具备的一项基本技能。一般用 HB 铅笔,在方格纸上画图,如图 1-37 所示。

1.3.1　直线的画法

画直线时,眼睛看着图线的终点,画短线常用手腕运笔,画长线则以手臂动作,且肘部不宜接触纸面,否则不易画直。画较长线时,也可以用目测在直线中间定出几个点,然后分段画。水平线由左向右画,铅垂线由上向下画。

对于各种不同方向的线,可以通过转动图纸,找到最适合自己画直线的倾斜角度,如图 1-38 所示。

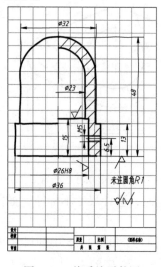

图 1-37　徒手绘零件图

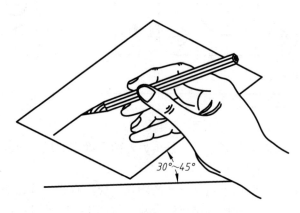

图 1-38　直线的徒手画法

1.3.2　圆的画法

画圆时应先通过圆心画两条互相垂直的中心线，确定圆心的位置，再根据直径的大小，在中心线上截取 4 点，然后徒手将 4 点连成圆，如图 1-39a 所示。当圆的直径较大时，可通过圆心再画两条 45°的斜线，在斜线上再截取 4 点，然后徒手将 8 点连成圆，如图 1-39b 所示。

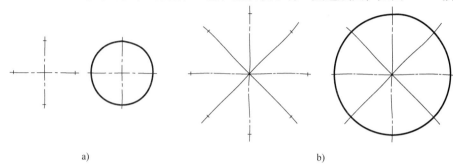

　　　　　a)　　　　　　　　　　　　　　　　　　　　　　　b)

图 1-39　圆的徒手画法

1.3.3　椭圆的画法

画椭圆要先确定椭圆长短轴的位置，再用目测定出其端点，并过四端点画一矩形，然后徒手画与矩形相切的椭圆，如图 1-40 所示。

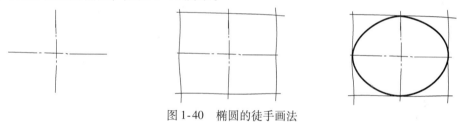

图 1-40　椭圆的徒手画法

思　考　题

1. "GB/T 14689—2008 技术制图 图纸幅面和格式"中，"GB"表示_____，"T"表示_____，"14689"表示_____，"2008"表示_____。

2. A3 图纸的尺寸为_____。

3. 加长幅面由基本幅面的_____成整数倍增加后得出（A. 短边　B. 长边）。

4. 第三角画法的投影识别符号为_____（A. ◁⊕　　B. ⊕◁）。

5. 1:5 为_____比例（A. 放大　B. 缩小）。

6. 在图样中的汉字应写成_____体字。

7. 机械图样中粗线宽度优先采用_____。

8. 尺寸线用细实线单独绘制，_____用其他图线代替（A. 能够　B. 不能）。

9. 简述各种图线的主要用途。

10. 简述尺规绘图的步骤和方法。

11. 根据平面图形的尺寸分析和画图步骤，绘制图 1-36 所示图形。各部分尺寸自定或从图上量取。

第 2 章　计算机绘图基础

【本章主要内容】
- AutoCAD 简介
- 绘图命令及编辑命令
- 辅助绘图功能及图层设置
- 文字及尺寸标注
- 绘制平面图形

2.1　AutoCAD 简介

AutoCAD 是由美国 Autodesk 公司开发的通用 CAD 绘图软件包，是当今工程设计领域广泛使用的现代化绘图工具。AutoCAD 自 1982 年诞生以来，为适应计算机技术的不断发展及用户的设计需要，陆续进行了多次升级。每一次升级都伴随着软件性能的大幅提升：从最初的基本二维绘图发展成集三维设计、渲染显示、数据库管理和 Internet 通信等为一体的通用计算机辅助绘图设计软件包。AutoCAD 重点突出了灵活、快捷、高效和以人为本的特点，在运行速度、图形处理、网络功能等方面都达到了崭新的水平。

2.1.1　AutoCAD 工作界面

启动 AutoCAD，进入如图 2-1 所示的工作界面。

AutoCAD 的工作界面主要由标题栏、功能区、绘图区、命令行及状态栏等组成。

（1）标题栏

标题栏在工作界面的最上方，其左端显示软件的图标、快捷访问工具栏、软件的版本、当前图形的文件名称，右端 ▭ ▢ ✕ 按钮，可以最小化、最大化或者关闭 AutoCAD 的工作界面。

右键单击标题栏（右端按钮除外），系统将弹出一个对话框，除了具有最小化、最大化或者关闭的功能外，还具有移动、还原、改变 AutoCAD 工作界面大小的功能。

（2）功能区

功能区包括默认、插入、注释、参数化、视图、管理、输出、附加模块、A360、精选应用 10 个选项卡，如图 2-2 所示。每个选项卡集成了相关的操作工具，方便用户的使用。用户可以单击功能区选项后面的 ▣▾ 按钮，控制功能的展开与收缩。

（3）绘图窗口、十字光标、坐标系图标和滚动条

绘图窗口是绘制图形的区域。

绘图窗口内有一个十字光标，其随鼠标的移动而移动，它的功能是绘图、选择对象等。光标十字线的长度可以调整，调整的方法如下。

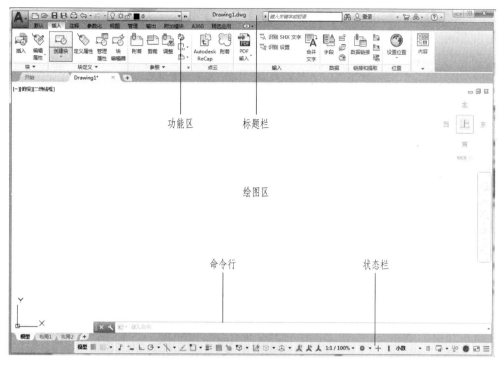

图 2-1　AutoCAD 的工作界面

图 2-2　功能区

1）在命令窗口右击鼠标，在弹出的屏幕快捷菜单中选择"选项"，屏幕将弹出"选项"对话框，如图 2-3 所示。

图 2-3　"选项"对话框

2）选择"显示"选项卡，调整对话框右下角"十字光标大小"文本框的数值（或滑动该窗口右侧的滑块），可以改变十字光标的长度。

绘图窗口的左下角是坐标系图标，它主要用来显示当前使用的坐标系及坐标的方向。

滚动条位于绘图窗口的右侧和底边，单击并拖动滚动条，可以使图纸沿水平或竖直方向移动。

（4）命令行和命令窗口

命令窗口位于绘图窗口的下方，主要用来接收用户输入的命令和显示 AutoCAD 系统的提示信息。默认情况下，命令窗口只显示 1 行命令行。

若想查看以前输入的命令或 AutoCAD 系统所提示的信息，可以单击命令窗口的上边缘并向上拖动，或在键盘上按下〈F2〉快捷键，屏幕上将弹出"AutoCAD 文本窗口"对话框。

AutoCAD 的命令窗口是浮动窗口，可以将其拖动到工作界面的任意位置。

（5）状态栏

状态栏位于 AutoCAD 工作界面的最下边，它主要用来显示 AutoCAD 的绘图状态，如当前十字光标位置的坐标值、绘图时是否打开了正交、对象捕捉、对象追踪等功能。

（6）屏幕快捷菜单

在工作界面的不同位置、不同状态下单击右键，屏幕上将弹出不同的屏幕快捷菜单，使用屏幕快捷菜单使得绘制、编辑图样更加方便、快捷。

2.1.2　点的输入法

绘图时，经常要确定点的位置，如线段的端点、圆和圆弧的圆心位置等。AutoCAD 点的输入方式如下。

- 用定标设备（如鼠标）在屏幕上拾取点。
- 用对象捕捉方式捕捉一些特殊点。
- 通过键盘输入点的坐标。
- 在指定方向上通过输入给定距离确定点。

点的坐标输入有绝对坐标和相对坐标两种方式。

1. 绝对坐标

绝对坐标是指相对于当前坐标系坐标原点的坐标。有下列四种方式输入。

（1）直角坐标

直角坐标用点的 X、Y、Z 坐标值表示，坐标值之间用逗号隔开。例如，要输入一个点，其 X 坐标值为 8，Y 坐标值为 6，Z 坐标值为 5，则在输入坐标点的提示后应输入：8，6，5。

当绘制二维图时，只需输入点的 X、Y 坐标即可。

（2）极坐标

极坐标用来表示二维点，用相对于坐标原点的距离和与 X 轴正方向的夹角来表示点的位置。其表示方法为"距离＜角度"。系统规定 X 轴正向为 0°，Y 轴正向为 90°。例如，某二维点距坐标系原点的距离为 15，该点与坐标系原点的连线相对于坐标系 X 轴正方向的夹角为 30°，则该点的极坐标形式为：15 < 30。

（3）球面坐标

球面坐标是极坐标格式在三维空间的推广。球面坐标用 3 个参数表示：空间坐标点距坐标原点的距离；空间坐标点与原点的连线在 *XOY* 坐标面内的投影与 *X* 轴正方向的夹角；空间坐标点与原点的连线与 *XOY* 坐标面的夹角。各参数之间用 "<" 隔开。例如：10 < 45 < 30。

（4）柱面坐标

柱面坐标是极坐标在三维空间的另一种推广。柱面坐标也用 3 个参数表示：空间坐标点距坐标原点的距离；空间坐标点与原点的连线在 *XOY* 坐标面内的投影与 *X* 轴正方向的夹角；点的 *Z* 坐标值。其中距离和角度之间用 "<" 隔开，角度值与 *Z* 坐标之间用逗号隔开。例如：10 < 45，15。

2. 相对坐标

相对坐标是指相对于前一坐标点的坐标。相对坐标也有直角坐标、极坐标、球面坐标和柱面坐标 4 种形式，其输入格式与绝对坐标相同，但要在坐标前面加上符号@。例如，已知前一点的坐标为（15，12，28），如果在输入点的提示后输入：@2，5，−5，则相当于该点的绝对坐标为（17，17，23）。

2.2　绘图命令及编辑命令

AutoCAD 提供了绘制直线、圆弧、正多边形、矩形及椭圆等多种图形的绘图工具，每一种绘图工具又提供了多种绘制方式，可以根据需要方便、快捷地绘制图形。

2.2.1　绘图命令

AutoCAD 常用的命令输入方式一般有三种，分别为命令行输入、选项卡命令按钮输入和快捷键或命令别名输入。

1. 命令行输入

在命令窗口的命令行 "命令:" 后输入绘图命令并按〈Enter〉键，命令行将提示信息或指令，可以根据提示进行相应的操作。

2. 选项卡命令按钮输入

可以采用单击选项卡控制面板上命令按钮的方式绘图。这是 AutoCAD 最常用的绘图方法。

但是命令按钮的使用受到了控制面板大小的限制，不可能同时将所有的命令按钮都显示出来，因此只显示常用的按钮。当需要集中执行某些命令时，用户可以进行自定义界面设置。

3. 快捷键或命令别名输入

快捷键或命令别名输入方式是 AutoCAD 命令输入的快捷方式。使用这种方式可以不需要命令按钮，而采用 "清除屏幕" 显示功能，一些 AutoCAD 的高级用户更喜欢使用这种方式。

表 2-1 列出了 AutoCAD 创建二维基本图形对象的基本绘图命令及其功能。

表 2-1　基本绘图命令及功能

菜单	工具栏	命令（命令别名）	功　　能
直线（L）		Line（L）	绘制直线段
射线（R）		Ray	绘制单向无限长线
构造线（T）		Xline（XL）	绘制双向无限长线
多段线（P）		Pline（PL）	绘制二维多段线
正多边形（Y）		Polygon（POL）	绘制等边多边形
矩形（G）		Rectang（REC）	绘制矩形
圆弧（A）		Arc（A）	绘制圆弧
圆（C）		Circle（C）	绘制圆
修订云线（V）		Revcloud	绘制云线
样条曲线（S）		Spline（SPL）	绘制样条曲线
椭圆（E）		Ellipse（EL）	绘制椭圆或椭圆弧
点（O）		Point/Divide/Measure	绘点/等分对象/设置测量点
圆环（D）		Donut（DO）	绘制圆环或填充圆

2.2.2　编辑命令

使用 AutoCAD 可以很方便地绘制平面图形。但在更多的情况下，需要对已经绘出的图形对象进行编辑，如修改对象的大小、形状和位置等。这就要用到修改命令。

可以使用多种方法修改对象，常用的方法如下。

1）在命令窗口或命令行中输入各种编辑命令。

2）在"草图与注释"（Drafting & Annotation）工作区域，从"默认"选项卡上的"修改（Modify）"面板上选择工具编辑图形，如图 2-4 所示。

图 2-4　"修改"面板

3）通过"夹点"（Grip）实现图形对象的编辑。

4）通过"特性"（Properties）选项卡修改对象的特性。

1. 构造选择集

当执行编辑操作或进行某些其他操作时，AutoCAD 通常会提示"选择对象:"。此时要求用户选择将要进行操作的对象（可以是单个，也可以是多个），十字光标改变成小方框（称为拾取框）。所选中的图形对象即为选择集。选择集将以高亮线显示。

AutoCAD 提供了许多构造选择集的方式。在"选择对象:"提示下输入"?"后按〈Enter〉键，构造选择集的方式将被显示出来。下面介绍常用的几种方式。

（1）默认直接点取方式

用鼠标移动拾取框，移至所要选择的对象上，单击鼠标左键。这是较常用的一种方式。

（2）默认窗口方式

如果将拾取框移到图中空白处单击鼠标左键，系统将以默认窗口方式选择对象。AutoCAD 将提示用户输入另外一对角点，与前面输入的一点形成一个矩形窗口。如果矩形窗口是从左向右定义的，则窗口之内的对象被选中；如果是从右向左定义的，则窗口之内的对象和与窗口相交的对象均被选中。

（3）全部（ALL）方式

在"选择对象:"提示下，输入 ALL 后按〈Enter〉键，AutoCAD 将自动选中图中的所有对象。

（4）窗口（W）方式和交叉窗口（CW）方式

在"选择对象:"提示下，输入 W 后按〈Enter〉键，即为窗口方式，窗口之内的对象被选中；输入 CW 后按〈Enter〉键，即为交叉窗口方式，窗口之内的对象和与窗口相交的对象均被选中。这两种方式与矩形窗口的定义顺序无关。

（5）扣除（R）模式和加入（ADD）模式

在"选择对象:"提示下，输入 R 后按〈Enter〉键，系统转为扣除模式：将选中的对象移出选择集。

在扣除模式提示下，输入 ADD 后按〈Enter〉键，系统转为加入模式：将选中的对象加入选择集。

2. 图形对象的编辑命令

表 2-2 列出了 AutoCAD 编辑图形对象的主要命令及其功能。

表 2-2　编辑图形对象的主要命令及其功能

命令	工具栏	功　　能	说　　明
Erase		从图形中删除指定对象	用 OOPS 命令可以恢复最后一次用 Erase 命令删除的对象
Copy		将对象复制到指定位置	确定基点时选择对象的特征点，如直线的端点、圆的圆心
Mirror		将对象按指定镜像线做镜像复制	用于绘制对称图形
Offset		对指定的线做平行复制，对圆弧、圆等做同心复制	直接输入数值为定距离复制，输入 T（Through）为定点复制
Array		按矩形或环形方式多重复制对象	Rectangle 为矩形方式，Polar 为环形方式

（续）

命令	工具栏	功　能	说　明
Move		在指定方向上按指定距离移动对象	确定基点时选择对象的特征点
Rotate		将对象绕基点旋转指定的角度	可以围绕基点将选定的对象旋转指定的角度
Scale		将对象按指定的比例因子相对于基点放大或缩小	0 < 比例因子 < 1，缩小对象；比例因子 > 1，放大对象
Stretch		移动或拉伸对象	被操作的对象可能会变形
Lengthen		改变线段或圆弧的长度	DY 为常用的动态改变对象的长度
Trim		用剪切边修剪对象，如果修剪对象与剪切边不相交，可以将其延伸至相交	先构造剪切对象（剪切边）集，后构造修剪对象（被剪边）集
Extend		延长指定的对象到指定的边界（边界边），如果对象与边界边交叉，还可以对其进行修剪	先确定边界边，后确定延伸边
Break		删除对象上的某一部分或把对象分成两部分	要求输入两个断点，两点之间的部分被删除（如为圆则沿逆时针方向删除圆弧）；如第二断点输入 @ 则对象被一分为二
Join		合并对象	合并相似对象以形成一个完整的对象
Chamfer		给对象加倒角	多段线（P）选项为在多段线的各顶点处均倒角
Fillet		给对象倒圆角（用圆弧光滑连接两个对象）	半径（R）选项，可以改变圆弧的半径
Blend		在两条开放曲线的端点之间创建相切或平滑的样条曲线	旋转端点附近的每个对象。生成的样条曲线的形状取决于指定的连续性。选定对象的长度保持不变
Explode		把复合对象分解成单个对象	在希望单独修改复合对象的部件时，可分解复合对象。可以分解的对象包括块、多段线及面域等

　　说明：在执行编辑命令时，必须按空格键或〈Enter〉键从选择对象状态中退出，才能执行具体的编辑操作。

2.3　辅助绘图功能

2.3.1　对象捕捉功能（OSNAP）

　　在利用 AutoCAD 画图时经常要用到一些特殊的点，例如圆心、切点、线段或圆弧的中点等。如果用鼠标准确地拾取这些点将是十分困难的。为此，AutoCAD 提供了对象捕捉功能，可以捕捉到一些已经存在的特殊点，从而迅速、准确地绘出图形。

1. 实现对象捕捉的方法

1）直接利用对象捕捉命令（键入表 2-3 中的关键词）

2）单击鼠标右键，然后从"捕捉替代"子菜单中选择对象捕捉。

3）利用捕捉快捷菜单。

打开菜单方法为按〈Shift〉键后，单击鼠标右键，弹出快捷菜单。

4）在状态栏中打开"对象捕捉"，设置并使用自动捕捉功能。

说明：对象捕捉命令不能独立使用，只能用于某一命令中。当命令提示行中提示输入一点，或通过一点来确定某一距离时，才能实现对象捕捉。

2. 对象捕捉模式

表 2-3 列出了 AutoCAD 所具有的对象捕捉模式。

表 2-3　对象捕捉模式

模式	工具栏	关键词	功　　能
临时追踪点		TT	创建对象捕捉所使用的临时点
捕捉自		FROM	从临时参照点偏移
端点		END	捕捉线段或圆弧的端点
中点		MID	捕捉线段或圆弧等对象的中点
交点		INT	捕捉线段、圆弧、圆等对象的交点
外观交点		APPINT	捕捉两个对象的外观交点
延长线		EXT	捕捉直线或圆弧的延长线
圆心		CET	捕捉圆或圆弧的圆心
象限点		QUA	捕捉圆或圆弧的象限点
切点		TAN	捕捉圆或圆弧的切点
垂足		PER	捕捉垂直于线、圆或圆弧上的垂足点
平行线		PAR	捕捉与指定线平行的线上的点
节点		NOD	捕捉点对象
插入点		INS	捕捉块、形、文字或属性的插入点
最近点		NEA	捕捉离拾取点最近的线段、圆弧或圆等对象上的点
关闭捕捉		NON	关闭对象捕捉模式
捕捉设置			设置自动捕捉模式

3. 自动捕捉模式的设置

在 AutoCAD 中，最方便使用捕捉模式的方法是自动捕捉。即事先设置好一些捕捉模式，当光标移动到符合捕捉模式的对象时显示捕捉标记和提示，可以自动捕捉。这样就不再需要输入命令或使用工具按钮了。需要注意：命令、菜单和工具栏的对象捕捉命令优先于自动捕捉。

打开或关闭自动捕捉用"对象捕捉（OS-NAP）"状态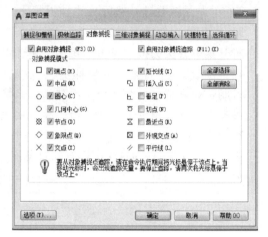按钮，快捷键为〈F3〉。自动捕捉设置要利用"草图设置"对话框中的"对象捕捉"选项卡，如图 2-5 所示。

一般选择打开常用的捕捉模式，但最好不要设置过多捕捉项。如果设置了多个执行对象捕捉，可以按〈Tab〉键为某个对象遍历所有可用的对象捕捉点。例如，如果在光标位于圆上的同时按〈Tab〉键，自动捕捉将可能显示用于捕捉象限点、交点和中心的选项。

图 2-5　自动捕捉模式设置

2.3.2　栅格捕捉功能（SNAP）及栅格显示功能（GRID）

利用栅格捕捉功能可以在屏幕上生成一个隐含的栅格（捕捉栅格）。这个栅格能够捕捉光标，约束它只能落在栅格的某个节点上。用户可以通过功能键〈F9〉或单击状态栏中的捕捉按钮来实现栅格捕捉功能的启用与关闭。

利用栅格显示功能可以在屏幕上生成可见的栅格（显示栅格）。显示栅格的间距可以和捕捉栅格的间距相等，也可以不等。用户可以通过功能键〈F7〉或单击状态栏中的栅格按钮来实现栅格显示功能的启用与关闭。

捕捉栅格和显示栅格的间距都可以用"草图设置"对话框进行设置。具体方法参照前述自动捕捉模式的设置。

说明：AutoCAD 提供矩形捕捉模式和等轴测模式两种栅格捕捉模式。矩形捕捉模式（Rectangular snap），也称为标准模式（Standard），在此模式下光标沿水平或垂直方向捕捉；在等轴测模式（Isometric snap）下，栅格和光标十字线已不再互相垂直，而是成绘制正等测轴测图时的特定角度，可以方便地绘制正等测轴测图。

2.3.3　正交功能（ORTHO）

AutoCAD 提供正交绘图模式，在此模式下，用户可以方便地绘出与当前 X 轴或 Y 轴平行的线段。用户可以通过功能键〈F8〉或单击状态栏中的正交按钮来实现正交功能的启用与关闭。

说明：当捕捉栅格发生旋转或在等轴测模式下，正交绘图模式绘出的直线仍与当前 X 轴或 Y 轴平行。

2.3.4　图形显示的缩放

在绘图时，用户可以根据需要将屏幕上对象的视觉尺寸放大或缩小，而对象的实际尺寸保持不变。下列三种方式可以完成此功能。

- 二维导航面板：缩放
- 导航栏：缩放
- 命令：Zoom

AutoCAD 提供了多种缩放方式，下面主要介绍几种常用的方式。

1）全部（A）方式：将全部图形显示在屏幕上。

2）范围（E）方式：最大化地显示整个图形。

3）上一步（P）方式：恢复上一次显示的图形。

4）窗口（W）方式：窗口缩放，最大化地显示窗口内的图形。

2.4　图层

2.4.1　图层概述

确定一个图形对象，除了要确定它的几何数据外，还要确定诸如线型、线宽、颜色这样的非几何数据。例如：绘制一个圆时，一方面要指定该圆的圆心与半径，另外还应确定所绘圆的线型和颜色等数据。AutoCAD 存放这些数据时要占用一定的存储空间。如果一张图上有大量具有相同线型、颜色等设置的对象，AutoCAD 存储每一个对象时会重复地存放这些数据，这样会浪费大量的存储空间。为此，AutoCAD提供了图层的应用。用户可以把图层想象成没有厚度的透明片，各层之间完全对齐，一层上的某一基准点准确地对准其他各层上的同一基准点。用户可以给每一图层指定绘图所用的线型、颜色和状态，并将具有相同线型和颜色的对象放到同一图层上。这样，在确定每一对象时，只需确定这个对象的几何数据和所在图层即可，从而节省了绘图工作量和存储空间。

1. 图层的特点

AutoCAD 的图层具有以下特点。

1）系统对建立的图层数量没有限制，每个图层上绘制的图形对象也没有限制。一幅图中可以有任意数量的图层。

2）每一个图层用一个名称加以区别。当开始绘制一幅新图时，AutoCAD 自动生成一个名为"0"的图层，这是 AutoCAD 的默认图层。其余图层需由用户定义。

3）一般情况下，同一图层上的对象应该是一种线型，一种颜色。用户可以改变各图层的线型、颜色和状态。

4）虽然可以建立多个图层，但只能在当前图层上绘图。

5）各图层具有相同的坐标系、绘图界限、显示时的缩放倍数。用户可以对位于不同图层上的对象同时进行编辑操作。

6）用户可以对各图层进行打开（ON）和关闭（OFF）、冻结（Freeze）和解冻（Thaw）、锁定（Lock）和解锁（Unlock）等操作，以决定各图层的可操作性。上述各操作的含义如下。

① 打开（ON）和关闭（OFF）。如果图层被打开，则该层上的图形在屏幕上显示出来，并能在绘图仪上输出。被关闭的图层仍是图的一部分，但关闭图层上的图形不显示也不能输出。

② 冻结（Freeze）和解冻（Thaw）。如果图层被冻结，则该层上的图形不能被显示和绘制出来，而且也不能参加图形之间的运算。被解冻的图层则正好相反。从可见性来说，冻结的图层和关闭的图层是相同的，但冻结的对象不参加处理过程中的运算，关闭的图层则要参加运算。所以在复杂的图形中冻结不需要的图层可以加快系统重新生成图形时的速度。注意，当前层不能被冻结。

③ 锁定（Lock）和解锁（Unlock）。锁定图层并不影响其可见性，即锁定图层上的图形仍然会显示出来，但是不能对该图形对象进行编辑操作。如果锁定层是当前层，则仍可以在该层上作图。此外，还可以在锁定层上改变对象的颜色和线型，使用查询命令和对象捕捉功能。

2. 图层的颜色

图层的颜色，是指在该层上绘图时，对象颜色设置为 ByLayer 时所绘出的颜色。每一图层都应有一个相应的颜色。不同图层可以设置成不同颜色，也可以设置成相同颜色。

3. 图层的线型和线型比例

图层的线型，是指在该层上绘图时，对象线型设置为 ByLayer 时所绘出的线型。每一图层都应有一个相应的线型。不同图层可以设置成不同线型，也可以设置成相同线型。在所有新创建的图层上，AutoCAD 会按默认方式把该图层的线型定义为 Continuous，即实线线型。AutoCAD 提供了标准的线型库，用户可根据需要利用"线型管理器"对话框来加载线型。调出此对话框的方法如下。

- 命令：Linetype
- 下拉菜单：格式（O）→线型
- 工具栏：特性 →线型→其他

当在屏幕上或绘图仪上输出的线型不合适时，可以通过线型比例因子来调整。改变线型比例因子的方法如下。

- 命令：Itscale
- 利用线型管理器对话框中的全局比例因子编辑框

4. 图层的线宽

图层的线宽是指在该层上绘图时，对象线宽设置为 ByLayer 时所绘出的线宽。每一图层都应有一个相应的线宽。不同图层可以设置成不同线宽，也可以设置成相同线宽。

2.4.2　图层设置

AutoCAD 提供了"图层特性管理器"对话框（见图 2-6），可以方便地对图层的各项特性进行设置和管理，也可以利用图层工具栏（见图 2-7）管理图层特性。调出"图层特性管理"对话框的方法如下。

- 命令：Layer
- 选项卡：默认→图层→图层特性

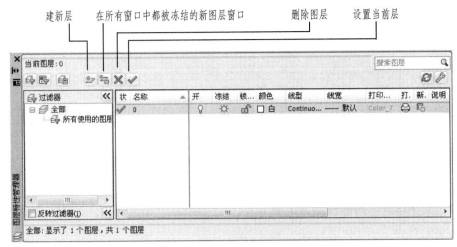

图 2-6　"图层特性管理器"对话框

图 2-7　图层工具栏

- 命令别名：LA

2.4.3　特性工具栏

利用特性工具栏（见图 2-8）可以方便地对线型、颜色以及线宽进行控制。

图 2-8　特性工具栏

2.5　文字及尺寸标注

2.5.1　文字标注

1. 文字标注及编辑

利用 AutoCAD，用户可以方便地标注单行文字或多行文字。还可以对已标注的文字进行编辑。由于多行文字书写界面操作简单，一般为首选方式。

表 2-4 为文字标注方法及编辑的实现方式。

表 2-4　文字标注及编辑的实现方式

功能	实现方式		
	选项卡	命令	命令别名
单行文字标注	"默认"选项卡→"注释"工具面板→单行文字	Dtext	DT
多行文字标注	"默认"选项卡→"注释"工具面板→多行文字	Mtext	MT
文字编辑	双击文本打开文字编辑器修改	Mtedit	

2. 定义文字样式

　　文字样式包括所采用的文字字体以及标注效果（如字体格式、字的高度、高度比、书写方式等）等内容。标注文字前，一般应根据需要通过"文字样式"对话框设置文字的样式。调出"文字样式"对话框的方法如下。

- 命令：Style
- "默认"选项卡→"注释"工具面板→文字样式

2.5.2　尺寸标注

1. 尺寸标注类型及功能

　　Auto CAD 提供了三种方式完成尺寸标注的功能：选项卡；命令别名；命令行输入。表 2-5 为常用尺寸标注类型及功能。

表 2-5　常用尺寸标注类型及功能

菜单	工具栏	命令	功　能
线性		Dimlin	标注线段（两点之间）的水平长度或垂直长度或旋转某一角度的长度
对齐		Dimaligned	标注线段（两点之间）的长度
半径		Dimradius	标注圆弧的半径
直径		Dimdiameter	标注圆的直径
角度		Dimangular	标注角度
基线		Dimbaseline	基线标注，各尺寸线从同一尺寸界线处引出
连续		Dimcontinue	连续标注，相邻两尺寸线共用同一尺寸界线
引线		Qleader	标注一些注释、说明以及几何公差等
公差		Tolerance	标注几何公差

　　说明：执行基线标注或连续标注命令之前，必须先标注出一尺寸，以确定基线标注或连续标注所需要的前一尺寸标注的尺寸界线。

2. 尺寸标注样式

　　如果要按照国家标准标注尺寸，利用 AutoCAD 提供的默认标注样式很难做到。用户必须创建新的尺寸标注样式。系统提供"标注样式管理器"对话框（见图 2-9）创建和修改尺寸标注样式，调出方式如下。

- 命令：Dimstyle
- 选项卡：注释→标注→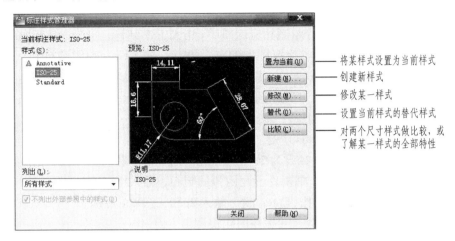

图 2-9　"标注样式管理器"对话框

3. 尺寸标注的编辑

利用 AutoCAD 提供的尺寸编辑命令及功能（见表 2-6）可以对已标注的尺寸进行修改。

表 2-6　尺寸编辑命令及功能

菜单	工具栏	命令	功　　能
编辑标注		Dimtedit	修改已标注的尺寸文字及尺寸线的位置
编辑标注文字		Dimedit	修改已标注尺寸中的尺寸文字
更新标注		Dimstyle	更新标注，使其采用当前的标注式样

2.6　绘制平面图形

绘制如图 2-10 所示平面图形。

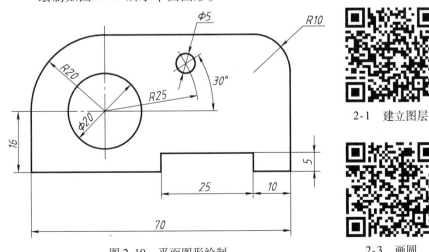

图 2-10　平面图形绘制

2-1　建立图层

2-2　画线

2-3　画圆

2-4　尺寸标注

绘图步骤如下。

1）根据图形需要建立图层，设置颜色、线型、线宽。此图需要建立 3 个图层：粗实线层、点画线层、尺寸标注层。

2）利用绘图命令及编辑命令绘制相应的图形。分析此图结构，可分 3 大步画图。

① 画线（Line）。在绘图区内拾取图形的右下角点；按〈F8〉功能键打开正交绘图状态；光标向左横移，输入 10，按〈Enter〉键；光标向上移，输入 5，按〈Enter〉键；光标向左横移，输入 25，按〈Enter〉键；光标向下移，输入 5，按〈Enter〉键；光标向左横移，输入 35，按〈Enter〉键；光标向上移，输入 36，按〈Enter〉键；光标向左横移，输入 70，按〈Enter〉键；输入 c，按〈Enter〉键。

② 倒圆（Fillet）。将倒圆半径设为 20 倒左上角；将倒圆半径设为 10 倒右上角。

③ 画圆（Circle）。画大圆，捕捉左上角圆弧的圆心，输入半径 10，画小圆，捕捉大圆的圆心为基点，输入 @25 < 30，按〈Enter〉键，输入 2.5，按〈Enter〉键。

3）根据尺寸外观的需要设置尺寸标注的样式。

① 将尺寸标注层设为当前层。

② 将文字样式设置为 ISOCPEUR。

③ 设置尺寸标注样式。

ⓐ 新建 User _ N，用于一般尺寸标注。其与默认样式 ISO – 25 不同的设置如下。

● "线" 选项卡

基线间距：设为 7；超出尺寸线：设为 2；起点偏移量：设为 0。

● "调整" 选项卡

打开 "调整" 选项区中的箭头或文字单选按钮和 "优化" 选项区的 "手动放置文字" 复选框。

ⓑ 新建 User _ O，用于引出水平标注的尺寸。其与 User _ N 不同的设置如下。

● "文字" 选项卡

打开文字对齐选项区的水平单选按钮。

● "调整" 选项卡

打开文字位置选项区的尺寸线上方，带引线单选按钮。

ⓒ 新建 User _ A，用于标注角度尺寸。其与 User _ N 不同的设置如下。

● "文字" 选项卡

选中文字位置选项区 "垂直" 下拉列表框中的 "居中"；打开文字对齐选项区的水平单选按钮。

4）利用相应的命令进行尺寸标注。

① 将 User _ N 设为当前样式。

● 利用 DIMLINEAR 命令标注尺寸 5、16、10。

● 利用 DIMCONTINUE 命令标注尺寸 25。

● 利用 DIMBASELINE 命令标注尺寸 70。

● 利用 DIMDIAMETER 命令标注尺寸 $\phi 20$。

● 利用 DIMRADIUSE 命令标注尺寸 $R20$、$R25$。

② 将 User _ O 设为当前样式。

- 利用 DIMDIAMETER 命令标注尺寸 ϕ5。
- 利用 DIMRADIUSE 命令标注尺寸 R10。

③ 将 User＿A 设为当前样式，利用 DIMANGULAR 命令标注尺寸 30°。

思　考　题

1. 为什么要启用正交绘图模式？如何启用？

2. 默认的构造选择集的模式有哪些？有什么区别？如何在已经构造的选择集中移除某些对象？

3. 对象捕捉有什么功能？如何启用自动捕捉模式？如何使用对象追踪功能？

4. 建立图层的意义是什么？如何设置线型、线宽、线型比例因子？

5. 绘制如图 2-11 所示的图形。

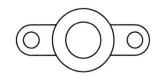

图 2-11　图形绘制

第3章 投影基础

【本章主要内容】

- 投影法及分类
- 点、直线和平面的投影
- 直线与平面、平面与平面的相对位置
- 变换投影面法

3.1 投影法

3.1.1 投影法的基本概念

物体在光线的照射下，就会在墙面或地面投下影子，这就是自然界的投影现象。投影法是将这一现象加以科学的抽象而产生的。如图 3-1a 所示，将 $\triangle ABC$ 置于空间点 S 和平面 P 之间，即构成一个完整的投影体系。其中点 S 称为投射中心，直线 SA、SB 和 SC 称为投射线，平面 P 称为投影面。直线 SA、SB 和 SC 与 P 面的交点 a、b 和 c，为点 A、B 和 C 在 P 面上的投影。这种确定物体在投影面上投影的方法称为投影法。有关投影法的术语和内容可查阅 GB/T 16948—1997《技术产品文件 词汇 投影法术语》和 GB/T 14692—2008《技术制图 投影法》。立体图中的空间点用大写字母表示，其投影用同名小写字母表示。

3-1 投影法概念

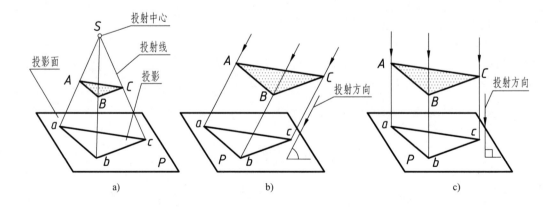

a)   b)   c)

图 3-1 投影法的分类

a）中心投影法　b）斜投影法　c）正投影法

3.1.2　投影法的分类

投影法可分为中心投影法与平行投影法两类。

1. 中心投影法

如图 3-1a 所示，所有的投射线相交于投射中心，这种投影法称为中心投影法。用中心投影法获得的投射其大小是变化的，即空间物体距离投射中心越近时，其投影越大，反之越小。中心投射法常用来绘制建筑物的透视图，以及产品的效果图。

3-2　现代工程制图的起源

2. 平行投影法

当投射中心距离投影面无限远时，所有投射线相互平行。这种投影法称平行投影法。用平行投影法得到的投影，只要空间平面平行于投影面，则其投影反映真实的形状和大小。平行投影法又分为两种。

（1）斜投影法

指投射线倾斜于投影面的投影法。如图 3-1b 所示。

（2）正投影法

指投射线垂直于投影面的投影法。如图 3-1c 所示。

机械图样采用正投影法绘制，斜投影法常用来绘制轴测图。本书后续内容，除已指明的部分外，均采用正投影法。

3.2　点、直线和平面的投影

3.2.1　点的投影

1. 点在两投影面体系中的投影

（1）两投影面体系的建立

从投影的概念可知：空间点在一个投影面上的投影是唯一确定的，但仅知点的一个投影，还不能唯一确定该点的空间位置。为了解决这一问题，建立了两投影面体系。

3-3　点的投影

空间互相垂直相交的两个平面，即构成一个两投影面体系，如图 3-2a 所示。其中一个平面水平放置，称为水平投影面 H；另一平面称为正立投影面 V。H 与 V 面的交线 OX 称为投影轴。

空间点 A 在两投影面体系中的投影，如图 3-2a 所示。过点 A 向 H 面作垂线，其垂足 a 即为点 A 的水平投影。过点 A 向 V 面作垂线，其垂足 a' 即为点 A 的正面投影。本书标记规定：空间点用大写字母表示，例如 A、B、C 等；水平投影用对应的小写字母表示，例如 a、b、c 等；正面投影用对应的小写字母加一撇表示，例如 a'、b'、c' 等。

空间点 A 的两面投影图，如图 3-2b 所示。它是在图 3-2a 的基础上，规定 V 面不动，H 面向下旋转 90°与 V 面成一个平面，如图 3-2b 所示。由于投影面是无限大的，故投影图不画出投影面的范围，如图 3-2c 所示。

（2）点在两投影面体系中的投影规律

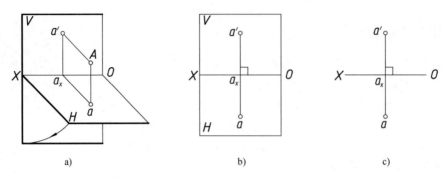

图 3-2　点的两面投影

1）点的正面投影和水平投影的连线垂直于投影轴。如图 3-2c 所示，$a'a \perp OX$。

2）点的正面投影到 OX 轴的距离等于该点到 H 面的距离；点的水平投影到 OX 轴的距离等于该点到 V 面的距离。

2. 点在三投影面体系中的投影

（1）三投影面体系的建立

由前述内容可知，根据一个点的两面投影就可以确定该点的空间位置。但为了后面研究立体的投影，还需要建立三投影面体系。

三投影面体系是在两投影面体系的基础上，再增加一个与 H 面和 V 面均垂直的侧立投影面 W，如图 3-3a 所示。V、H 和 W 三个投影面互相垂直相交，产生三根投影轴：H、V 面的交线为 OX 轴；H、W 面的交线为 OY 轴；V、W 面的交线为 OZ 轴。三根投影轴的交点 O 称为原点。

空间点 A 在三投影面体系中有三个投影，即 a、a' 和 a''。其中 a'' 称为侧面投影。

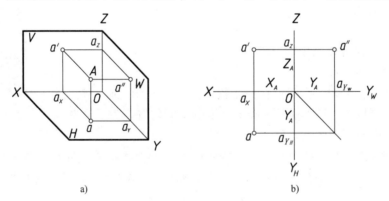

图 3-3　点的三面投影

为了把点在空间三投影面的投影画在同一个平面上，如图 3-3b 所示，规定 V 面不动，H 面绕 OX 轴向下旋转 90°，W 面绕 OZ 轴向后旋转 90°，都与 V 面重合。OY 轴一分为二：随 H 面旋转的用 OY_H 标记，随 W 面旋转的用 OY_W 标记。去掉限制投影面大小的边框，就得到了点 A 的三面投影图。

（2）点在三投影面体系中的投影规律

由图 3-3 可以得出点在三投影面体系中的投影规律。

1）点 A 的正面投影和水平投影的连线垂直于 OX 轴，即 $a'a \perp OX$。

2）点 A 的正面投影和侧面投影的连线垂直于 OZ 轴，即 $a'a'' \perp OZ$。

3）点 A 的水平投影到 OX 轴的距离等于点 A 的侧面投影到 OZ 轴的距离，即 $aa_x = a''a_z$。

3. 点的投影与直角坐标的关系

若把三投影面体系看作空间直角坐标系，则 H、V、W 面为坐标面，OX、OY、OZ 轴为坐标轴，O 为坐标原点。则点 A 的直角坐标（x_A，y_A，z_A）分别是点 A 至 W、V、H 面的距离，即

$$点 A 至 W 面的距离（A \rightarrow W）= x_A$$
$$点 A 至 V 面的距离（A \rightarrow V）= y_A$$
$$点 A 至 H 面的距离（A \rightarrow H）= z_A$$

点的每一个投影由其中的两个坐标决定：V 面投影 a' 由 x_A 和 z_A 确定，H 面投影 a 由 x_A 和 y_A 确定，W 面投影 a'' 由 y_A 和 z_A 确定。

由此可知，空间一点到三个投影面的距离与该点的三个坐标有确定的对应关系。不论已知空间点到投影面的距离，还是已知空间点的三个坐标，均可以画出其三面投影图。反之，已知点的三面投影或两面投影，可以完全确定点的空间位置。

例 3-1　已知空间点 A 的坐标（18，13，15），B 的坐标（10，20，6），试作 A、B 两点的三面投影图。

解　根据点的直角坐标和投影规律作图，如图 3-4a 所示。先画出投影轴 OX、OY、OZ，再作 A 点的三面投影：由原点 O 向左沿 OX 轴量取 $Oa_x = 18$，过 a_x 作投影连线 $\perp OX$，在投影连线上自 a_x 向下量取 13，得水平投影 a；自 a_x 向上量取 15，得正面投影 a'；根据 a 和 a' 分别作垂直于 OY 和 OZ 的投影连线，利用 45°辅助线，作出侧面投影 a''。

用同样的方法可以求得 B 点的三面投影图。A、B 两点的空间情况，如图 3-4b 所示。

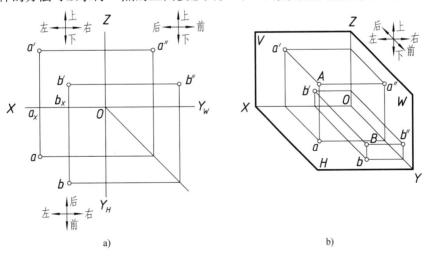

a)　　　　　　　　　　　　　　　　b)

图 3-4　根据坐标作点的三面投影图

4. 两点的相对位置

两点的相对位置是指以某一点为基准，判别另外一点在该点的上下、左右和前后的位置

关系，如图 3-4 中箭头所示。具体位置由两点的坐标差确定。例 3-1 中，若以 A 点为基准，则 B 点在 A 点的右方 8mm（$x_A - x_B = 18 - 10$）；下方 9mm（$z_A - z_B = 15 - 6$）；前方 7mm（$y_A - y_B = 13 - 20$）。

5. 重影点及可见性的判别

当空间两点位于某一投影面的同一条投射线上时，则两点在该投影面上的投影必然重合，这两点就称为对该投影面的重影点。如图 3-5a 中，A、B 两点为 H 面的重影点，C、D 两点为 V 面重影点，B、D 两点为 W 面重影点。

对重影点要判别可见性。因为重影点必有两个坐标相等，一个坐标不等，所以其可见性可以由两点不等的坐标来确定，坐标值大的为可见。如 A、B 两点的水平投影重合，因 $z_A > z_B$，所以 A 点的水平投影为可见，B 点的水平投影为不可见，记作（b），如图 3-5b 所示。

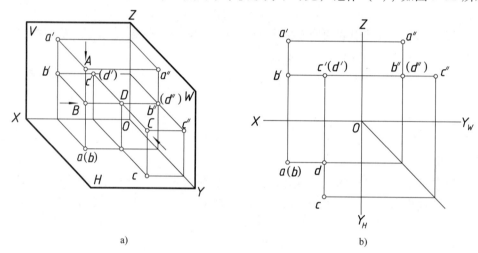

a)　　　　　　　　　　　　b)

图 3-5　重影点及可见性

3.2.2　直线的投影

1. 基本投影特性

（1）直线的投影一般仍为直线，特殊情况下积聚为一点

在图 3-6a 中，直线 AB 在 H 面的投影为 ab。直线 AB 向 H 面的投影是直线 AB 上无数个点的投射线所构成的平面与 H 面的交线，两个平面的交线必为直线。在图 3-6b 中，直线 AB 垂直于 H 面，因此其在 H 面的投影积聚为一点。直线的这种投影特性称为积聚性。

3-4　直线的投影

因为两点可确定一条直线，因此可作出直线上的两点（一般取线段的两个端点）的三面投影，并将同面投影相连，即得到直线的三面投影，如图 3-7 所示。

（2）直线上的点具有从属性和定比性

1）从属性：点在直线上，则点的投影必在直线的同面投影上。如图 3-8 所示，C 点在直线 AB 上，则 c 在 ab 上，c′ 在 a′b′ 上，c″在 a″b″上。

2）定比性：直线段上的点分割线段成定比，投影后保持不变。如图 3-8 中

$$AC:CB = ac:cb = a'c':c'b' = a''c'':c''b''$$

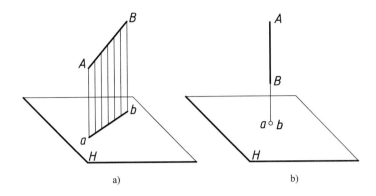

图 3-6　直线的投影

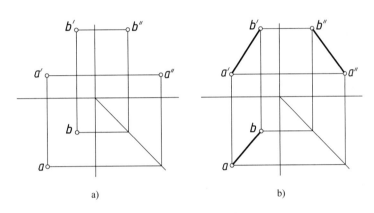

图 3-7　直线的投影图

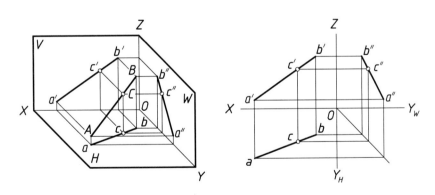

图 3-8　属于直线上的点

　　例 3-2　已知 C 点在直线 AB 上，并知其正面投影 c'，求其水平投影 c，如图 3-9a 所示。

　　解　根据直线上的点具有从属性和定比性，有两种作图方法。

　　方法 1：利用从属性，先求出直线 AB 的侧面投影 $a''b''$，再按图中箭头方向，求出 C 点的水平投影 c，如图 3-9b 所示。

　　方法 2：利用定比性，过 a 任意引一条倾斜于 ab 的直线 ab_1，并取 $ab_1 = a'b'$。在直线 ab_1 上取 $ac_1 = a'c'$，过 c_1 作 $c_1 c /\!/ b_1 b$ 则 $c_1 c$ 与 ab 的交点 c 即为所求，如图 3-9c 所示。

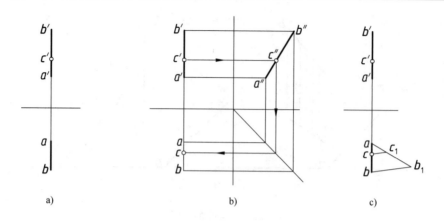

图 3-9　求 C 点的水平投影

2. 直线对投影面的相对位置

直线对投影面的相对位置，有三种情况。

- 一般位置直线——与三投影面都倾斜的直线。
- 投影面平行线——平行于一个投影面，倾斜于另外两个投影面的直线。
- 投影面垂直线——垂直于一个投影面，必然平行于另外两个投影面的直线。

后两类直线又称为特殊位置直线。

直线对 H、V、W 面的倾角分别用 α、β、γ 表示。

（1）一般位置直线

一般位置直线如图 3-10 所示，其投影特性如下：三个投影长度均比实长短；三个投影都倾斜于投影轴，但与投影轴的夹角并不反映 α、β、γ。

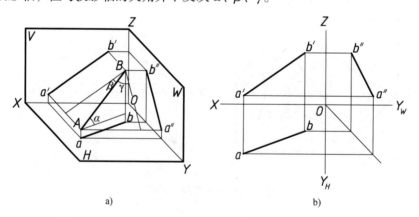

图 3-10　一般位置直线

（2）投影面平行线

投影面平行线有三种：平行于 H 面的水平线；平行于 V 面的正平线；平行于 W 面的侧平线。

三种投影面平行线的空间状况及投影特性，详见表 3-1。

表 3-1 投影面平行线

名称	水平线	正平线	侧平线
直观图	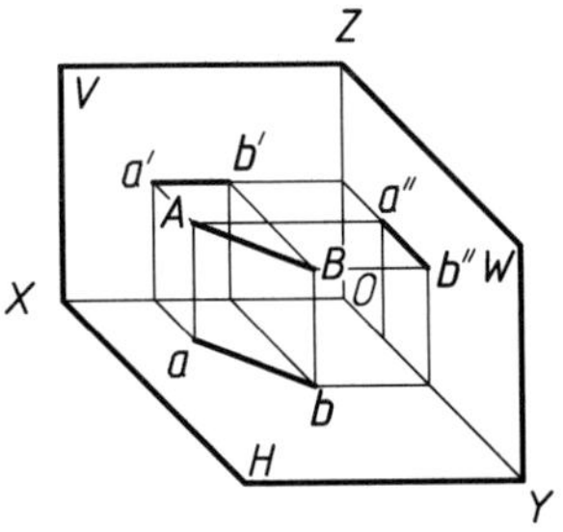	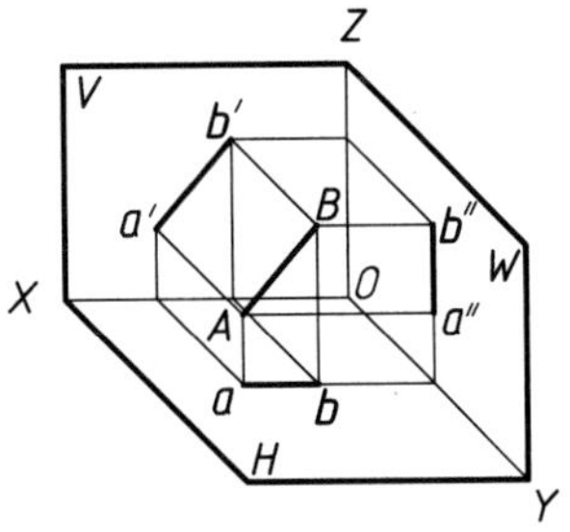	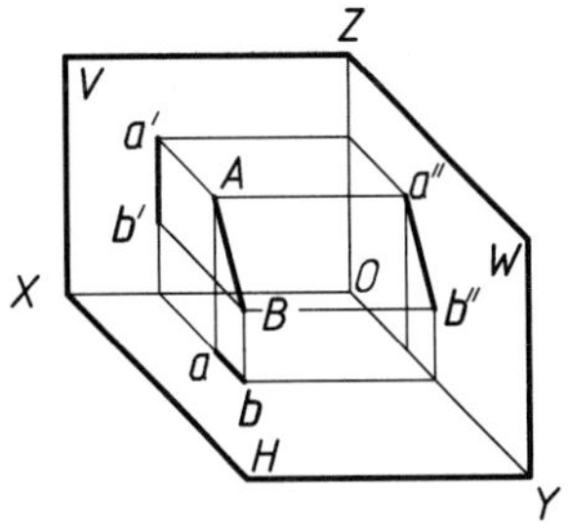
投影图	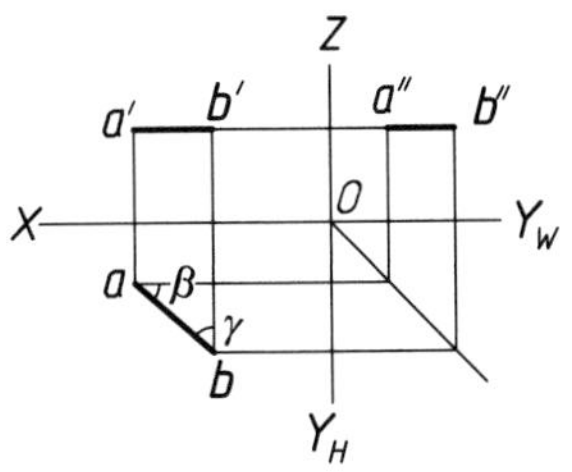	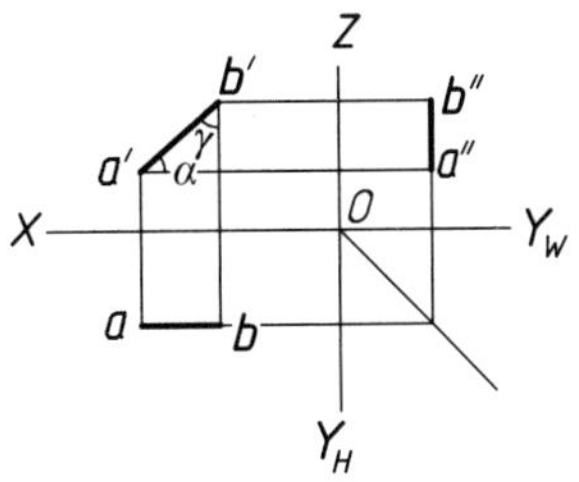	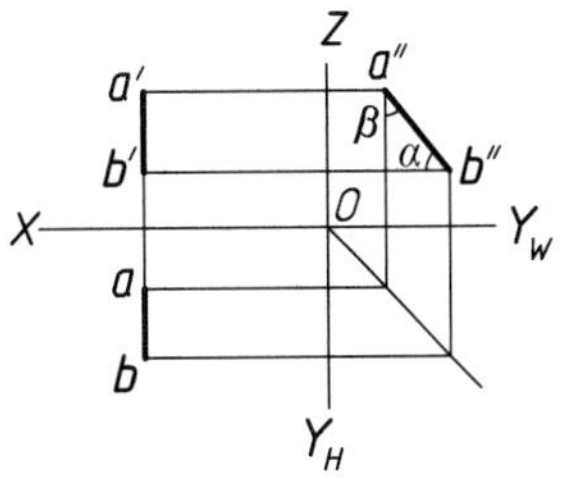
投影特性	1) $ab = AB$ 2) 反映 β、γ 实角 3) $a'b' // OX$，$a''b'' // OY_W$	1) $a'b' = AB$ 2) 反映 α、γ 实角 3) $ab // OX$，$a''b'' // OZ$	1) $a''b'' = AB$ 2) 反映 α、β 实角 3) $a'b' // OZ$，$ab // OY_H$

由表 3-1 可知，投影面平行线的投影特性如下：直线在所平行的投影面上的投影反映空间线段的实长；该投影与相应投影轴的夹角反映空间直线段与相应投影面的夹角；另外两个投影长度小于空间线段的实长。

（3）投影面垂直线

投影面垂直线有三种：垂直于 H 面的铅垂线；垂直于 V 面的正垂线；垂直于 W 面的侧垂线。

三种投影面垂直线的空间状况及投影特性，详见表 3-2。

表 3-2 投影面垂直线

名称	铅垂线	正垂线	侧垂线
直观图	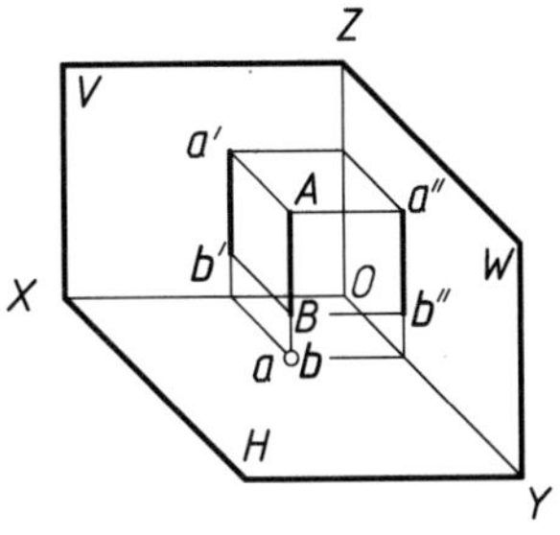	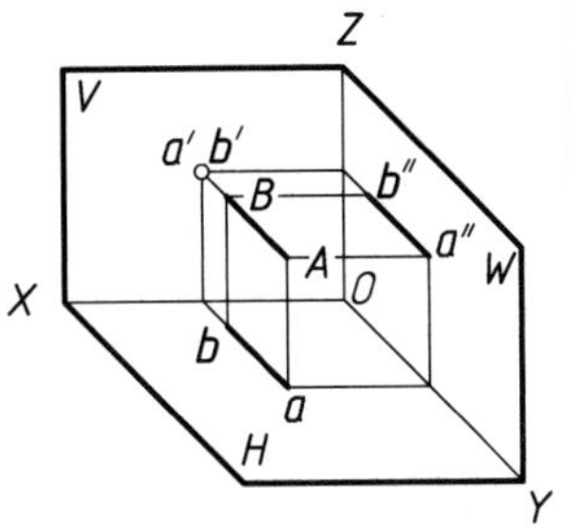	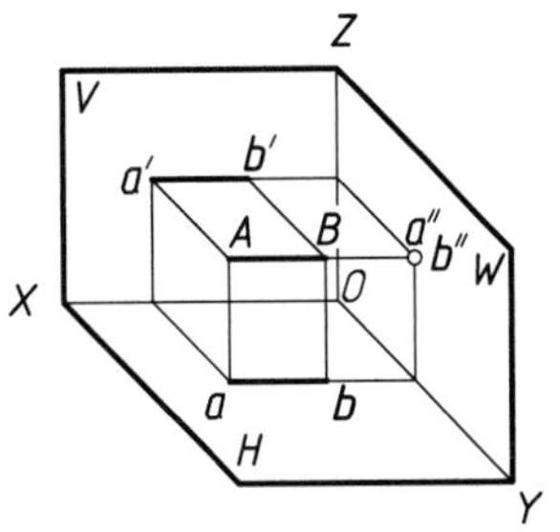

（续）

名称	铅垂线	正垂线	侧垂线
投影图			
投影特性	1）ab 积聚为一点 2）$a'b' = a''b'' = AB$ 3）$a'b' \perp OX$，$a''b'' \perp OY_W$	1）$a'b'$ 积聚为一点 2）$ab = a''b'' = AB$ 3）$ab \perp OX$，$a''b'' \perp OZ$	1）$a''b''$ 积聚为一点 2）$a'b' = ab = AB$ 3）$a'b' \perp OZ$，$ab \perp OY_H$

由表 3-2 可知，投影面垂直线的投影特性如下：直线在所垂直的投影面上的投影有积聚性；另外两个投影反映空间线段的实长，并垂直于相应的投影轴。

3. 求线段的实长及投影面的夹角

由各种位置直线的投影特性可知：特殊位置直线能够直接反应其实长及其与投影面的倾角，而一般位置直线的投影则不能。下面介绍求直线实长及其与投影面夹角的方法之一——直角三角形法。

如图 3-11a 所示，AB 为一般位置直线，在平面 $AabB$ 内，过 A 点作 ab 的平行线交 Bb 与 C，即得直角三角形 ABC。该直角三角形的一直角边 $AC = ab$（水平投影的长度），另一直角边 $BC = Bb - Aa = z_B - z_A = \triangle z$（两点距水平投影面的距离之差即 Z 坐标差），$\angle BAC = \alpha$，斜边即为实长 AB。

在投影图上的作图方法如下。

1）以水平投影 ab 为一直角边，过 b 或 a 作 ab 的垂线，$bB_1 = b'c'$（$\triangle z$），连 aB_1 即为直线 AB 的实长，$\angle baB_1$ 即为 AB 对 H 面的倾角 α。如图 3-11b 所示。

2）图 3-11c 所示为另一种作图法。自 a' 作 OX 的平行线 $a'A_1$，使 $c'A_1 = ab$，连 $b'A_1$，即为直线 AB 实长，$\angle b'A_1c'$ 为 α 角。

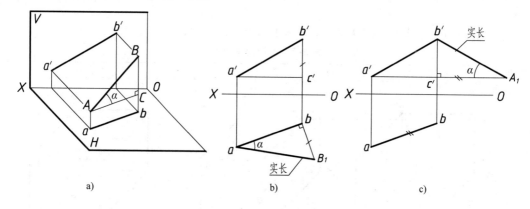

a)　　　　　　　　　b)　　　　　　　　　c)

图 3-11　直角三角形法

同理，可利用直线的 V 面投影及直线两端点的 y 坐标差所构成的直角三角形，求出直线的实长及直线对 V 面的倾角 β；利用 W 面投影及直线两端点的 x 坐标差，求出直线的实长及其对 W 面的倾角 γ。

4. 两直线的相对位置

空间两直线的相对位置有三种情况，即平行、相交和交叉。其中交叉两直线既不平行也不相交，又称异面直线。下面分别分析它们的投影特性。

（1）平行两直线

所有同面投影必互相平行，如图 3-12b 所示。因为 AB 与 CD 两直线平行，它们向投影面投影时，投影线组成的两个平面互相平行，即平面 $ABba \mathbin{/\mkern-5mu/} CDdc$。所以，该两平面与投影面的交线，即 AB 与 CD 的投影必平行。故有 $ab \mathbin{/\mkern-5mu/} cd$，$a'b' \mathbin{/\mkern-5mu/} c'd'$，如图 3-12a 所示。

（2）相交两直线

所有同面投影必相交，且交点的连线必垂直于相应的投影轴，如图 3-13b 所示。因为，K 点是 AB 与 CD 直线的共有点，所以，两条直线的各面投影必相交。又因各面投影相交点是空间同一个 K 点的投影，所以必然符合点的投影规律，如图 3-13a 所示。

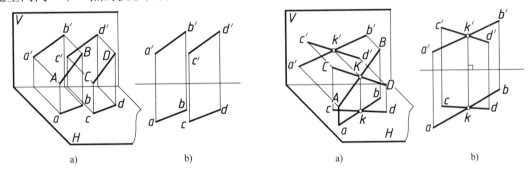

图 3-12　平行两直线　　　　　　　　　　图 3-13　相交两直线

（3）交叉两直线

既不符合平行两直线的投影特性，又不符合相交两直线的投影特性。如图 3-14b 所示，虽然同面投影都相交，但交点的连线并不垂直于相应的投影轴。AB 与 CD 两线段的投影相交处，并不是两直线共有点的投影，而是两直线上点的投影的重合，如图 3-14a 所示。

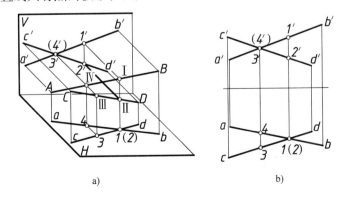

图 3-14　交叉两直线

交叉的两条直线投影相交处是重影点的投影，通过投影图判别其可见性，可确定两条直线在空间的位置关系。具体判别方法及标记，参见前述重影点及可见性的判别内容。

　　根据上述两条直线的相对位置的投影特性，可在投影图上解决作图和判别问题。在投影图上判别两条直线的相对位置时，一般情况下任意选择两面投影即可判断。若两条直线为特殊位置直线或其中之一为特殊位置时，必须有该直线所平行的投影面上的投影才能判断。例如，在图3-15a中，AB 与 CD 为侧平线，在图3-15b中，AB 为侧平线，均需有其侧面投影后，才能最后判断其为交叉的两条直线。

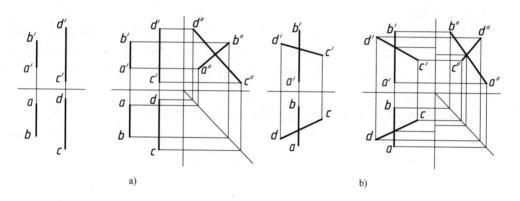

a)　　　　　　　　　　　　　　　　　　　b)

图 3-15　判别直线的相对位置

5. 直角投影定理

　　空间中两条直线垂直，若其中有一条直线平行于某一投影面，则这两条直线在该投影面上的投影成直角。反之，若这两条直线在某一投影面上的投影成直角，且其中有一条直线平行于该投影面，则空间中这两条直线必垂直。

　　上述定理可由图3-16得到证明。图3-16a中，已知 $AB \perp BC$，$BC /\!\!/ H$ 面。因 $BC \perp Bb$，所以 $BC \perp$ 四边形 $ABba$。又因 $BC /\!\!/ bc$，则 $bc \perp ABba$，$bc \perp ab$。其投影图如图3-16b所示。

　　例3-3　过点 A 作一直线 AB，令 AB 与正平线 CD 垂直相交，如图3-17a所示。

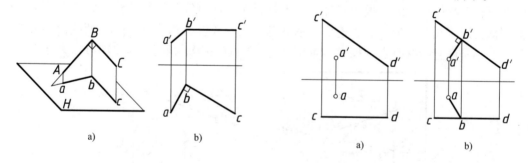

a)　　　　　　　　b)　　　　　　　　　　a)　　　　　　　　b)

图 3-16　直角的投影　　　　　　　图 3-17　两条直线垂直相交

　　解　已知 CD 为正平线，所作直线与其垂直相交，根据直角投影定理，两条直线的正面投影必垂直相交。作图步骤如下。

　　1）过 a' 作 $a'b' \perp c'd'$，交 $c'd'$ 于 b'。

　　2）由 b' 向下作投影连线，交 cd 于 b。

　　3）连接 ab，则 ab 与 $a'b'$ 是所求直线 AB 的两面投影，如图3-17b所示。

3.2.3 平面的投影

1. 平面的表示法

初等几何中，可以用一组几何要素来确定平面，通常有五种情况：不在一条直线上的三个点；一直线和直线外一点；平行的两条直线；相交的两条直线；任意平面几何图形。图 3-18 所示是用上述各几何要素所表示的平面的投影图。

3-5 平面的投影

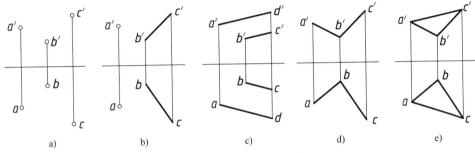

a)   b)   c)   d)   e)

图 3-18 几何要素表示平面

2. 平面对投影面的相对位置

平面对投影面的相对位置，有三种情况。

- 一般位置平面——与三投影面都倾斜的平面。
- 投影面垂直面——垂直于某一投影面，倾斜于另外两个投影面的平面。
- 投影面平行面——平行于一个投影面，必然垂直于另外两个投影面的平面。

后两类平面又称为特殊位置平面。平面对 H、V、W 面的倾角分别用 α、β、γ 表示。下面分别介绍各种平面的投影特性。

（1）一般位置平面

一般位置平面如图 3-19 所示，其投影特性如下：三面投影均为缩小的类似形。

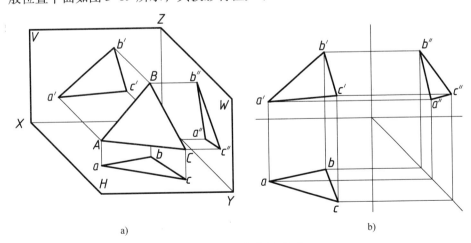

a)   b)

图 3-19 一般位置平面

（2）投影面垂直面

投影面垂直面有三种：垂直于 H 面的铅垂直；垂直于 V 面的正垂面；垂直于 W 面的侧

垂面。

三种投影面垂直面的空间状况及投影特性，详见表3-3。

表3-3　投影面垂直面

名称	铅垂面	正垂面	侧垂面
直观图			
投影图			
投影特性	1）H面投影积聚为直线 2）H面投影与OX、OY_H轴夹角反映平面对V、W面夹角β、γ 3）V、W面投影为缩小的类似形	1）V面投影积聚为直线 2）V面投影与OX、OZ轴夹角反映平面对H、W面夹角α、γ 3）H、W面投影为缩小的类似形	1）W面投影积聚为直线 2）W面投影与OZ、OY_W轴夹角反映平面对V、H面夹角β、α 3）H、V面投影为缩小的类似形

　　由表3-3可知，投影面垂直面的投影特性如下：当平面垂直于某一投影面时，平面在所垂直的投影面上的投影积聚为直线，即平面内任何几何要素的投影都重合在该直线上，这种特性称平面的积聚性。且该积聚性投影与相应投影轴的夹角，反映空间平面与另外两个投影面的倾角。平面的另外两个投影均为缩小的类似形。

　　（3）投影面平行面

　　投影面平行面有三种：平行于H面的水平面；平行于V面的正平面；平行于W面的侧平面。

　　三种投影面平行面的空间状况及投影特性，详见表3-4。

表 3-4 投影面平行面

名称	水平面	正平面	侧平面
直观图	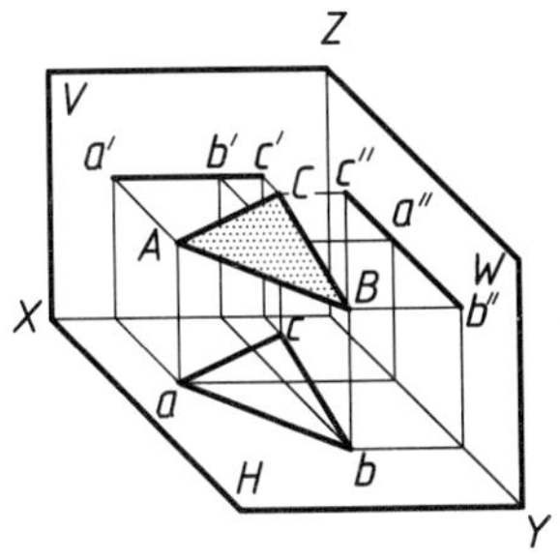	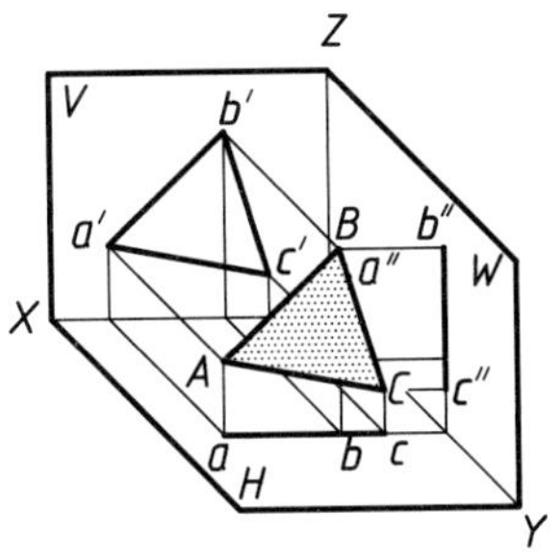	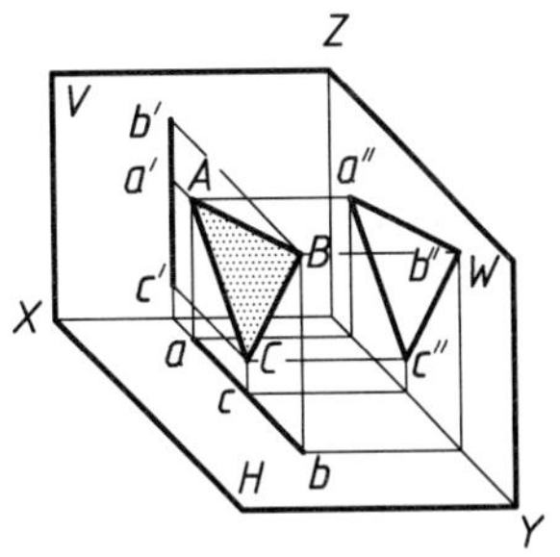
投影图	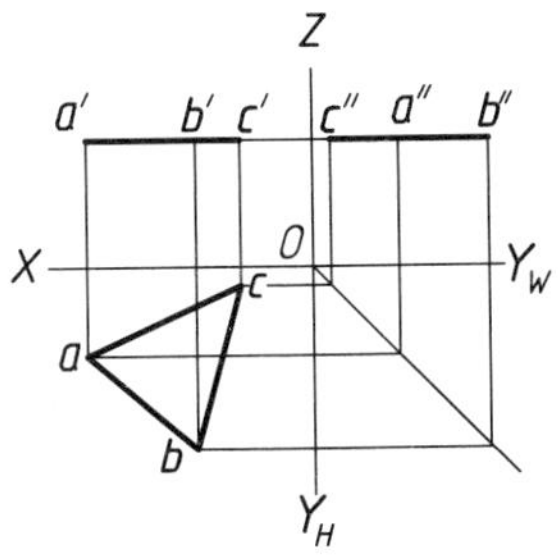	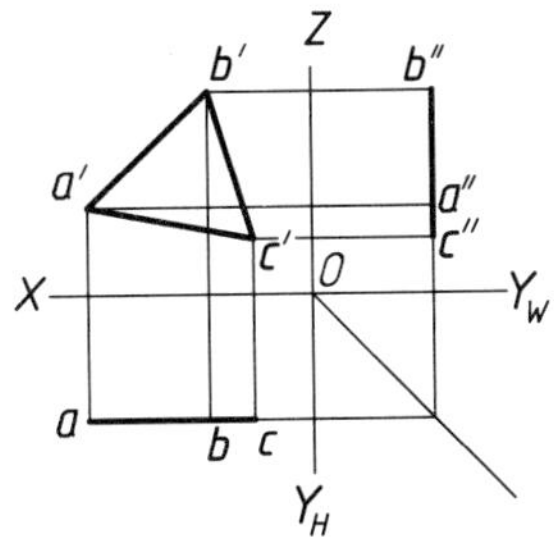	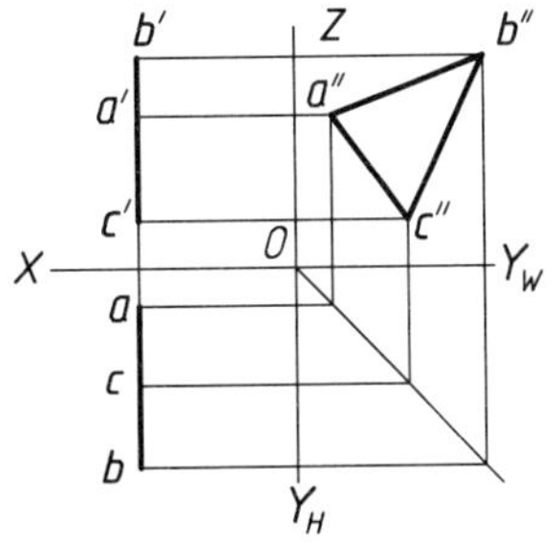
投影特性	1）H 面投影反映实形 2）V 面投影积聚为直线，且平行于 OX 轴 3）W 面投影积聚为直线且平行于 OY_W 轴	1）V 面投影反映实形 2）H 面投影积聚为直线，且平行于 OX 轴 3）W 面投影积聚为直线且平行于 OZ 轴	1）W 面投影反映实形 2）V 面投影积聚为直线，且平行于 OZ 轴 3）H 面投影积聚为直线且平行于 OY_H 轴

由表3-4可知，投影面平行面的投影特性如下：平面在所平行的投影面上的投影反映空间平面的实形；另外两面投影积聚为直线，且平行于相应的投影轴。

3. 用迹线表示特殊位置平面

平面与投影面的交线称为平面的迹线，如图3-20所示，空间平面 P 与 H、V 和 W 面的交线称为 P 平面的三面迹线，分别记作 P_H、P_V 和 P_W。

迹线是平面与投影面的共有线，其一面投影与迹线本身重合，另外两面投影必与相应的投影轴重合。例如图3-20中的迹线 P_V，其正面投影与 P_V 重合，水平投影与 OX 轴重合，侧面投影与 OZ 轴重合。

一般在投影图上只用与迹线本身重合的那一面投影来表示迹线。特殊位置平面必有一面或两面投影积聚为直线，该直线也是平面的相应迹线所处的位置。所以，对特殊位置平面就用有积聚性的投影表示该平面，并标记相应的符号。具体表示方法如图3-21和图3-22所示，即用细实线画出平面有积聚性的投影，并在线段的一端注上相应的迹线符号。图3-21是用迹线表示正垂面 R、铅垂面 P 和侧垂面 Q 的投影图。图3-22是用迹线表示水平面 P、

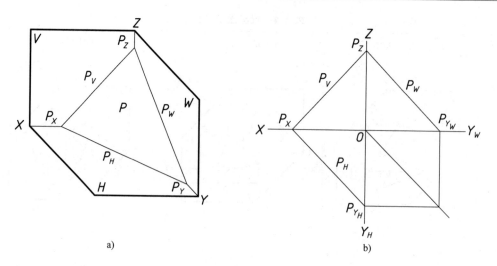

图 3-20　用迹线表示平面

正平面 Q 和侧平面 S 的投影图。这些投影图可以完全确定相应的特殊位置平面的空间位置。

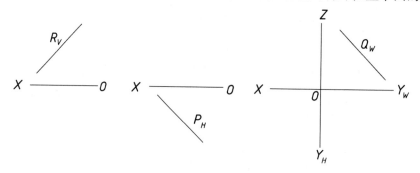

图 3-21　用迹线表示投影面垂直面

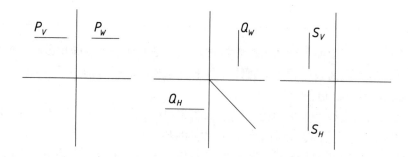

图 3-22　用迹线表示投影面平行面

4. 平面内的点和直线

（1）平面内取点和取直线

在投影图上取属于空间平面内的点和直线，必须满足下列几何条件。

1）在平面内取点，必须取自属于该平面的已知直线上。

图 3-23a 中，平面 P 由相交的两条直线 AB 和 BC 确定。若在 AB 上取点 M，在 BC 上取点 N，M、N 两点均取自属于 P 平面的已知直线上，则 M、N 两点必在 P 平面内。图 3-23b

表示在投影图中的作图情况。

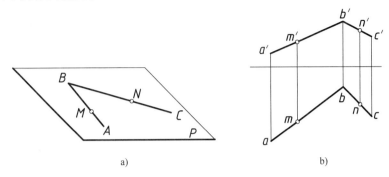

图 3-23　平面内取点

2）在平面内取直线，必须过平面内两已知点；或过平面内一已知点且平行于该平面内的另一已知直线。

图 3-24a 中，平面 P 由相交的两条直线 AB 和 BC 确定。M、N 为该平面内的两个已知点，过 M、N 两点的直线必在 P 平面内。图 3-24b 中，平面 P 由相交二直线 AB 和 BC 确定。点 L 属于 AB 是 P 平面上的已知点。过 L 作 LK∥BC，则 LK 必在 P 平面内。图 3-24c 表示根据上述条件在投影图中的作图情况。

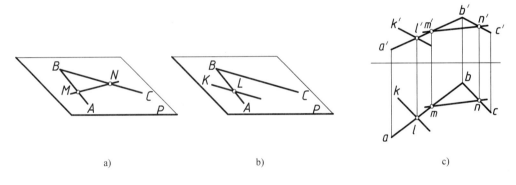

图 3-24　平面内取直线

由上述可知，在平面内取点，必先取直线；而平面内取直线，又必先取点，即必须遵循点、线互相利用的原则。

例 3-4　已知由平行的两条直线 AB 与 CD 所确定的平面内一点 K 的正面投影 k'，求其水平投影 k，如图 3-25a 所示。

解　K 点属于平面，则 K 点必在平面内的一条已知直线上。其作图过程如图3-25b所示。先过 k' 任作直线 Ⅰ Ⅱ（$1'2'$）与 $a'b'$、$c'd'$ 相交，再由 $1'$、$2'$ 向下确定 1、2，连接 1、2，则直线 Ⅰ Ⅱ 必在平面内，k 必在 12 上。

例 3-5　已知△ABC 和 D 点的两面投影，判别 D 点是否在该面内，如图 3-26 所示。

解　D 点若在△ABC 内，必在属于该平面的直线上，否则 D 点就不在平面内。作图时先在平面内取辅助线 A Ⅰ，令 $a'1'$ 通过 d'，再求出 $a1$，看是否也通过 d，如图 3-26 所示，d 不在 $a1$ 上，故 D 点不在△ABC 内。

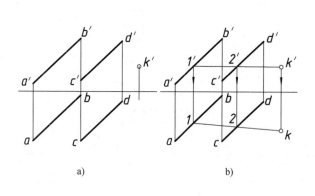

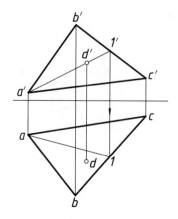

图 3-25 确定点在平面内的位置　　　图 3-26 判别 D 点是否在 △ABC 平面

例 3-6　试在一般位置平面 △ABC 内取水平线和正平线，如图 3-27 所示。

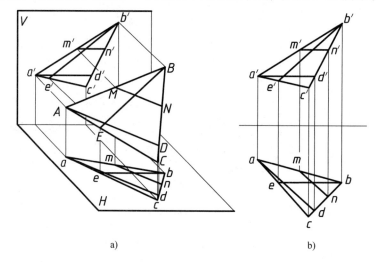

图 3-27 平面内投影面的平行线

解　在图 3-27a 中，一般位置平面 △ABC 内的直线 AD // H 面，则称 AD 为该平面内的水平线，BE // V 面，则称 BE 为该平面内的正平线。

平面内投影面的平行线，是平面内的特殊位置直线，既属于平面，又具有投影面平行线的投影特性。在投影图上的作图过程如图 3-27b 所示。过 △ABC 上任意一点例如 A 点，作水平线时，则应过 a′作 a′d′ // OX 轴，在由 d′得 d，连接 ad，则直线 AD（a′d′、ad）即为 △ABC 内的水平线。用类似的方法，可在 △ABC 内取正平线 BE（b′e′、be）。显然，同一平面内可取无数条水平线、正平线，它们互相平行。

平面内还有一种特殊直线——最大斜度线，即平面内投影面平行线的垂线。平面内水平线的垂线，称为对 H 面的最大斜度线；平面内正平线的垂线，称为对 V 面的最大斜度线；平面内侧平线的垂线，称为对 W 面的最大斜度线。

从几何意义来看，最大斜度线是平面内对投影面呈最大斜度的直线，它与投影面的夹角，就是该平面与投影面的夹角。

（2）过已知点或直线作平面

过空间已知点 A 可作无数个平面。如图 3-28a 所示，在点 A 外任取一直线 BC，则 A 和 BC 就确定了一个平面。

若过空间点 A 作投影面垂直面，也可以作无数个。图 3-28b 为过点 A 作的铅垂面 $\triangle ABC$；图 3-28c 为过点 A 作铅垂面 P，用迹线 P_H 表示。其空间作图情况如图 3-28d 所示。

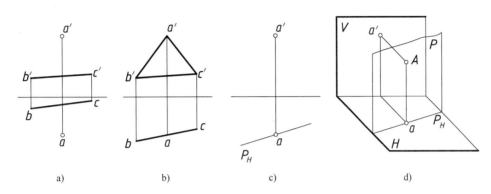

图 3-28 过已知点作平面

过空间已知点 A 作投影面平行面，则只能作一个。

过空间已知直线，可作无数个平面，只要在线外任取一点，即可构成。

过空间已知直线 AB 作投影面垂直面，总可以作出一个，一般用迹线表示。图 3-29 为过 AB 作正垂面 P（见图 3-29a）和铅垂面 Q（见图 3-29b）的空间情况及投影图。

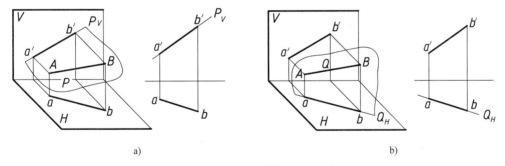

图 3-29 过已知直线作投影面垂直面

3.3 直线与平面、平面与平面的相对位置

直线与平面、平面与平面的相对位置分别有三种情况，即平行、相交和垂直。

3.3.1 平行问题

直线与平面平行的几何条件：如果平面外一直线和这个平面内的一直线平行，则此直线与该平面平行。反之，如果在一平面内能找出一直线平行于平面外一直线，则此平面与该直线平行。如图 3-30a 所示，AB 平行于 P 面内的 CD，故 AB 平行于 P 面。

两个平面互相平行的几何条件如下：如果一平面内相交的两条直线分别平行于另一平面

内相交的两条直线，则这两个平面互相平行。如图 3-30b 所示，图中 $AB /\!/ DE$，$BC /\!/ EF$，故 $Q /\!/ R$。

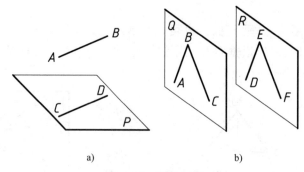

图 3-30　平行问题

例 3-7　过 K 点作一正平线 KL 与 $\triangle ABC$ 平面平行，如图 3-31a 所示。

解　在空间过已知点 K 可作无数条与已知平面平行的直线，但其中与 V 面平行的只有一条。根据直线与平面平行的几何条件，先在 $\triangle ABC$ 平面内取一条正平线 CD，作 $cd /\!/ ox$，得 $c'd'$，再过 k' 作 $e'f' /\!/ c'd'$，过 K 作 $ef /\!/ cd$。则 EF 是平行于 $\triangle ABC$ 的正平线。图 3-31b 为作图过程。

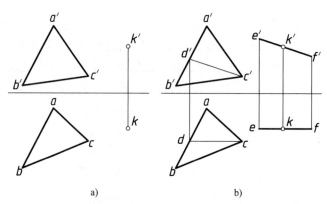

图 3-31　过点作直线平行于已知面

例 3-8　判别已知直线 MN 是否平行于已知平面 $\triangle ABC$，如图 3-32 所示。

解　如果能在 $\triangle ABC$ 中找出一直线与 MN 平行，则 $MN /\!/ \triangle ABC$，否则就不平行。先在 $\triangle ABC$ 内取 CD，令 $cd /\!/ mn$，再求出 $c'd'$，可以看出 $c'd'$ 不平行于 $m'n'$。则 MN 不平行于 $\triangle ABC$。

例 3-9　过 K 点作一平面平行于 $\triangle ABC$，如图 3-33a 所示。

解　根据两个平面互相平行的几何条件，过 K 点作一对相交直线分别对应地平行 $\triangle ABC$ 内的任意一对相交直线，即为所求。为作图简便，过 K 点作 $KM /\!/ AC$，$KN /\!/ BC$。在

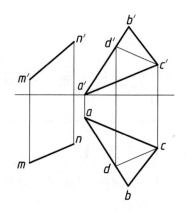

图 3-32　判别直线与平面是否平行

投影图中，先过 k' 作 $k'm' /\!/ a'c'$、$k'n' /\!/ b'c'$；再过 k 作 $km /\!/ ac$、$kn /\!/ bc$。则由 KM 和 KN 这两条相交的直线所确定的平面必平行于△ABC，如图 3-33b 所示。

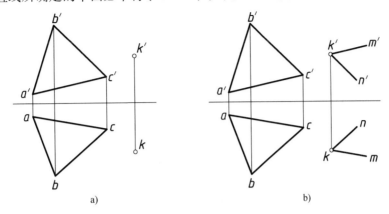

a)   b)

图 3-33 过点作平面平行于已知面

3.3.2 相交问题

直线与平面相交，必有一个交点，交点是直线与平面的共有点。两个平面相交，必有一条交线，交线是两面的共有线，由两个平面上的一系列共有点组成。

研究相交问题，即在投影图上确定交点、交线的投影，并判别直线、平面投影的可见性。交点是线面投影后可见性的分界点，交线是面面投影后可见性的分界线。

1. 特殊位置情况

当相交的两个几何要素之一与投影面处于特殊位置时，可利用投影的积聚性及交点、交线的共有性，在投影图上确定交点、交线的投影。

例 3-10 求直线 AB 与△CDE 的交点 K，如图 3-34 所示。

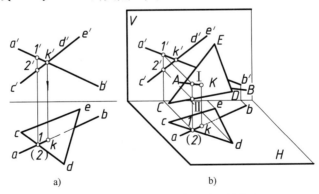

a)   b)

图 3-34 求直线与特殊位置平面的交点

解 △CDE 是正垂面，正面投影有积聚性。交点 K 是△CDE 和 AB 的共有点，所以其正面投影必在△CDE 和 AB 正面投影的相交处；其水平投影也应在 AB 的水平投影上，作图过程如图 3-34a 所示，K（k'、k）即为所求交点。

水平投影中，ab 有一部分被△cde 遮挡，需判别其可见性。可依据重影点判别，除 k 点外，ab 与△cde 重叠部分均为重影点的投影。可任取其中一对重影点，图中取 AB 上的 Ⅰ

（1′、1）点和 CD 上的 II（2′、2），显然 I 点的 z 坐标大于 II 点的 z 坐标。因此，对水平投影来说，AK 在 CD 的上方，也就是在△CDE 的上方，是可见的。而 KB 是不可见的，用虚线表示。

例 3-11　求直线 AB 与△CDE 的交点 K，如图 3-35 所示。

解　直线为铅垂线，其水平投影积聚为一点。交点 K 的水平投影必与该点重合，K 也是△CDE 内一点，可用平面上取点的方法求其正面投影。

可见性的判别和例 3-10 相似，在正面投影中取一对重影点 I、II（I 在 CD 上，II 在 AB 上），结果如图 3-35 所示。

例 3-12　求四边形 ABCD 与△EFG 的交线 MN，如图 3-36 所示。

解　求两个平面的交线，只要求得两个共有点即可。现四边形平面为铅垂面，△EFG 的边 EF、EG 为一般位置直线，求出这两条直线与平面的交点，其连线即为这两个平面的交线。分别由水平投影的 m、n 确定 m′、n′，则 MN（m′n′、mn）即为所求。

可见性判别结果如图 3-36 所示。

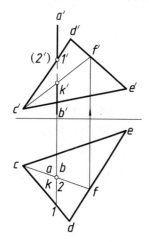

图 3-35　求特殊位置直线与平面的交点

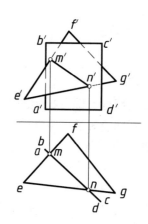

图 3-36　一般位置平面与铅垂面相交

2. 一般位置情况

当一般位置直线与一般位置平面相交时，就不能利用积聚性直接确定交点，而必须借助于辅助平面法来解决。

图 3-37 中直线 AB 与 P 面相交，为求出交点 K，可设想 K 点既然是 P 面上的点，就必定位于 P 面内的某条直线 MN 上。同时，K 点也是 AB 上的点，则相交的两条直线 AB 与 MN 就组成了一个辅助平面 R。MN 就是 R 面与 P 面的交线，其与 AB 的交点 K，就是直线与平面的交点。

将上述分析，总结为求一般位置直线与一般位置平面交点的三步法。

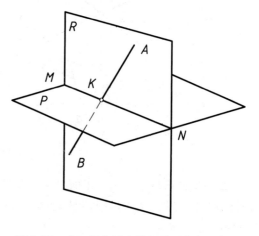

图 3-37　求一般位置直线与平面交点示意图

1）包含已知直线作投影面的垂直面（用迹线表示）作为辅助平面。

2）求辅助平面与已知平面的交线。

3）求该直线与已知直线的交点。

例 3-13 求直线 AB 与 $\triangle CDE$ 的交点 K（见图 3-38）。

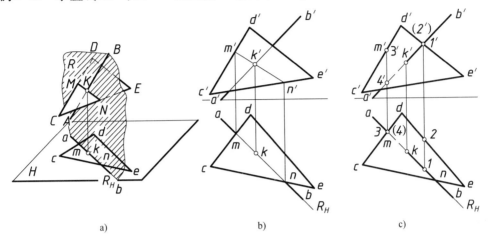

图 3-38 求一般位置直线与平面交点

解 用上述三步法求交点，如图 3-38b 所示。

1）包含 AB 作铅垂面 R，R_H 与 ab 重合。

2）求 R 与 $\triangle CDE$ 的交线 MN（$m'n'$、mn）。

3）求 MN 与 AB 的交点 K（k'、k）。

判别可见性：在正面投影和水平投影上各取一对重影点分别判定，如图 3-38c 所示。

例 3-14 求 $\triangle ABC$ 与 $\triangle DEF$ 的交线 MN（见图 3-39）。

解 两个平面都是一般位置平面，为求交线只要求出两平面的两个共有点即可。可选取 $\triangle DEF$ 上的两个边 DE 和 DF，求它们与 $\triangle ABC$ 的两个交点 M、N，将其连线即可。作图步骤如图 3-39b 所示。

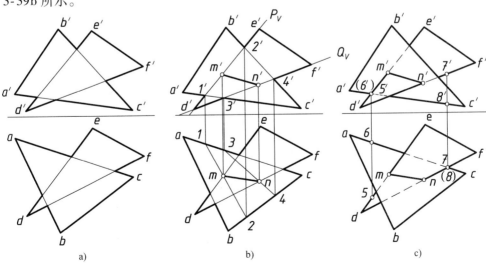

图 3-39 求两个一般位置平面的交线

1）过 *DE* 和 *DF* 分别作正垂面 *P* 和 *Q* 为辅助面。

2）分别求 *P* 和 *Q* 与△*ABC* 的交线 I Ⅱ 和Ⅲ Ⅳ。

3）求出 I Ⅱ 和 *DE* 的交点 *M*（*m*′、*m*）；和求出Ⅲ Ⅳ与 *DF* 的交点 *N*（*n*′、*n*）。连线 *MN*（*m*′*n*′、*mn*）即为所求。

判别可见性：两个三角形的交线是平面可见部分不可见部分的分界线，可在正面投影和水平投影上各取一对重影点分别判定，如图 3-39c 所示。

正面投影的可见性是利用重影点 V（5′、5）和Ⅵ（6′、6）来判别的。从水平投影看出 V 点在Ⅵ点的前面，即 5′遮住 6′，所以 *DE* 边在分界点 *M* 左边一段的正面投影 *d*′*m*′是可见的。据此可以判定△*DEF* 在交线左边部分的正面投影 *d*′*m*′*n*′是可见的，而另一部分 *m*′*e*′*f*′*n*′与△*a*′*b*′*c*′重叠部分是不可见的。

水平投影的可见性是利用重影点Ⅶ（7′、7）和Ⅷ（8′、8）来判别的。从正面投影看出Ⅶ点在Ⅷ点的上面，即 7 遮住 8，所以 *DF* 边在分界点 *N* 右边一段的水平面投影 *nf* 是可见的。据此可以判定△*DEF* 在交线右边部分的水平投影 *mnfe* 是可见的，而另一部分 *dmn* 与△*abc* 重叠部分是不可见的。

例 3-15　求△*ABC* 与两平行直线 *DE*、*FG* 所表示的平面的交线 *MN*，如图 3-40 所示。

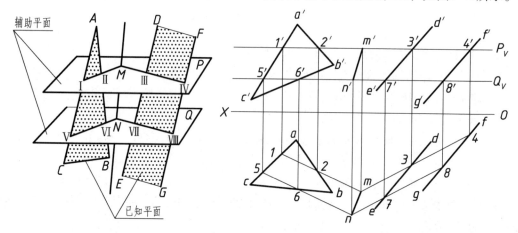

图 3-40　用辅助平面法求两个一般位置平面的交线

解　△*ABC* 与两条平行的直线 *DE*、*FG* 所表示的平面都是一般位置平面，其投影没有重叠部分，如采用前述例题的方法求交线，作图不方便。可利用"三面共点"原理（三个两两相交的平面，其交线必有一个共有点），选适当的辅助平面求出交线。如图 3-40 所示，取任意正垂面 *P*，与两个已知平面分别交于直线 I Ⅱ 和Ⅲ Ⅳ，而 I Ⅱ 和Ⅲ Ⅳ的交点 *M*，即为两个已知平面的一个共有点。同理，作任意正垂面 *Q*，与两个已知平面分别交于直线 V Ⅵ 和Ⅶ Ⅷ，而 V Ⅵ 和Ⅶ Ⅷ的交点 *N*，也是两个已知平面的一个共有点。*MN* 连线即为两个已知平面的交线，如图 3-40 所示。

3.3.3　垂直问题

由几何学可知，如果一直线垂直于平面内两条相交的直线，则直线与平面垂直，且垂直于平面内所有直线。因此，根据直角投影定理可以导出如下定理：一直线垂直于一平面，则直线的水平投影必垂直于平面内水平线的水平投影；直线的正面投影必垂直于平面内正平线的正面投影。

　　反之，如一直线的水平投影垂直于平面内水平线的水平投影；直线的正面投影垂直于平面内正平线的正面投影，则直线必垂直于平面。

1. 直线与平面垂直

　　例 3-16　过 L 点作一直线 LK，使 $LK \perp \triangle ABC$ 平面，$\triangle ABC$ 为铅垂面，如图 3-41 所示。

　　解　图 3-41a 为空间状况，由于 $\triangle ABC$ 为铅垂面，则垂直于该平面的直线 LK 必为水平线。水平投影中 $lk \perp abc$，正面投影 $l'k'$ 平行于投影轴。其作图过程如图 3-41b 所示，过 l 作 $lk \perp abc$，过 l' 作 $l'k'$ 平行于投影轴，由 k 得 k'，则 LK（$l'k'$、lk）即为所求。其中水平投影 lk 反映空间点 L 到 $\triangle ABC$ 的真实距离。

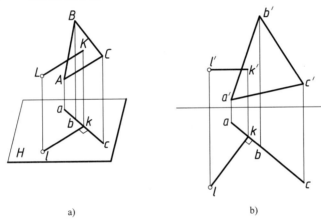

a)　　　　　　　　　　　　　　　　b)

图 3-41　过点作直线垂直于铅垂面

　　例 3-17　求 L 点到 $\triangle ABC$ 的距离，如图 3-42 所示。

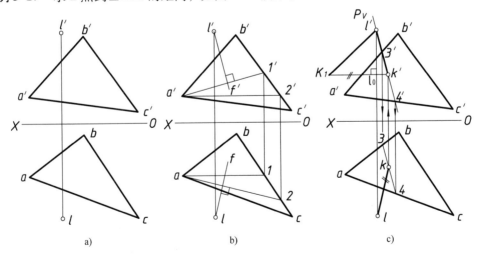

a)　　　　　　　　　b)　　　　　　　　　c)

图 3-42　求点到平面的距离

　　解　求点到平面的距离，空间解题思路如下：自 L 点向 $\triangle ABC$ 作垂线；求垂足 K（垂线与平面的交点）；求 LK 的实长。

作图步骤如下。

1）在△ABC内作正平线 A I （a'1'、a1）和水平线 A II （a'2'、a2），作 l'f'⊥a'1'、lf⊥a2，如图3-42b所示。

2）求 LF 与△ABC的交点 K（k'、k），如图3-42c所示。

3）用直角三角形法求 LK 的实长，即为所求距离。

例3-18　过点 A 作一直线与已知直线 BC 垂直相交，如图3-43a所示。

解　空间解题思路如下：过点 A 作已知直线 BC 的垂面 P；求平面 P 与直线 BC 的交点 K；连线 AK 即为所求，如图3-43b所示。

如图3-43c所示，作图步骤如下。

1）过 A 点作正平线 AD（a'd'、ad），令 a'd'⊥c'b'；水平线 AE（a'e'、ae），令 ae⊥bc。则 BC⊥面 ADE。

2）求 BC 与面 ADE 的交点 K（k'、k）。

3）连线 AK（a'k'、ak）即为所求。

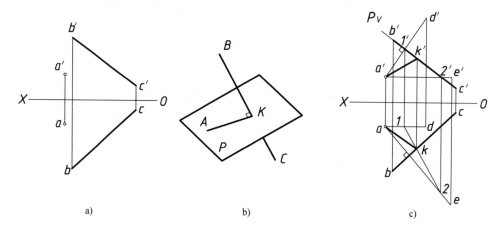

a)　　　　　　　　　　b)　　　　　　　　　　c)

图3-43　过 A 点作直线 AB 的垂线

2. 两平面垂直

如果一直线垂直于平面，则包含直线的任意平面都垂直于该面，如图3-44所示。如果两个平面垂直，则由第一个平面内的任意一点向第二个平面作垂线，该垂线必定在第一个平面内，如图3-45所示。

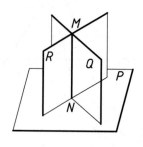

图3-44　过垂线作平面垂直
一平面的示意图

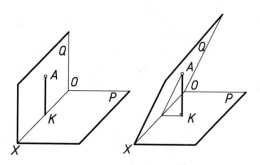

图3-45　判别两个平面是否互相垂直的示意图

例 3-19　过 L 点作一平面垂直于平行的两条直线 AB、CD 所确定的平面，如图 3-46a 所示。

解　由上述可知，要想作垂面，应先作垂线。如图 3-46b 所示，首先过 L 点作一直线 LK 垂直于已知平面，则包含 LK 的任意平面皆为所求，即本题有无数解。如任取一直线 LM 与 LK 相交，所确定的平面，便是其中一解。

作图步骤，如图 3-46c 所示。

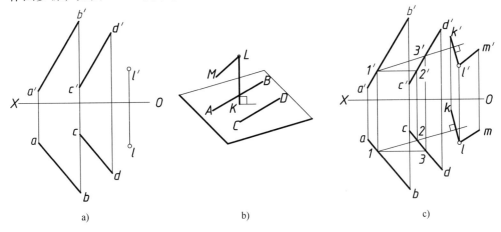

图 3-46　过点作平面垂直于已知平面

3.4　变换投影面法

把给定的对投影面呈一般位置的空间几何要素，通过变换投影面，成为特殊位置，以实现简化解题的目的。这种方法称为变换投影面法，简称换面法。

3.4.1　变换投影面的原则

如图 3-47 所示，在 V/H 体系中，铅垂面 △ABC 在 V、H 上的投影均不反映实形。为求实形，可设一新投影面 V_1 平行于 △ABC，且垂直于 H 面，则 V_1 与 H 组成了一个新的投影体系 V_1/H，△ABC 在 V_1 面上的投影就反映了实形。

综上所述，新投影面的选择原则如下。

1）新投影面必须垂直于一个旧投影面。

2）新投影面应使几何要素处于有利于解题的特殊位置。

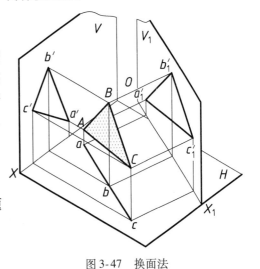

图 3-47　换面法

3.4.2　点的投影变换规律

1. 点的一次变换

图 3-48 为更换 V 面时点的变换过程。从图 3-48 中可以总结出点的投影变换规律如下。

1）新投影与不变投影的连线垂直于新投影轴。

2）新投影到新投影轴的距离等于旧投影到旧投影轴的距离。

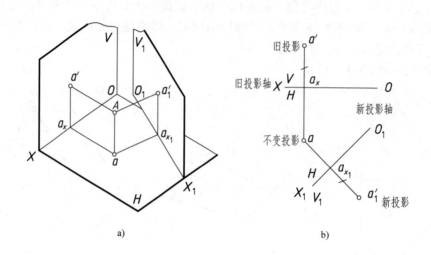

图 3-48　更换 V 面时点的一次变换

同样，也可以用 H_1 面替换 H，如图 3-49 所示。

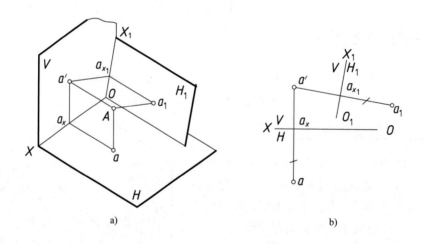

图 3-49　更换 H 面时点的一次变换

2. 点的二次变换

在用换面法解题时，有时一次换面还不能达到目的，需要进行二次或多次变换。图 3-50 为点的二次换面情况。

多次变换时要注意如下原则。

1）一次变换只能更换一个投影面，必须交替更换，即 $V/H \rightarrow V_1/H \rightarrow V_1/H_1 \cdots\cdots$，或 $V/H \rightarrow V/H_1 \rightarrow V_1/H_1 \cdots\cdots$。

2）点的二次换面规律与一次换面完全相同，但新、旧投影面的概念要随变换过程而

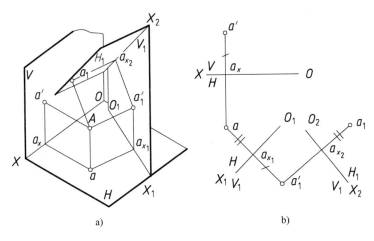

图 3-50 点的二次变换

改变。

3.4.3 直线与平面的投影变换

1. 一般位置直线变换为投影面平行线

一次换面就可以把一般位置直线变换为投影面平行线。图 3-51a 为用 V_1 面替换 V 面，其投影作图过程如图 3-51b 所示，步骤如下。

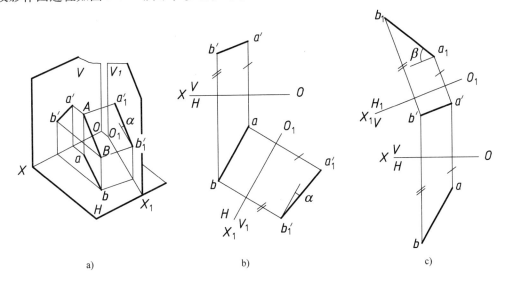

图 3-51 把一般位置直线变换为投影面平行线

1）在适当位置作新投影轴 O_1X_1，使 $O_1X_1 /\!/ ab$。

2）按点的换面规律求出 a_1' 和 b_1'。

3）连接 $a_1'b_1'$，它为 AB 的实长，α 为 AB 对 H 面的倾角。

图 3-51c 为更换 H 面的作图过程，a_1b_1 反应 AB 的实长，β 为 AB 对 V 面的倾角。

2. 一般位置直线变换为投影面垂线

一般位置直线对于每个投影面都是倾斜的，按照换面原则，一次换面是不行的，需要二次换面。作法如下：先把一般位置直线变换为投影面平行线，再次换面将其变换为投影面垂线，如图 3-52 所示。注意图 3-52 中 O_2X_2 轴的选择，$O_2X_2 \perp a_1'b_1'$。

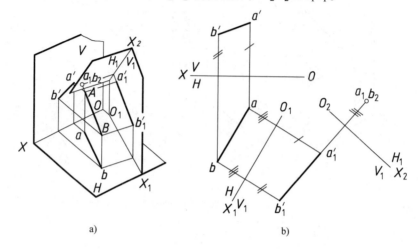

图 3-52   把一般位置直线变换为投影面垂线

3. 一般位置平面变换为投影面垂直面

只要将平面上的任意一条直线变换为投影面垂线，则平面即变为投影面垂直面。依据直线的投影变换，为使问题简化，应在平面内取投影面平行线进行变换，则经过一次换面就可以把一般位置平面变换为投影面垂直面，如图 3-53 所示。

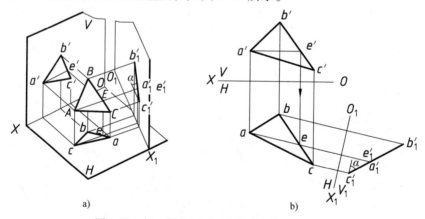

图 3-53   把一般位置平面变换为投影面垂直面

作图步骤如下。

1）在 $\triangle ABC$ 内取水平线 AE（$a'e'$、ae）。

2）作 $O_1X_1 \perp ae$，求出 a_1'、b_1'、c_1'，并连成一线，其与 O_1X_1 轴的夹角，是 $\triangle ABC$ 对 H 面的倾角 α。

当然，也可以将 $\triangle ABC$ 变换为 H_1 面的垂直面。先在 $\triangle ABC$ 内取一正平线进行变换，O_1X_1 垂直于正平线的正面投影。

4. 一般位置平面变换为投影面平行面

把一般位置平面变换为投影面平行面至少要经过两次变换：第一次变换把一般位置平面

变为投影面垂直面；第二次变换，把投影面垂直面变换为投影面平行面，如图 3-54 所示。

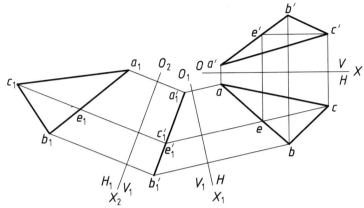

图 3-54　把一般位置平面变换为投影面平行面

3.4.4　应用换面法解题举例

例 3-20　求点 M 至直线 AB 的距离，并求垂线的两面投影，如图 3-55a 所示。

解　如图 3-55b 所示，当直线与某一投影面垂直时，则其垂线必平行于该投影面。所以 M_1K_1 即为 M 至直线 AB 的真实距离。本题实质是将 AB 变换为投影面垂线，要经过二次换面。

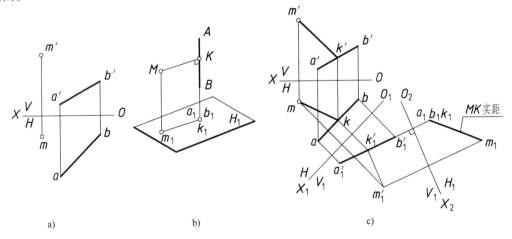

图 3-55　用换面法求点到平面的距离

如图 3-55c 所示，作图步骤如下。

1）作轴 $O_1X_1 \parallel ab$，求出 a_1' 和 b_1'。

2）作轴 $O_2X_2 \perp a_1'b_1'$，求出 m_1 及 a_1b_1。

3）K 点为垂足，k_1 与 a_1b_1 重合，m_1k_1 即为所求距离，因为 $M_1K_1 \parallel H_1$ 面，所以 $m_1'k_1' \parallel O_2X_2$，可按点在直线上的从属性返回原体系，求得 mk 和 $m'k'$。

例 3-21　求 $\triangle ABC$ 和 $\triangle ABD$ 这两个平面的夹角，如图 3-56a 所示。

解　由图 3-56b 可以看出，当把已知的两个平面同时变换为垂直于一个新投影面时，在该投影面上两平面分别积聚成直线后，其夹角 δ 即为所求。从初等几何可知，如果两相交平面同时垂直于某平面，则其交线必垂直于该平面。因此，解题的实质就是将两个平面的交线 AB 变换为新投影面的垂线。AB 为一般位置直线，需经过二次换面，才能变换为投影面垂线。解题过程如图 3-56c 所示，叙述从略。

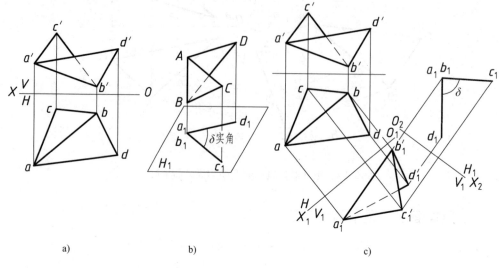

a)　　　　　　　　　　　　　b)　　　　　　　　　　　　　c)

图 3-56　求两个平面的夹角

思　考　题

1. 什么是投影法？分为几种？各种投影法都有怎样的投影特点？工程上常用的投影图都有哪些？

2. 点的三面投影之间有怎样的关系？投影与坐标之间有怎样的联系？如何根据投影图判断两点之间的相对位置关系？

3. 直线对投影面的相对位置有多少种情况？各种位置直线的投影特征是什么？什么情况下投影能反映空间线段的实长？平行的两条直线、相交的两条直线、交叉的两条直线的投影各有怎样的特点？

4. 如果空间中两条直线垂直，其投影一定会垂直吗？什么条件下投影会垂直？如果已知两条直线的水平投影（或正面投影）互相垂直，其空间一定垂直吗？何种条件下其空间会垂直？如果已知两条直线的水平投影和正面投影都互相垂直，可以判断空间中这两条直线一定垂直吗？

5. 平面对投影面的相对位置有多少种情况？各种位置平面的投影特征是什么？什么情况下投影能反映空间平面的实形？

6. 什么是直线的迹点？什么是平面的迹线？

第 4 章　立体的投影

【本章主要内容】
- 平面立体
- 曲面立体
- 两个曲面立体相交

任何立体都占有一定的空间，并具有一定的形状和大小，确定其范围大小的是组成它的所有表面。按照立体表面几何性质的不同，可分为平面立体和曲面立体。

4.1　平面立体

4.1.1　平面立体的投影及表面取点

平面立体的表面是若干个平面多边形，因此，绘制平面立体的投影，就是绘制它的所有平面多边形的投影，即绘制各多边形的边和顶点的投影。多边形的边是平面立体的棱边线，分别是平面立体的每两个多边形表面的交线。当轮廓线的投影为可见时，画粗实线；不可见时画细虚线；当粗实线与细虚线重合时，应画粗实线。

立体表面取点，即已知立体某一表面上一点的一面投影，运用平面内取点和取直线的方法，或运用点所在平面的积聚性投影，确定的另外两面投影的作图过程。

工程上常用的平面立体是棱柱和棱锥（包括棱台）。

实际应用中通常将立体的投影图画成无轴投影图，即在投影图中不画投影轴。但各点的正面投影和水平投影应位于竖直的投影连线上；正面投影和侧面投影应位于水平的投影连线上；任意两点的水平投影和侧面投影应保持前后方向的宽度相等和前后对应的投影关系。

例 4-1　已知正六棱柱的空间位置，及棱柱表面上点 K 的正面投影 k'，如图 4-1a 所示，试画其三面投影图，并求 K 点的另外两面投影。

解　分析各表面的相对位置。由图 4-1a 可知，顶面与底面为水平面，其水平投影反映实形，另外两面投影积聚为直线段。AB 与 DE 棱面为正平面，其正面投影反映实形，另外两面投影积聚为直线段。其余 4 个侧棱面均为铅垂面，其水平投影积聚为直线段，另外两面投影均为缩小的类似形。

由上述分析可知，正六棱柱三面投影的形状如下：水平投影为正六边形，正面投影为三个相邻的矩形，侧面投影为两个相邻的矩形。

画投影图时，先画反映顶面与底面实形的水平投影，即画出正六边形。然后，再根据 H、V 面投影间的规律及立体上对应点之间的 Z 坐标差值，画出正面投影。最后，由正面投影和水平投影，按投影规律画出侧面投影，如图 4-1b 所示。

图 4-1 中用细点画线表示立体对称中心面的投影，有关细点画线的画法查阅第 1 章图线

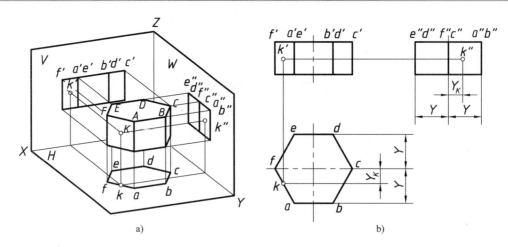

图 4-1　正六棱柱的投影及表面取点

画法。当细点画线较短时，用细实线代替。

　　应特别注意在画侧面投影时，如果立体是前后对称的，应首先在适当的位置画出细点画线，并以其为参照画出立体侧面投影；如果立体前后不对称，则先确定最后面的几何要素的位置，并以其为参照，画出立体侧面投影。必须保证水平投影与侧面投影宽度相等的前后对应关系。这种相等关系可以直接量取，也可以添加 45° 辅助线保证，如图 4-2 所示。

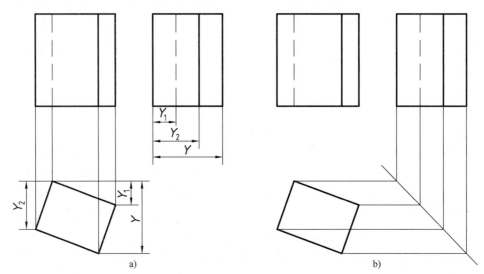

图 4-2　四棱柱的水平投影与侧面投影的联系
a) 直接量取距离　b) 利用 45° 辅助线

　　为求立体表面上 K 点的另外两面投影，首先根据已知的点投影 k' 的位置及其可见性，判定 K 点在立体哪个表面上。然后，即可根据平面内取点的原理作图。若点所在表面的投影有积聚性，则利用投影的积聚性直接取点。

　　在图 4-1b 中，根据 k' 可见及其位置，可确定 K 点在 FA 棱面上，利用该表面水平投影的积聚性，即可直接由 k' 求得 k，再由 k' 及 k 得 k''，K 点的三面投影均为可见。

　　例 4-2　已知正三棱锥的空间状况及棱面 SAB 上一点 K 的正面投影 k'，试画其三面投影图，并求 K 点的另外两面投影，如图 4-3a 所示。

解　由图 4-3a 可知，底面 △ABC 为水平面，其水平投影反映实形。因棱线 AC 为侧垂线，故棱面 △SAC 为侧垂面，其侧面投影积聚为直线。棱线 SB 为侧平线，棱面 SAB 和 SBC 均为一般位置平面。

图 4-3b 为正三棱锥的三面投影图。画图时，先画水平投影，再画正面投影。最后，由正面投影和水平投影，按投影规律画出侧面投影。

由于 K 点所在棱面为一般位置平面，三面投影均无积聚性，故只能用辅助线方法取点。原则上可以任意作辅助线，但常用过锥顶或平行于底边的辅助线。在图 4-3a 中，在棱面 SAB 内，过 K 点引出两条辅助线，即 SⅠ 和 ⅡⅢ，其中 ⅡⅢ∥AB。作图过程如图 4-3b 所示，过 k′引| s′1′，由 1′得 1，连接 s1，再由 k′得 k。最后由 k′及 k 得 k″。由于棱面 △SAB 三面投影均可见，故 K 点的三面投影均为可见。

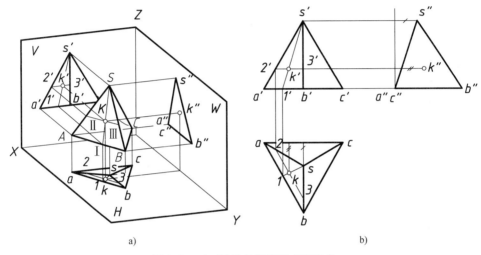

图 4-3　正三棱锥的投影及表面取点

图 4-4 是几种常见平面立体的两面投影图。

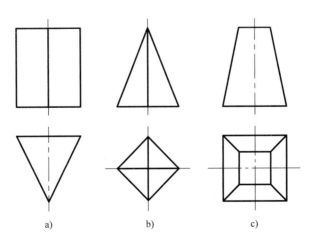

图 4-4　常见平面立体的两面投影

a）正三棱柱　b）正四棱锥　c）正四棱台

4.1.2　平面立体的截切

平面与立体表面的交线称为截交线；当平面切割立体时，截交线所围成的平面图形称为截断面。研究截切问题，实质就是求截断面的投影。

例4-3　求正三棱锥被正垂面 P 切去锥顶后的水平投影，如图4-5所示。

解　如图4-5a所示，平面立体的截交线是截平面上的一个封闭的多边形，它的顶点是平面立体的棱线或底边与截平面的交点，它的边是截平面与平面立体各表面的交线。图中截平面 P 与三棱锥截交线是一个三角形 Ⅰ Ⅱ Ⅲ 。

4-1　例4-3

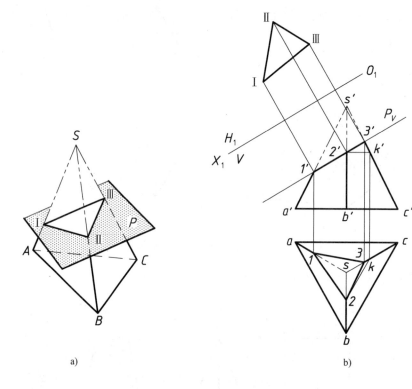

a)　　　　　　　　　　　　　　　　b)

图4-5　平面截切正三棱锥

作图过程如图4-5b所示，截平面 P 是正垂面，交点的正面投影 $1'$、$2'$、$3'$ 可利用 P_V 的积聚性直接求出。Ⅰ、Ⅲ分别是 SA、SC 上的点，在 sa、sc 上可直接求出 1 和 3。由于Ⅱ点位于侧平线上，所以，可采用表面取点的方法，作 $2'k'\parallel b'c'$，再由 k' 得 k，再作 $k2\parallel dc$，得到2。连接1、2、3即为截断面的水平投影。

例4-4　求正四棱柱被正垂面 P 截切后的三面投影，如图4-6a所示。

解　如图4-6b所示，截平面 P 为正垂面，其与四棱柱的四个侧面及顶面均相交，截断面应为五边形。截断面的正面投影积聚为直线段 $a'b'c'd'e'$。因棱柱的顶面为水平面，该平面与 P 面的交线 CD 必为正垂线，而四个侧棱面均为铅垂面，其水平投影有积聚性，所以截断面的水平投影为五边形 *abcde*。根据截断面的正面投影和水平投影即可求出其侧面投影五边形 *a"b"c"d"e"*，侧面投影中有一段不可见的棱线，该部分应画成虚线。其立体形状如图 4-6c 所示。

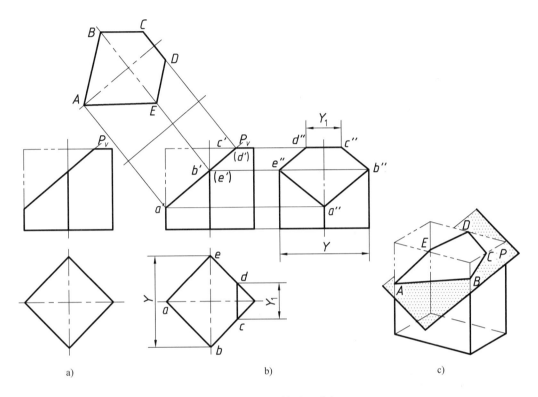

图 4-6 四棱柱被平面截切

工程上立体不仅可以被单一平面截切，还经常被一组平面截切，即立体被开槽或穿孔。它与单一平面截切立体的差别，在于增加了两截平面之间的交线。其作图的关键问题仍然是分析截断面的形状。

例 4-5 已知带切口的正四棱柱，如图 4-7a 所示，试画出其三面投影图。

解 由图 4-7a 可知，正四棱柱上部被两个左右对称的侧平面 *P* 和一个水平面 *Q* 截切，并去掉一部分后所形成的新的平面立体。每一侧平面 *P* 和棱柱的顶面、两侧面及 *Q* 面相交，其截断面为矩形，矩形的其中一条边是 *P* 面与 *Q* 面的交线。*Q* 面和棱柱的 4 个侧面及两个 *P* 面相交，截断面为六边形。图 4-7b 为三面投影图。画图时，可先画正面投影，

4-2 例 4-5

由于三个截平面正面投影有积聚性，所以，截交线积聚为直线段。再画水平投影，两 *P* 面的截交线积聚为直线段，而 *Q* 面的截交线为实形（六边形）。最后根据正面投影和水平投影，按投影规律画出侧面投影，其中，积聚为直线段的 *Q* 面截交线，有一部分被遮挡，图中用虚线画出。

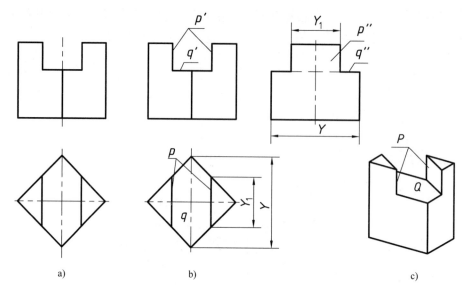

图 4-7　切口的正四棱柱

例 4-6　已知穿通孔的四棱台，如图 4-8a 所示，试画出其三面投影图。

解　由图 4-8a 可知，四棱台中间的通孔是由两个水平面 Q_1、Q_2 和两个侧平面 P_1、P_2 截切所形成的，它们的正面投影都有积聚性。水平面 Q_1 和 Q_2 与四棱台的四个侧棱面相交，并与两个侧平面 P_1、P_2 相交，所形成的顶面应是六边形，它们的水平投影反映实形。侧平面 P_1、P_2 均与四棱台的前后两棱面相交，并与 Q_1、Q_2 相交，所形成的截断面应是梯形，其侧面投影反映实形，水平投影积聚成直线。

4-3　例 4-6

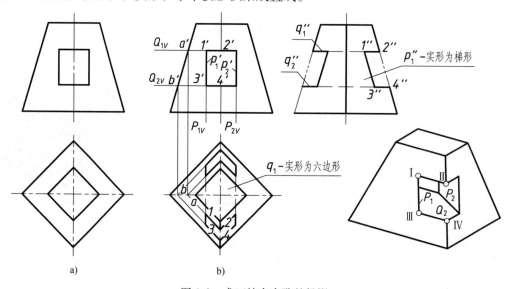

图 4-8　求四棱台穿孔的投影

作图时，先画水平投影。假设水平面 Q_1、Q_2 将四棱台完整截切，则可通过它们与左棱

面的两交点 A、B 的正面投影 a'、b' 求得 a、b，然后过 a、b 分别作出棱台底边的平行线，即得 Q_1、Q_2 面和棱台的截交线的截断面水平投影。Ⅰ、Ⅲ 是 P_1 面与棱台前表面的交线，其水平投影可由 $1'$、$3'$ 直接求得。棱台的四个侧棱面在水平投影中是可见表面，所以，四个截切平面与棱台表面交线的水平投影均为可见。但 P_1、P_2 面与 Q_1 面交线的水平投影是不可见的，应画成虚线。棱台中间的棱线 Ⅱ、Ⅳ 段被切去。作图时，注意利用图形的对称性。

　　画侧面投影时，先画出完整的四棱台，再将 Q_1、Q_2 面的积聚性投影 q_1''、q_2'' 画出，根据点的投影求得 $1''$、$3''$，也即画出反映 P 面实形的梯形 p_1''，最后擦去前后两棱线上的 $2''4''$ 段，即为所求。

4.2　曲面立体

　　曲面立体的表面是曲面或曲面和平面。曲面是一条动线按照一定的约束条件运动形成的轨迹。该动线称为母线，母线的每一个具体位置称为素线。位于某一投影方向上可见与不可见的分界素线称为转向素线简称转向线，有正面转向线、水平转向线和侧面转向线。回转面是母线绕固定轴线回转形成。母线上的每个点绕轴线旋转形成垂直于轴线的圆，称为纬线圆（纬线）。

　　机械零件中用得最多的曲面立体是回转体，常见的有圆柱体、圆锥体、圆球体、圆环等。因此，本书着重讲述这些常见的回转体。图 4-9 为常见回转面的形成情况。

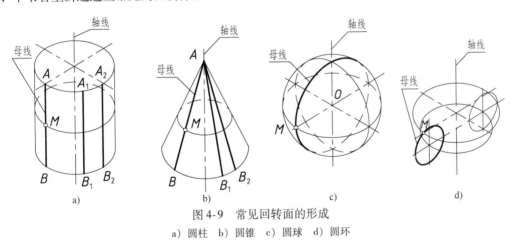

图 4-9　常见回转面的形成
a）圆柱　b）圆锥　c）圆球　d）圆环

4.2.1　曲面立体的投影及表面取点

　　曲面立体的投影就是它的所有曲面表面或曲面表面与平面表面的投影。

　　在曲面立体表面上取点的方法与平面立体表面上取点的方法类同，若点所在的回转面投影有积聚性，则用投影的积聚性直接取点。若无积聚性，则利用回转面上的素线或纬线取点，点在素线或纬线上，点的投影必在素线或纬线的同面投影上。

　　1. 圆柱体的投影及表面取点

　　图 4-10a 是一轴线为铅垂线的圆柱体的立体图。该圆柱体是由圆柱面和上下两个圆形平面围成的。由图 4-10a 可知，圆柱体的顶面与底面均为水平面，圆柱面上所有素线均为铅垂

线并与轴线平行，故该圆柱面垂直于 H 面。

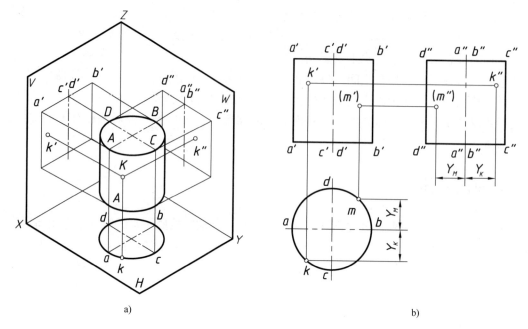

图 4-10   圆柱体的投影及表面取点

圆柱体的投影图如图 4-10b 所示。水平投影为一与圆柱直径相等的圆，该圆既表示顶面与底面的实形，又表示圆柱面的积聚性投影。正面投影为矩形，该矩形的上下两边，为圆柱体的顶面与底面积聚性的投影，长度等于圆柱直径；另外两条边 $a'a'$、$b'b'$ 是圆柱体上的正面转向线 AA 与 BB 的投影。以 AA 与 BB 为界，前半圆柱面上的点在正面投影中处于可见；后半圆柱面上的点，其正面投影不可见。侧面投影是与正面投影全等的矩形，其中边 $c''c''$ 与 $d''d''$ 是侧面转向线 CC 与 DD 的投影。以 CC 与 DD 为界，左半圆柱面上的点在侧面投影中处于可见；右半圆柱面上的点，其侧面投影不可见。

正面转向线的侧面投影、侧面转向线的正面投影，均与轴线重合，规定画图时不表示。

已知圆柱面上一点 K 的正面投影 k'，求其水平投影 k 和侧面投影 k''。其作图过程如图 4-10b 所示。

根据 k' 的可见性及其位置，可知 K 点在圆柱前半部的左侧，利用圆柱面水平投影的积聚性即可求得 k，再由 k' 和 k 可得 k''。K 点的三面投影均为可见。若已知另一点 M 的正面投影 (m')，求 m 和 m'' 的作图方法同上。根据对 (m') 分析可知，M 点在圆柱后半部的右侧，其侧面投影也为不可见，记作 (m'')。

2. 圆锥体的投影及表面取点

圆锥体是由底圆平面与圆锥面围成。图 4-11a 是一轴线为铅垂线的圆锥体的立体图。由图可知，圆锥体的底圆平面为水平面，圆锥面上的所有素线都与 H 面倾斜。圆锥体的三面投影图如图 4-11b 所示。水平投影为一个圆，该圆既表示底面圆的投影，又表示整个圆锥面的投影。正面投影与侧面投影为全等的等腰三角形，其中底边是底面有积聚性的投影，两腰分别是正面转向线 SA、SB 和侧面转向线 SC、SD 的投影。

已知圆锥面上一点 K 的正面投影 k'，求其水平投影 k 和侧面投影 k''。

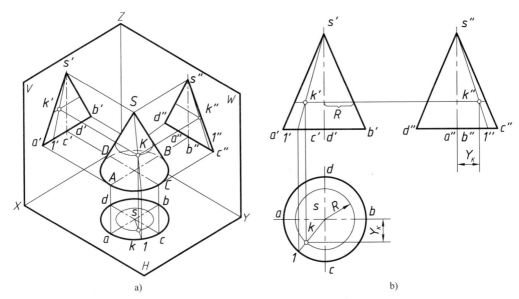

图 4-11　圆锥体的投影及表面取点

由于圆锥面的三面投影均无积聚性，故只能用辅助线方法取点。辅助线可选用过 K 点的素线或纬线。

其作图过程如图 4-11b 所示。首先介绍素线法，连接 $s'k'$ 并延长交底圆投影 $a'b'$ 于 $1'$，由 $1'$ 得 1，连接 $s1$，则 K 点的水平投影必在 $s1$ 上，由 k' 得 k，再由 k'，k 得 k''。由于 K 点位于圆锥面前半部左侧，故三面投影均为可见。再介绍纬线法，即过 k' 作平行于 $a'b'$ 的直线，然后求出该纬线的水平投影，即以 R 为半径，以 s 为圆心画圆，则 k 必在该圆上，由 k' 得 k，再由 k' 和 k 得 k''，求解时任意选一种方法即可。

3. 圆球体的投影及表面取点

圆球体是由单一的圆球面围成的。其三面投影如图 4-12 所示。由图 4-12 可知，球体的三面投影均为圆，其直径等于球的直径。正面投影是正面转向线圆 A 的投影，圆 A 将球体分为前、后半球，位于后半球面上的点，其正面投影不可见。水平投影是水平转向线圆 C 的投影，圆 C 将球体分为上、下半球，位于下半球面上的点，其水平投影不可见。侧面投影是侧面转向线圆 B 的投影，圆 B 将球体分为左、右半球，位于右半球面上的点，其侧面投影不可见。

在圆球体表面上取点，也只能用辅助线方法取点。球面上不存在直线，作辅助线最简单的方法是过已知点作平行于转向线的圆。在图 4-12 中，过 K 点作正平圆，该圆正面投影反映实形，另两面投影积聚为直线段，则 K 点的投影必在该圆的三面投影上。

若知球面上 K 点的正面投影 k'，求其另两面投影的作图过程如下：先在正面投影中过 k' 画圆，再求该圆的水平投影，由 k' 得 k，再由 k' 和 k 得 k''。由于该点位于前半球面左侧的上部，故三面投影均为可见。

当然，也可以作水平圆或侧平圆作为辅助线，作图方法读者可以自行分析。

4. 圆环的投影及表面取点

圆环是由以圆为母线，绕与圆共面但不通过圆心的轴线回转所形成的回转面（圆环面）。

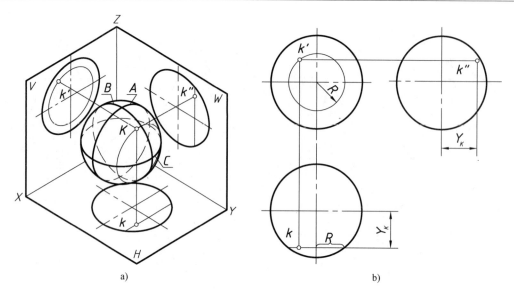

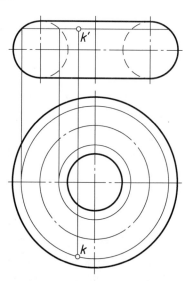

图 4-12　圆球体的投影及表面取点

图 4-13 中圆环的轴线为铅垂线，正面投影的两个圆是母线的实形，两个外半圆及上、下公切线为外环面正面转向素线的投影。两个虚线半圆及上、下公切线为内环面正面转向素线的投影。水平投影中粗实线画的两个圆是圆环水平转向素线的投影。

在正面投影中，外环面的前半部为可见，外环面的后半部及全部内环面都不可见；在水平投影中，内、外的上半部为可见，其下半部为不可见。

若已知环面上一点 K 的正面投影 k'，试求 k。

因为环面的投影均没有积聚性，所以只能利用辅助线——纬线圆。在投影图上过 k' 作垂直轴线的直线，可得到两条纬线，一条是以两个粗实线半圆间的距离为直径的外环面上的纬线圆，另一条是以两个虚线半圆间的距离为直径的内环面上的纬线圆。根据已知条件，K 点的正面投影 k' 是可见的，则 k 应在前半部的外环面上，所以一定在外环面纬线圆水平投影的前半个圆上。

图 4-13　圆环的投影及表面取点

4.2.2　曲面立体的截切

曲面立体被平面截切，其截交线一般为封闭的平面曲线或由直线与曲线组成的平面几何图形。截交线上的点是立体表面和截平面的共有点。求截交线的投影，即求一系列共有点的投影，并将同面投影顺次光滑连线。截交线的形状取决于立体表面的几何性质及截平面对立体的相对位置。不管截交线为任何形状的曲线，其投影都可以通过下述三步法求出。

1）求曲线上的特殊点，即边界点。包括曲线的最高点、最低点、最前点、最后点、最左点、最右点及曲面转向线上的点。

2）求曲线上若干一般位置点。

3）将所取的点光滑连接成曲线。连线时要注意曲线的对称性及可见性的判别。

1. 圆柱体的截切

圆柱体被平面截切，由于截平面对轴线的相对位置不同，截交线可有三种形状，即圆、椭圆和矩形，见表 4-1。

表 4-1　圆柱体被平面截切的截交线

	垂直于轴线	倾斜于轴线	平行于轴线
直观图			
投影图			
截平面位置	垂直于轴线	倾斜于轴线	平行于轴线
截交线名称	圆	椭圆	矩形

例 4-7　求圆柱体被正垂面 P 截切后的投影，如图 4-14 所示。

解　由于截平面 P 与圆柱轴线倾斜，且仅与圆柱面相交，所以截交线应为一椭圆。截交线的正面投影积聚为直线段 $1'2'$；水平投影积聚于圆周上；侧面投影在一般情况下仍为椭圆，需用在圆柱面上取点的方法求出。

由于圆柱面水平投影有积聚性，可利用积聚性直接取点。先取特殊点：从图 4-14 正面投影可知，$1'$ 和 $2'$ 分别是截交线的最高、最低点，同时又是最右、最左点，也是正面转向线上的点 I 和 II 的正面投影。由 $1'$ 和 $2'$ 直接得 $1''$ 和 $2''$。$3'$ 和 $4'$ 分别是截交线的最前、最后点，也是侧面转向线上的点的正面

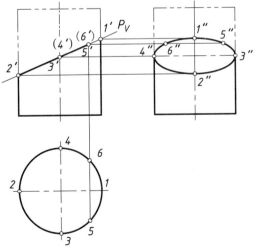

图 4-14　圆柱体被正垂面截切

投影。由 $3'$ 和 $4'$ 得 $3''$ 和 $4''$。再取一般点：$5'$ 和 $6'$ 是一般位置点的正面投影，由 $5'$ 和 $6'$ 得 5 和 6，再由 $5'$、$6'$ 和 5、6 得 $5''$ 和 $6''$。采用同样方法，还可取适当数量的一般位置点。以 $3''$、$4''$

为界，5″、1″和6″是位于右半圆柱面上点的侧面投影，故3″、5″、1″、6″和4″点连成虚线。

由于圆柱在 P 面以上部分被切掉，所以，截交线的侧面投影均为可见，如图 4-14 所示。

例4-8　求圆柱体开槽后的三面投影图，如图 4-15 所示。

解　圆柱体中间开槽，即用两个侧平面 P 与一水平面 Q 将中间一部分切掉。侧平面 P 截圆柱体的截交线是矩形，Q 面截圆柱体的截交线为圆弧。

4-4　例4-8

由于 P 面与 Q 面的正面投影均有积聚性，故截交线的正面投影积聚为三条直线段，这样圆柱体的正面投影应去掉原顶面有积聚性投影中的一段。水平投影中 P 面仍有积聚性，Q 面的截交线反映实形。由正面投影和水平投影可得侧面投影，其中侧平面 P 的截交线为矩形，Q 面的截交线积聚为直线段，该线段中间一段不可见，用虚线画出。在开槽部分，圆柱的侧面转向线被切去，由 P 面和圆柱面交得的两段素线代替。

画图时，一般先画完整圆柱体的三面投影，然后再画开槽部分的投影。

例4-9　根据中间开槽的空心圆柱体的两面投影，如图 4-16 所示，补画出其侧面投影。

解　本题与上题相似，只是本题有共轴线的两个圆柱面——外圆柱面和内圆柱面，同时被 P、Q 面截切，所以在两个圆柱表面上都产生交线，其作图原理和方法与上题完全相同。内、外圆柱面上部的侧面转向线都被切掉，轮廓都缩进去了。由反映 Q 面实形的水平投影可知，由于

4-5　例4-9

圆柱是中空的，Q 面是不连续的两部分，它的侧面投影积聚为左、右两直线段，除了外轮廓部分，其余是虚线。

画图时，一般先画完整的空心圆柱体的三面投影，然后再画开槽部分的投影。

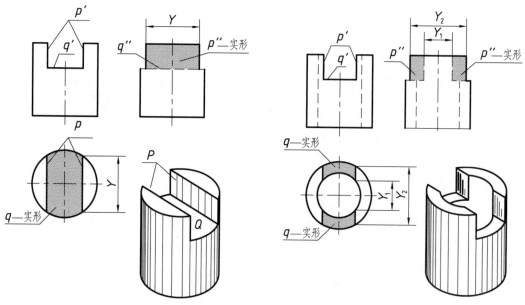

图 4-15　中间开槽圆柱体的投影　　　　　图 4-16　中间开槽空心圆柱体的投影

2. 圆锥体的截切

圆锥体被平面截切时，由于截平面相对于圆锥体轴线的位置不同，其截交线可以是圆、椭圆、抛物线和直线、双曲线和直线、三角形，见表 4-2。

表 4-2 圆锥体被平面截切的截交线

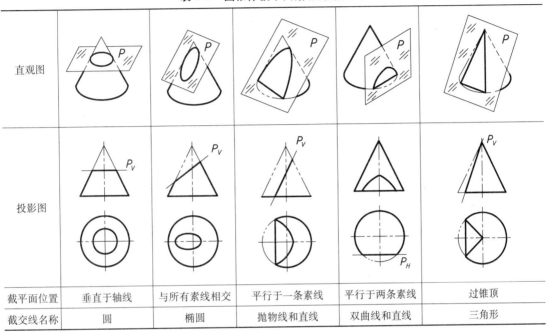

直观图					
投影图					
截平面位置	垂直于轴线	与所有素线相交	平行于一条素线	平行于两条素线	过锥顶
截交线名称	圆	椭圆	抛物线和直线	双曲线和直线	三角形

例 4-10 求圆锥体被铅垂面 P 截切后的正面投影，如图 4-17 所示。

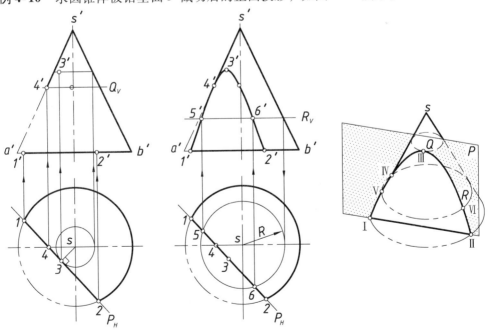

图 4-17 圆锥体的截切

解 因 P 面与圆锥轴线平行，所以截交线是双曲线和直线。截断面的水平投影积聚于 P_H，正面投影不反映实形。

先求特殊位置点，由图 4-17 水平投影可知，1、2 是截交线上最左、最右点，同时也是最后、最前点，且是最低点。由 1、2 可直接求出 1′、2′。最高点是距圆锥顶最近的点，过 s 点作直线垂直于 P_H，垂足为 3，则Ⅲ点为最高点。利用 $s3$ 这个纬线圆的直径，逆用纬线法，可求得 3′。4 是正面转向线上点的水平投影，由 4 可直接求出 4′。

再求一般位置点。注意为了便于连线，要有目的地在适当位置取点，避免离已取的点太近。例如在取Ⅴ、Ⅵ点时，应先确定其所在纬线圆的正面投影的位置，然后求得 5、6，再由 5、6 求出 5′、6′。

最后判别可见性，并顺次光滑连线，即为所求截交线的投影。

例 4-11 已知圆锥被截切后的正面投影，如图 4-18 所示。试求其另两面的投影。

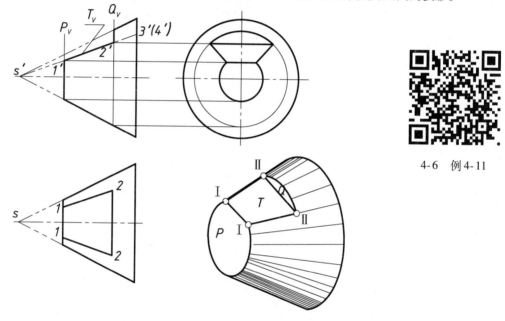

4-6 例 4-11

图 4-18 圆锥被截切

解 圆锥的轴线为侧垂线，被侧平面 P、Q 及过锥顶的正垂面 T 截切。P、Q 面的截断面是圆平面的一部分，其侧面投影反映实形，水平投影积聚成线。T 面的截断面是过锥顶的三角形的一部分，实形为梯形Ⅰ Ⅰ Ⅱ Ⅱ，其水平投影和侧面投影均为类似形。

作图过程如图 4-17 所示。T 面的投影可先求出完整的过锥顶的三角形 SⅢⅣ得到，也可以通过求交线Ⅰ Ⅰ、Ⅱ Ⅱ直接得到。

3. 圆球体的截切

圆球体被任何位置平面截切，其截交线均为圆。其中直径最大的圆是被过球心的平面截得，其余位置的平面截得圆的直径均小于该圆。由于截平面相对于投影面的位置不同，截交线圆的投影可为圆、椭圆或直线。

例 4-12 求圆球被正垂面截切后的两面投影，如图 4-19 所示。

解 因正垂面 P 的正面投影有积聚性，故截交线的正面投影积聚为直线段 1′2′，此线段长度等于截交线圆直径的实长。截交线的水平投影为椭圆，可用在球面上取点方法求得。先求特殊位置点。正面转向线上点Ⅰ、Ⅱ和水平转向线上的点Ⅴ、Ⅵ，由正面投影 1′、2′和 5′、6′得 1、2 和 5、6。12 就是椭圆水平投影的短轴，其长轴应是短轴的中垂线 34，34 的长度等于截交线圆的直径，即等于1′2′。Ⅲ、Ⅳ是球面上的点，也可用表面取点方法求得。再取一般位置点。任取 7′、8′，过 7′、8′作直线段 a′、b′，即过Ⅶ、Ⅷ点取水平纬线圆。在水平投影中以半径 R 画圆，则可由 7′、8′得 7、8，用同样方法可取出适当数量的一般位置点。最后顺次光滑连接 1 - 6 - 4 - 8 - 2 - 7 - 3 - 5 - 1，得截交线的水平投影。圆球被截切后的两面投影如图 4-19 所示，圆球在 5、6 左侧的水平转向线已被切去。

例 4-13　已知半球体被 P、Q 面截切的正面投影，求其另两面投影，如图 4-20 所示。

解　半球体上部开槽，即被两侧平面 P 和一水平面 Q 截切，并去掉中间一部分球体。P 面截得的截交线由圆弧和直线围成，其侧面投影反映实形，水平投影积聚为直线段。Q 面截得的截交线由两段直线和两段圆弧围成，水平投影反映实形，侧面投影积聚为直线段。

作图过程如图 4-20 所示。水平投影以直径 ϕ 画两段圆弧，侧面投影以半径 R_1 画圆弧，再由正面投影按投影规律画出水平投影和侧面投影中的直线段，分别与所画圆弧相交，其中侧面投影中圆弧之间的直线段用虚线画出。Q 面以上的侧面转向线被切去。

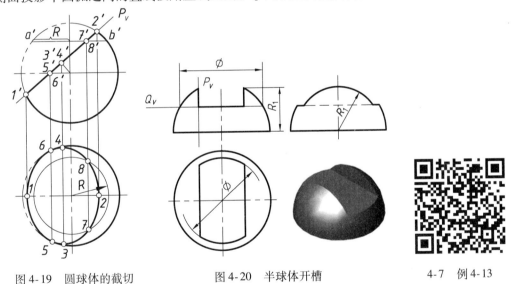

图 4-19　圆球体的截切　　　　　图 4-20　半球体开槽　　　　　4-7　例 4-13

4. 组合几何体的截切

在机械零件中，有时会遇到几种几何体组合在一起而被平面截切。求截交线时，首先要分析出物体由哪些几何体组成，然后分别求出平面截切各几何体的截交线，最后光滑连接起来即可。

例 4-14　求图 4-21 所示连杆头的截交线。

解　图 4-21 的连杆头是由共轴线的圆柱、圆锥台、圆环和球体所组成，各基本形体的分界线如图中所示。该零件被两个平行于轴线的正平面截切。截交线的水平投影和侧面投影都积聚成直线，只需求出其正面投影。由于两个截切平面对称于轴线，因此所求得的两条截交线的正面投影是重合的。

采用纬线法求截交线，以垂直于轴线的侧平面为辅助面。

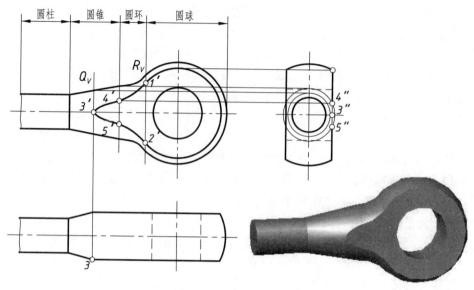

图 4-21　连杆头的截交线

截平面与圆球部分所得的截交线是圆弧，其半径可由侧面投影或水平投影直接量得，该圆弧只能画到 $1'$、$2'$ 为止。

截平面与圆锥台部分所得的截交线是双曲线，其顶点 $3'$ 可从水平投影直接求得。$3'$ 是截交线是最左点。

截平面与圆环部分的截交线是一般的平面曲线，需用数个辅助平面来求其投影。如用 R 为辅助平面，得一纬线圆，在侧面投影上它与截平面交于 $4''$、$5''$，在返回至 R_V 求得 $4'$、$5'$。$4'$、$5'$ 亦是圆锥台截交线与圆环截交线的分界点。

作图时必须求出不同形体表面截交线的分界点，再求出若干中间点，最后将各段截交线光滑连接，即得连杆头截交线的正面投影。

4.3　两曲面立体相交

两曲面立体相交，表面产生交线，该交线称相贯线。本节仅研究常见的两回转体相交。

4.3.1　相贯线的性质

相交回转体的几何形状及相对位置不同，其相贯线的形状也不同。但任何相贯线都具有以下性质。

1）相贯线是相交两立体表面共有线，也是两立体表面的分界线，由两立体表面上一系列共有点组成。

2）由于立体是封闭的，所以相贯线一般为闭合的空间曲线，特殊情况下为平面曲线或投影为直线。

4.3.2　求相贯线的作图原理和方法

求相贯线实质上是求相交两立体表面上一系列的共有点，然后依次将其连成光滑曲线。

一般情况下采用辅助平面法。辅助平面法的作图原理是"三面共点"。图 4-22 中所示为两不等直径的圆柱体轴线垂直相交，为求两立体表面的相贯线，采用平行于两圆柱轴线的辅助平面 P，P 面同时截切两圆柱体，在两立体相交范围内，截交线 AV 与 CV 的交点Ⅴ、$BⅥ$ 与 $DⅥ$ 的交点Ⅵ，既属于 P 平面，又属于两圆柱面，即三面共有点。Ⅴ、Ⅵ 两点即为相贯线上的点。用上述同样方法，再取若干个 P 面的平行面，则可得相贯线上若干个点。

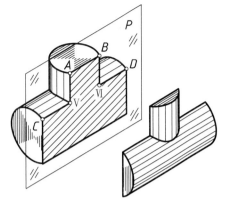

图 4-22　三面共点原理

作图时，应按"简而易绘"的原则选择辅助平面。所谓"简而易绘"有两重含义：一为辅助平面本身简单易绘，一般为用迹线表示的投影面的平行面；二为辅助平面截两立体的截交线简单易绘，一般为直线或圆。

4.3.3　求相贯线的步骤

1）分析两立体表面的几何性质、两立体的相对位置及两立体与投影面的相对位置，由此想象出相贯线各面投影的大致形状和范围，并确定哪面投影需求作。

2）选择辅助平面，并确定辅助平面的应用区间。

3）在投影图上作图。先求相贯线上特殊位置点（即最高和最低点、最前和最后点、最左和最右点、转向线上的点），以便确定相贯线的基本形状和投影的可见性。然后再求若干一般位置点。

4）判别相贯线上点的投影可见性，将各点的同面投影顺次光滑连线。若相贯线上的点同属于两立体表面的可见部分时，相贯线为可见，否则为不可见。

5）检查并画全两立体表面的轮廓线。

例 4-15　试求图 4-23 所示的两圆柱体的相贯线。

解　1）由图 4-23 可知，相贯两立体为不等直径的圆柱体，轴线垂直相交，其中一个轴线为铅垂线，另一个轴线为侧垂线，故两轴线均平行于 V 面。根据相贯线具有共有线性质，相贯线的水平投影积聚为一圆，相贯线的侧面投影积聚为一段圆弧。由于两圆柱的正面投影均无积聚性，故相贯线的正面投影需求作，该投影是非圆曲线。

2）选择正平面 P 为辅助面，如图 4-22 所示。此题也可选水平面或侧平面为辅助面。

3）求相贯线上点的投影，其作图过程如图 4-23 所示。

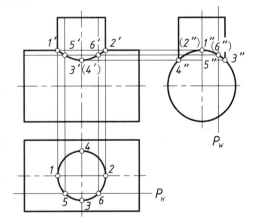

图 4-23　正交两圆柱体的相贯线

此题特殊位置点可直接得到，如相贯线上的最高点Ⅰ、Ⅱ在两圆柱面的正面转向线上，它们也是相贯线上的最左、最右点。相贯线上的最低点、最前和最后点Ⅲ、Ⅳ，在直立圆柱的侧面转向线上，其正面投影 3′、4′，可由 3、4 和 3″、4″得出。

求一般位置点。在两立体相交范围内，任取正平面 P 为辅助面，其水平投影积聚为 P_H，P_H 与圆交于 5、6 两点；侧面投影积聚为 P_W，P_W 与圆弧交于 5″、6″两点，由 5、6 和 5″、6″得 5′、6′。用同样方法，可再求出适当数量的一般位置点。

4）相贯线为可见，由于相贯线前后对称，故其正面投影前后重合为一段非圆曲线，用粗实线连 1′、5′、3′、6′、2′，即为相贯线的正面投影。

5）检查并画全两立体表面的轮廓线。

例 4-16　求轴线斜交的两圆柱体的相贯线，如图 4-24 所示。

解　1）由图 4-24 可知，小圆柱的轴线为正平线，大圆柱的轴线为侧垂线，两轴线斜交。相贯线的侧面投影积聚为一段圆弧。两圆柱的正面投影和水平投影均无积聚性，故相贯线的正面投影和水平投影均需求作。

2）选择正平面 P 为辅助面，与两个柱面的截交线都是圆柱的素线。

3）先求特殊位置点。由正面投影和侧面投影可知，Ⅰ、Ⅱ两点是相贯线上的最左、最右点，同时也是最高点，且在两圆柱面的正面转向线上，由 1′、2′ 和 1″、2″可求得 1、2。Ⅲ、Ⅳ两点是相贯线上最前、最后点，同时也是最低点，且在小圆柱的侧面转向线上，由 3″、4″可得 3′、4′，再由 3′、4′可得 3、4。

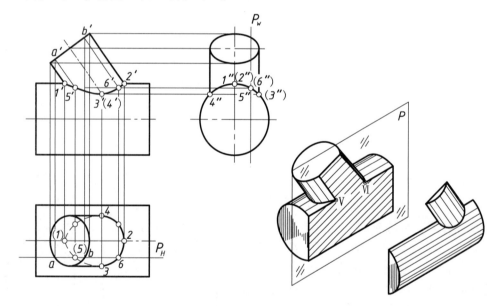

图 4-24　轴线斜交的两圆柱体的相贯线

再求一般位置点。作正平面 P 为辅助面，其水平投影为 P_H，与圆交于 5、6 两点；侧面投影积聚为 P_W，P_W 与侧面投影中大圆交于 5″、6″。P_H 与小圆柱顶面的水平投影（椭圆）交于 a、b，由 a、b 可得 a′、b′，过 a′、b′作平行于小圆柱轴线的两条素线，这两条素线即为 P 面与小圆柱面的交线。由 5″、6″得 5′、6′，再由 5′、6′可得 5、6。用同样方法，可再求出适当数量的一般位置点。

4）因正面投影相贯线前后对称，故其正面投影前后重叠，用粗实线连 1′、5′、3′、6′、2′。水平投影中，位于小圆柱水平转向线上的 3、4 是可见性的分界点。3、4 右半部的点所属的两圆柱面均为可见。所以 3、6、2、4 连成粗实线。3、4 左半部的点位于小圆柱的下半圆柱面上，水平投影不可见，所以 3、5、1、4 连成虚线。

5）由求出的相贯线的位置可知，小圆柱的水平转向线应画至 3、4 点，并在此处与相贯线相切。

例 4-17　求图 4-25 所示圆柱与圆锥台的相贯线。

解　1）由图 4-25 可知，圆柱与圆锥台的轴线垂直正交，圆锥台的轴线为铅垂线，圆柱的轴线为侧垂线，侧面投影有积聚性，所以相贯线的侧面投影积聚为圆。因圆柱和圆锥台的正面投影和水平投影均无积聚性，故相贯线的正面投影和水平投影均需求作。

2）选择水平面为辅助面，与圆锥台的截交线是圆，与圆柱面的截交线是素线。

3）先求特殊位置点。由侧面投影可知，Ⅰ、Ⅱ 两点是相贯线上的最高、最低点，且在圆柱、圆锥台的正面转向线上，由 1′、2′ 可求得 1、2。Ⅲ、Ⅳ 两点是相贯线上最前、最后点，且在小柱的水平转向线上，利用过圆柱轴线的水平面 P_2 与圆锥台的截交线——半径为 R_2 的纬线圆，可求得 3、4，再由 3、4 和 3″、4″可得 3′、4′。

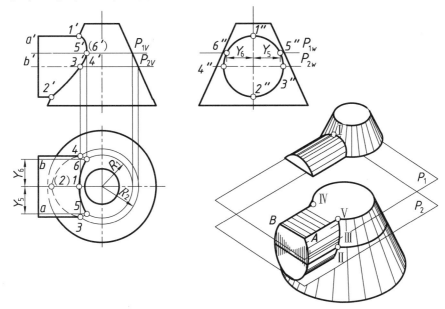

图 4-25　圆柱与圆锥台的相贯线

再求一般位置点。作水平面 P_1，P_1 面上相贯线的侧面投影为 5″、6″。P_1 与圆锥台的截交线是半径为 R_1 的纬线圆，与圆柱面交于 A、B 两条素线，由水平投影可得 5、6。再由 5、6 和 5″、6″可得 5′、6′。用同样方法，可再求出适当数量的一般位置点。

4）因正面投影相贯线前后对称，故其正面投影前后重叠，用粗实线连 1′、5′、3′、2′。水平投影中，圆柱上半部分的相贯线可见，下半部分的相贯线不可见。以圆柱水平转向线上的点 3、4 为分界，3、5、1、6、4 连成粗实线。4、2、3 连成虚线。

5）圆柱的水平转向线应画至 3、4 点。

4.3.4　轴线正交的两圆柱相贯线

轴线垂直相交的两圆柱的相贯线，在机械零件中最常见，熟悉和研究它们，对画图或看图都很重要。

1. 相贯线的简化画法

当两圆柱轴线垂直相交，且平行于某一个投影面时，相贯线在该投影面上投影的非圆曲线，可以用圆弧代替。该圆弧的圆心位于小圆柱的轴线上，其半径等于大圆柱的半径。作图过程如图4-26所示。

2. 两圆柱正交相贯线的变化趋势

由图4-27可知，垂直正交的两圆柱，当轴线为侧垂线的圆柱直径不变，而改变轴线为铅垂线的圆柱直径时，相贯线的正面投影总是凸向直径大的圆柱轴线，而且两圆柱直径越接近，相贯线就越接近大圆柱的轴线。但当两圆柱的直径相等时，相贯线的正面投影则变成相交的两条直线。

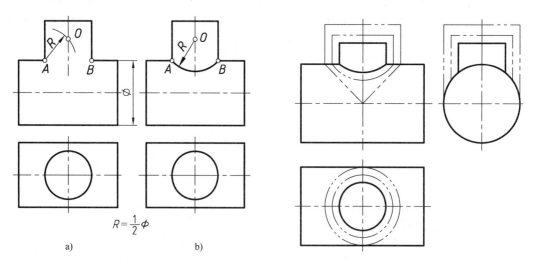

图4-26　正交两圆柱相贯线的简化画法
a）找圆心　b）画圆弧

图4-27　相贯线变化趋势

图4-28是直径变化时，轴线正交两圆柱相贯线的空间状况和投影图。其中图4-28a和图4-28c的相贯线为两条闭合的空间曲线，图4-28b的相贯线为平面曲线，是相交的两个椭圆。

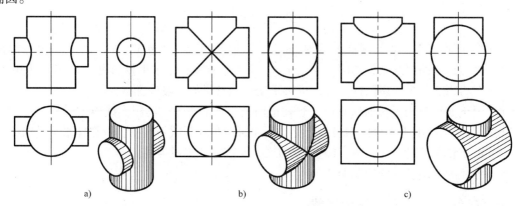

图4-28　正交圆柱的相贯线

3. 常见的相贯线形式

机械零件中除了上述轴线正交的两实心圆柱相贯外，还常会遇到其他形式的相贯，图 4-29a 为在实心圆柱上钻圆柱孔时，其外表产生的相贯线；图 4-29b 和图 4-29c 为两圆柱孔相贯时，其内表面产生的相贯线；图 4-29d 为在空心圆柱上钻圆柱孔时，其内、外表面产生的相贯线。

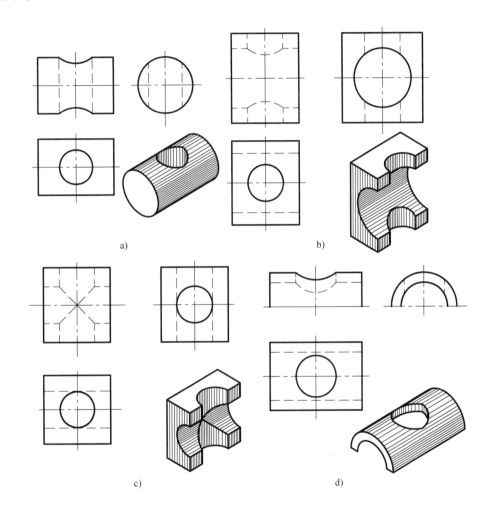

a)　　　　　　　　　　b)

c)　　　　　　　　　　d)

图 4-29　常见的相贯线形式

4.3.5　两回转体相交的特殊情况

两回转体相交，在下列情况下相贯线为平面曲线。

1) 回转体与球体相交，当回转体的轴线通过球心时，其相贯线为垂直于回转体轴线的圆，如图 4-30 所示。

2) 当两个相交的回转体同时外切一圆球面时，其相贯线为相交的两个椭圆。此时，若两回转体的轴线都平行于某个投影面，则两个椭圆在该投影面上的投影积聚为相交的两条直线，如图 4-31 所示。

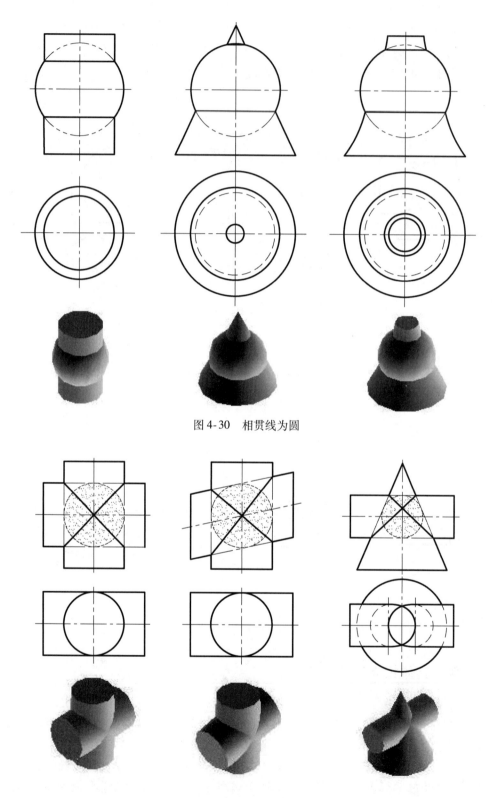

图 4-30　相贯线为圆

图 4-31　相贯线为椭圆

思　考　题

1. 何谓无轴投影图？在轴投影图中如何确保三个投影图之间的联系？
2. 何谓截断面？截断面的投影有什么特征？
3. 当曲线的投影为非圆曲线时，如何将其求出？
4. 简述多面截切立体时，解题的步骤。
5. 何谓相贯线？其特征怎样？如何求解？
6. 正交两圆柱的相贯情况有哪些？其简化画法是怎样的？

第 5 章 组 合 体

【本章主要内容】
- 三视图的形成及投影规律
- 画组合体视图
- 组合体的尺寸标注
- 读组合体视图
- 用 AutoCAD 创建组合体的实体模型并生成三视图

机械零件因其作用不同而结构形状各异。但从几何观点分析，都可以看成是由若干常见的简单基本体经过叠加、挖切的方式而形成的组合体。

组合体也可以看成是由机械零件抽象而成的几何模型。掌握组合体的画图与读图的方法十分重要。将为后续学习零件图的绘制与识读打下基础。

5.1 三视图的形成及投影规律

在机械制图中，将物体向投影面作正投影所得到的投影图称为视图。工程上常用三视图来表达简单物体形状。

三视图的形成过程如图 5-1a 所示。在工程图样中，国家标准规定三视图的名称如下。
- 主视图——自前方投射，在正立投影面上所得的视图。
- 俯视图——自上方投射，在水平投影面上所得的视图。
- 左视图——自左方投射，在侧立投影面上所得的视图。

将三视图按规定展开到平面上后，三视图的关系是俯视图在主视图的正下方，左视图在主视图的正右方。按此位置配置的三视图，不需注写名称。

从图 5-1b 中可以了解到如下内容。

主视图表示物体的正面形状，反映物体的长度和高度及各部分的上下、左右位置关系。

俯视图表示物体顶面的形状，反映物体的长度和宽度及各部分的左右、前后位置关系。

左视图表示物体左面的形状，反映物体的高度和宽度及各部分的上下、前后位置关系。

每一个视图只能反映物体长、宽、高三个尺度中的两个。主、俯视图都反映物体的长度；主、左视图都反映物体的高度；俯、左视图都反映物体的宽度。由此可得出三视图的投影规律，即三视图之间的联系。
- 长对正——主、俯视图长对正。
- 高平齐——主、左视图高平齐。
- 宽相等——俯、左视图宽相等。

在画图和读图过程中，应注意物体的上下、左右、前后 6 个方位与视图的关系。特别要注意俯视图和左视图之间的前后对应关系：俯视图的下方和左视图的右方都反映物体的前

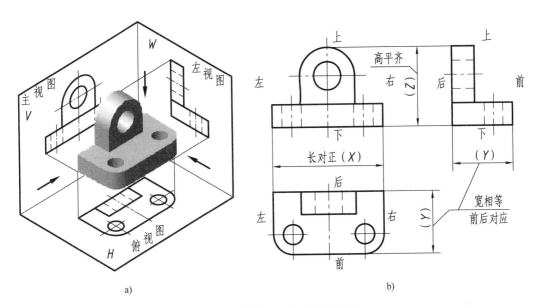

a) b)

图 5-1 三视图的形成及投影特性

a) 三视图的形成 b) 三视图的投影特性

方；俯视图的上方和左视图的左方都反映物体的后方。也就是说，在俯、左视图中，靠近主视图的一侧，表示物体的后面，远离主视图的一侧，则表示物体的前面。所以，俯、左视图之间除了宽相等外，还应保证前后位置的对应关系。

5.2 画组合体视图

5.2.1 组合体的组成形式及其视图特点

一般将组合体的组成形式归纳为"叠加"和"挖切"两种基本形式。如图5-2所示的物体，它由直立圆筒、水平圆筒、肋板和底板四大部分叠加而成，但在两个圆筒部分和底板部分都有挖切。这种将物体分解并抽象为若干基本体的方法，称为形体分析法。对组合体来说，形体分析法是画图和看图的最基本、最重要的方法之一。

无论哪种形式构成的组合体，各基本体之间都有一定的相对位置关系。并且各形体之间的表面也存在一定的连接关系。其连接形式通常有平齐、不平齐、相切和相交4种形式，如图5-3所示。

1) 当两形体相邻表面平齐（即共面）时，相应视图中，应无分界线，如

图 5-2 形体分析

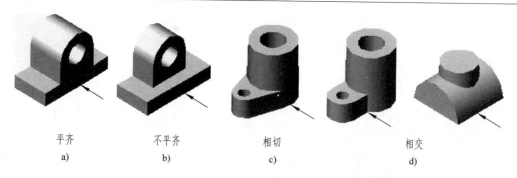

平齐　　　　　不平齐　　　　　相切　　　　　相交
a)　　　　　　b)　　　　　　c)　　　　　　d)

图 5-3　组成立体表面间的关系

图 5-3a 及图 5-4 所示。

2）当两形体表面不平齐时（见图 5-3b），在相应视图中，两形体的分界处，应有线隔开，如图 5-5 所示。当两曲面立体的外表面（见图 5-6）或两曲面立体的内表面（见图 5-7）不平齐时，其情况是相同的。

3）当两形体的表面相切时，两表面的相切处是光滑过渡，所以在相切处不应画线，如图 5-8、图 5-9 所示。

4）当两形体表面相交时，相交处必须画出交线，如图 5-10 所示。

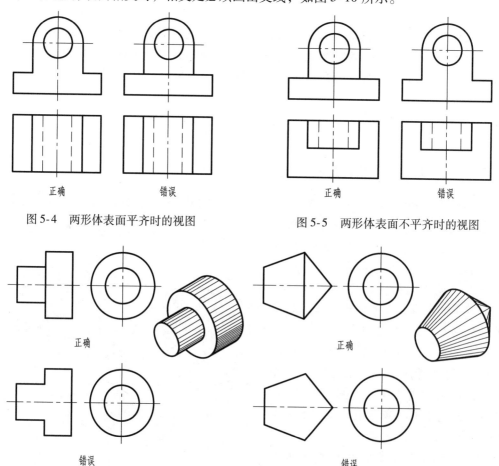

图 5-4　两形体表面平齐时的视图　　　　图 5-5　两形体表面不平齐时的视图

图 5-6　两曲面立体外表面不平齐时的视图

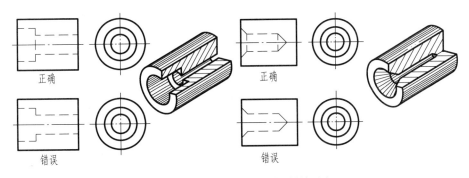

图 5-7 两内孔表面不平齐时的视图

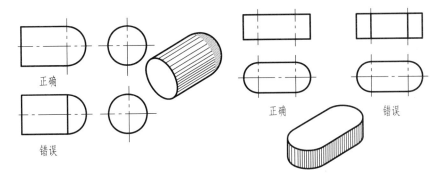

图 5-8 两形体表面相切时的视图（一）

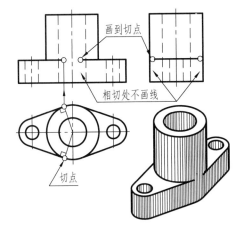

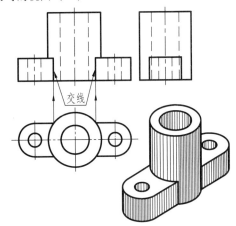

图 5-9 两形体表面相切时的视图（二）　　　　　图 5-10 两形体表面相交时的视图

5.2.2 画组合体三视图的方法和步骤

下面以图 5-11 所示的支架为例，说明画组合体视图的一般步骤和方法。

（1）形体分析

对所画的组合体首先进行形体分析，将组合体分解为若干部分，并分析它们是由哪些基本形体组成、它们之间的组合关系、相对位置及表面连接关系，从而形成整个组合体的完整概念。

如图 5-11 所示的支架可分解为直立小圆筒、大圆筒、壁板、肋板和底板 5 个部分。其中两个圆筒轴线成正交，内、外表面都有相贯线；壁板的左、右两斜面和大圆筒相切；

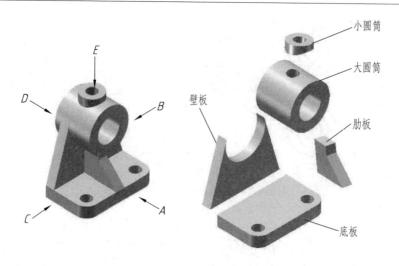

图5-11　支架的形体分析

肋板的左、右两侧面和大圆筒相交，有交线；壁板和底板的后端面是平齐的，壁板的侧面和底板的侧端面斜交；肋板在底板的中间，它的斜面和底板的前端面相交；底板左、右前端被挖成两个圆孔；大圆筒后端突出壁板一段距离。

（2）选择主视图

一组视图中最主要的是主视图，主视图一经选定，俯视图和左视图的位置也就确定了。

选择主视图时，一般将物体放正，即将组合体的主要平面或轴线与投影面平行或垂直，选择最能反映组合体的形状特征及各基本体相互位置，并能减少俯、左视图中虚线的方向作为主视图的投影方向，如图5-11中箭头A所示方向。综合考虑图面清晰和合理利用图幅，确定选择A向投影为主视图。

（3）选择适当的比例和图纸幅面

为了画图和看图的方便，尽量采用1:1的比例。根据三个视图及标注尺寸所需要的面积，并在视图间留出适当的间距，选用适当的标准图幅。

（4）布图，画基准线

布图时应注意各视图间及其周围要有适当的间隔，图面要匀称。常用中心线，轴线和较大的平面作为各视图的基准线以确定视图在两个方向的位置，如图5-12a所示。

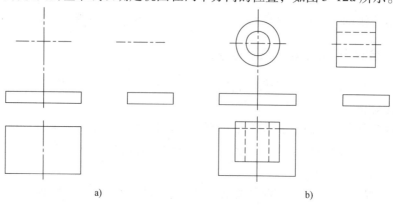

a)　　　　　　　　　　　　　　　　b)

图5-12　画组合体三视图的步骤

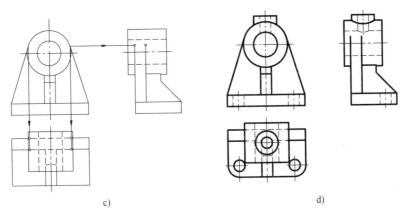

c)   d)

图 5-12 画组合体三视图的步骤（续）

（5）按投影规律画三视图

根据投影规律逐步画出各形体的三视图。画图时，一般先画主要部分和大的形体，后画次要部分和小的形体；先画实体，后画虚体（挖空部分）；先画大轮廓，后画细节；每一形体从具有特征的、反映实形的或具有积聚性的视图开始，将三个视图联系起来画。但应注意，组合体是一个整体，当若干个形体结合成一体时，某些形体内部的分界线并不存在，画图时也不应画出，如图 5-12b、c 所示。

（6）检查、修改、描深

底稿完成后应认真检查修改，然后按规定的线型加深，如图 5-12d 所示。

5.3 组合体的尺寸标注

视图只能表达组合体的形状，而组合体各部分的大小和相对位置，则要通过标注尺寸来确定。尺寸标注的基本要求是正确、完整、清晰。

正确是指标注尺寸必须遵守国家标准《机械制图》中有关尺寸标注的规定，尺寸数值不能写错或出现矛盾。

完整是指尺寸要注写齐全，既不遗漏各组成基本体的定形尺寸和定位尺寸，也不注重复尺寸。

清晰是指尺寸的位置要安排在视图的明显处，标注清楚，布局整齐。

5.3.1 基本体的尺寸标注

任何基本体都有长、宽、高三个方向的尺寸，随形体的不同，标注的尺寸数目也不同。但一定要标注完整，不能少也不能重复。

图 5-13 为常见基本体的尺寸注法。标注平面立体的尺寸时，需要注出它的底面（包括上、下底面）和高度尺寸；对于正方形平面，可分别注边长，也可注成"边长×边长"的形式（如图 5-13 中四棱台的顶面和底面尺寸注法）。正六边形只要有一个对边和对角的尺寸即可定形，另一尺寸加括号，以供参考。标注回转体的尺寸时，需注出它的底圆（包括上、下底圆）的直径和高度尺寸，最好注在投影为非圆的视图上。直径尺寸数字前面要加

注"ϕ"，而标注球体尺寸时，要在直径或半径代号前加注符号"S"。

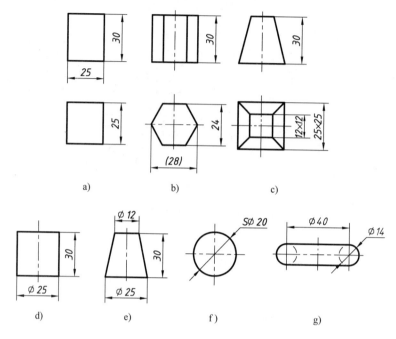

图 5-13　基本体的尺寸注法

5.3.2　立体相贯和被平面截切时的尺寸标注

图 5-14 是一些两立体相贯和基本体被平面截切时的尺寸标注示例。因相贯线和截交线是由基本体的形状和它们的相对位置确定的，所以注出基本体的定形尺寸后，只需注出两基本体的相对位置和截平面位置的定位尺寸，则相贯线和截交线也相应确定，不应另行标注尺寸。图 5-14 中带方框的尺寸就是这种多余的尺寸。

5.3.3　尺寸标注要清晰

用形体分析的方法，可将组合体的尺寸标注完整，如何使尺寸标注清晰，可参考如下几点。

1）尺寸尽量标注在视图的外部，并配置在两视图之间。但也要避免尺寸线拉引过长，造成图形混乱不清。

2）定形尺寸应标注在显示该部分形体特征最明显的视图上，如半径只能标注在投影是圆弧的视图上。

3）同轴回转体的尺寸，最好集中标注在非圆视图上。如图 5-15d 中的 ϕ12、ϕ25 及 ϕ26、ϕ48。

4）同一基本体的定形与定位尺寸，应尽量集中标注，便于读图时查找。如图 5-15d 中底板的定形尺寸，除高度尺寸外均标注在俯视图中。

5）同方向的平行尺寸，应使小尺寸在内，大尺寸在外，避免尺寸线与尺寸界线相交。同方向的并列尺寸应布置在一条线上。如图 5-15d 中，尺寸 7、12 和 16 的标注。

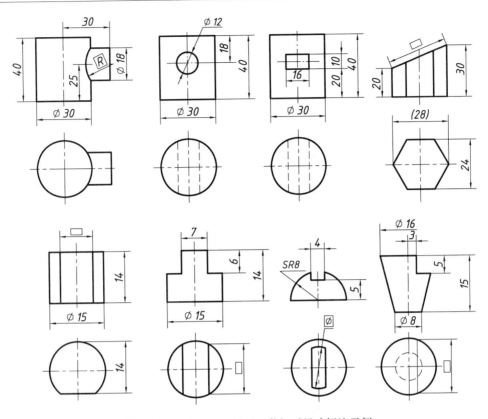

图 5-14　立体相贯和被平面截切时尺寸标注示例

6）应尽量避免在虚线上标注尺寸。

以上各点并不是绝对的，有时不能兼顾，实际标注时应妥善安排。

5.3.4　组合体尺寸标注的步骤

欲标注图 5-15a 所示组合体的尺寸，首先要进行形体分析，分析每个基本体所需的定形尺寸、定位尺寸，确保尺寸数目的完整性；再考虑总体尺寸的标注；最后将所有尺寸清晰地布置在三视图上，具体步骤如下。

（1）标注各基本体的定形尺寸

一般先标注大的、主要的形体；后标注小的、次要的形体。与组合体画图步骤一致。注意不要出现重复尺寸。

如图 5-15b 所示，有的尺寸是不同形体共用的定形尺寸，只要注一次，不应重复。如壁板底部的长度和底板的长度均为 84。又如壁板和水平圆筒是相切关系，所以壁板的定形尺寸只需标注一个厚度 10 即可。底板上的两孔是通孔，底板的高度就是通孔的高度。小圆筒的高度尺寸取决于它和水平圆筒的相对位置，所以不注。底板上两孔大小相同用 "$2 \times \phi 12$" 形式标注一次，而底板上两圆角尺寸虽相同，但不能用 "$2 \times R12$" 的形式标注，只能用 "$R12$" 的形式标注一次。

（2）标注各基本体的定位尺寸

如图 5-15c 所示，为确定各基本体的相对位置，标注定位尺寸时，首先要确定尺寸基

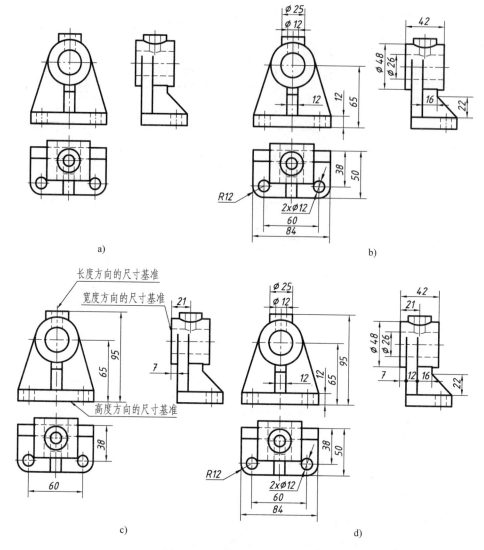

图 5-15　组合体尺寸标注示例

准。在长、宽、高三个方向上分别确定主要的尺寸基准。一般常用轴线、中心线、对称平面、大的底面和端面作为主要尺寸基准。图中物体高度方向的主要尺寸基准是底板的底面；长度方向的主要尺寸基准是对称平面；宽度方向的主要基准是水平圆筒的后端面。

（3）标注总体尺寸

一般应标注出物体外形的总长、总宽和总高，但不应与其他尺寸重复，所以常需对上述尺寸进行调整。在图 5-15 中，总长尺寸 84 及总高尺寸 95 均已注出。总宽尺寸为 57，但是这个尺寸不注为宜。因为如果注出总宽尺寸 57，则尺寸 7 或 50 就是不应标注的重复尺寸。显然标注上述两个尺寸 50 和 7，有利于明显表示底板的宽度以及支撑板的定位。如果标注了 50 和 7，还想标注总宽尺寸，则可以（57）的形式作为参考尺寸注出。

当尺寸界线之一是由回转面引出时，不直接标注总体尺寸。

图 5-16 是数个简单物体的尺寸标注示例。如图 5-16b 所示物体，因其底板上 4 个圆角的圆心不一定与 4 个圆孔同心，所以需要注出其总长、总宽尺寸。而图 5-16c、d 所示物体

不需注总长尺寸，否则就会有多余尺寸，从图 5-16 中可见，为注物体的总高，上部凸出的空心圆柱高度尺寸不能直接注出。

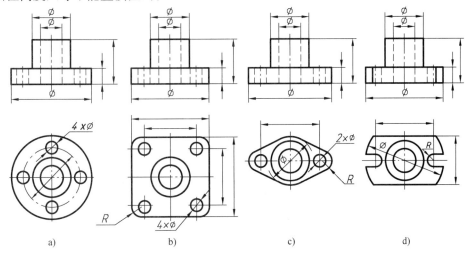

图 5-16 物体的尺寸标注示例

5.4 读组合体视图

画图是将物体按正投影方法表达在平面的图纸上，读（看）图则是根据已经画出的视图，通过形体分析和线面的投影分析，想象出物体的空间形状。画图与读图是相辅相成的，读图是画图的逆过程，必须掌握读图的基本方法。

5.4.1 读组合体视图的基本方法

1. 以主视图为中心，联系其他视图进行形体分析

由于一个视图不能确定组合体各形体的形状和相邻表面间的相互位置，所以看图时必须几个视图联系起来看。如图 5-17 所示，虽然 5 个主视图是相同的，但联系俯视图可知它们是 5 种不同的形体。

2. 进行线、面分析，搞清视图中线框和线的含义

必须以主视图为中心，找出视图间的线框和线的关系，在形体分析的基础上进行线、面分析。

视图中的每一个封闭线框都是物体上不与该投影面垂直的一个面（平面或曲面）的投影。视图中的任一条轮廓线（实线或虚线），则必属于下列三种情况之一。

1）有积聚性的面（平面或曲面）的投影，如图 5-18 中所指"积聚性的面"。

2）两面交线的投影，如图 5-18 中所指的"交线"。

3）曲面的转向线，如图 5-19 中所指的"曲面转向线"。

如图 5-18 所示，俯视图后部中间的封闭线框，需联系主视图方可确定该线框所表示的面的形状位置。视图中相邻的线框则表示表面必有上下、左右、前后的相对位置关系；视图中大框套着小框，则表示中间的小框不是凸出，就是凹陷，或是穿通，这些位置关系必须联系别的视图才能确定。图 5-19 中，俯视图中间线框也要联系主视图方可确定为凸起的圆柱

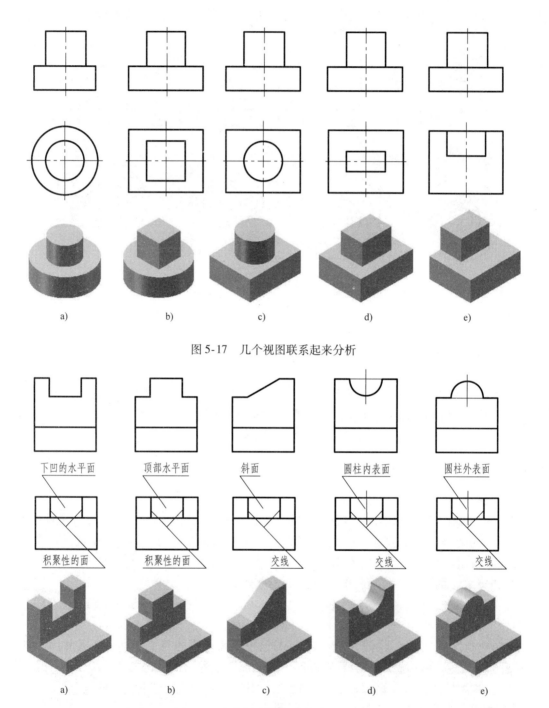

图 5-17   几个视图联系起来分析

图 5-18   视图中线框和线的含义（一）

体、凹陷或穿通的圆柱孔。

当平面图形倾斜于投影面时，在该投影面的投影必为类似形。利用这一特性，便可想象出该平面的空间形状。如图 5-20 中各物体的 P 面，除在所垂直的投影面上的投影积聚成直线外，在另两个投影面上的投影均为类似形。

5.4.2 读组合体视图的步骤

1）按照投影分部分。从主视图入手，根据封闭线框将组合体分解成几部分。

2）想象出各部分形体的形状。用形体分析和线面分析的方法，根据各部分形体在三个视图的投影，想象出各部分形体的空间形状。一般先解决大的主要形体，或是明显的形体。

3）综合起来想象整体。根据视图中各部分形体的相对位置关系和表面间的关系，综合起来想象出组合体的整体形状。

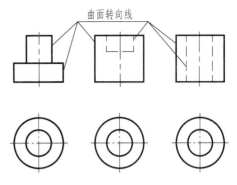

图 5-19　视图中线框和线的含义（二）

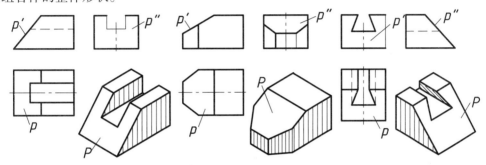

图 5-20　倾斜于投影面的物体表面投影成类似形

5.4.3 读组合体视图举例

在一般情况下，对于结构清晰的组合体，常用形体分析法读图，但对有些比较复杂的形体尤其是切割或穿孔后形成的形体，往往在形体分析的基础上还需运用线面分析法来帮助想象和看懂局部的形状，两者结合，相辅相成。

例 5-1　根据已知组合体的主、俯两视图（图 5-21），想象出其空间的形状，并补画左视图。

解　（1）对照投影分部分：从主视图入手，借助绘图工具，对照投影关系概括了解视图间的线条和线框之间的关系，将主视图划分为 1′、2′、3′、4′ 四部分。

5-1　例 5-1

（2）想象出各部分形体的形状：根据投影关系先分别找出和 1′、2′、3′、4′ 相对应的俯视图中的 1 、2、3、4 部分，而后想象出各部分的形状，如图 5-22 所示。

1）形体Ⅰ是直立的半个圆筒。

2）形体Ⅱ上部为半圆柱体，下部为与其相切的长方体，形成凸出的 U 形块。中间有圆柱通孔。

3）形体Ⅲ在主视图中的投影是除了下部 4′ 线框以外的整个大线框，所以该部分是一长方形壁板，上部左右两侧切成圆角，并挖有圆柱孔，对照俯视图可知壁板中间开有通槽，所以壁板被分成左、右两部分。

4）形体Ⅳ是长方形底板，带有两个圆柱孔，底部中间开有前后通槽，又在前部左、右两角各切去一长方体。

（3）综合起来想象整体：该组合体的左右是对称的。Ⅰ、Ⅱ、Ⅲ、Ⅳ四部分的关系如下。

1）主视图中除了三个圆外，其他线框都是相邻的，对照俯视图可以看出相邻线框各面的前后位置，即自前向后依次为4′、2′、1′、3′。各线框中的圆都是通孔。

2）俯视图中有三个相邻的实线框和两个表示通孔的圆。由于直立半圆筒Ⅰ和壁板Ⅲ这两部分高度相同，所以在俯视图中1、3连成一个线框，表示同一表面。这三个相邻线框所反映的高度，对照主视图可以看出，半圆筒Ⅰ和壁板Ⅲ最高，中部凸出的形体Ⅱ次之，底板Ⅰ最低。

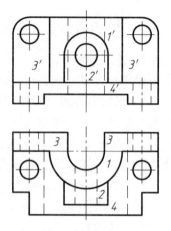

图 5-21　组合体的两个视图

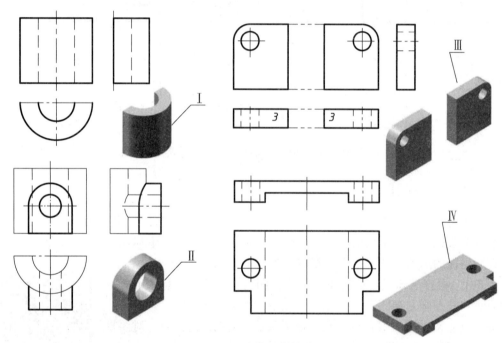

图 5-22　组合体的形体分析

3）Ⅱ的上部和Ⅰ是轴线正交的两个半圆柱相贯，Ⅱ的下部是长方体和Ⅰ的半圆柱面相交。Ⅱ中间的圆孔和Ⅰ的内部半圆柱面相贯，Ⅲ和Ⅳ的后面及左面是平齐的。

综上所述分析，得到如图 5-23 所示的形体。

（4）补画左视图：根据所想象出的形体，按三视图的投影关系和画组合体视图的步骤，注意形体各部分的相对位置关系和表面间的关系，逐个画出各部分的左视图，最后将三视图联系起来分析检查，如图5-24所示。

图 5-23　组合体的实体图

例 5-2 读物体的三视图，想象出其空间形状，如图 5-25 所示。

解 1）对照投影分部分：从三视图对照投影，概括了解后可知，该物体的基本形体是一长方体，中间有一阶梯形的圆柱孔。长方体被数个不同位置平面截切。因此，要确切想象出物体的形状，必须进行线、面分析，弄清截切情况。为此要分析主视图中 r'、s'、p' 线框和 t'、q' 线。

5-2 例 5-2

2）想象出各线面的形状和位置：由于 r'、s'、p' 在俯视图中没有对应的类似形，所以它们必积聚成直线。从 p' 线框对照俯视图 p 为一斜直线，从而可初步分析成 P 面为一铅垂面。再看主视图中 r'、s' 相邻两线框，对照俯视图可看出 R、S 为两个正平面，R 面在前、S 面在后，r'、s' 反映 R、S 面的实形。然后看主视图中 t'、q' 两线段，对照俯视图可看出，它们分别是正垂面 T 和侧平面 Q 的投影。

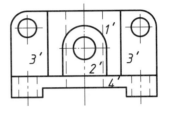
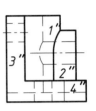
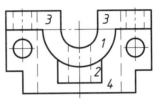

3）综合起来想象其整体形状，如图 5-25 中轴测图所示。

图 5-24　组合体的三视图

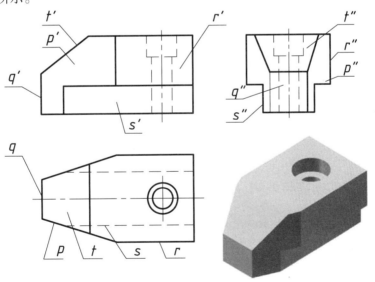

图 5-25　组合体的三视图

5.5　用 AutoCAD 创建组合体的实体模型并生成三视图

三维设计是工程设计的趋势，三维建模是三维设计的基础。实体建模是最常见的三维建模类型。AutoCAD 提供了强大的实体建模功能，可以创建长方体、圆柱体、圆锥体、球体、棱锥体、楔体和圆环体等基本三维体素，并可通过对基本体素进行并集、差集或交集的布尔运算生成复杂的实体，还可以通过拉伸、旋转、扫掠和放样等方式创建实体。本节简要介绍构建组合体的实体模型以及由模型生成三视图的方法。

5.5.1　用户坐标系

AutoCAD系统提供两个坐标系：固定的世界坐标系（WCS）和可以移动的用户坐标系（UCS）。默认情况下，两个坐标系在新图形中是重合的。

图形文件中的所有对象均由WCS坐标定义。因为三维建模用到的二维图形绘制时默认的平面是XY平面，所以在建模过程中，需要经常使用UCS来改变XY平面的位置，以便创建和编辑对象。系统提供多种建立UCS的方式，将其放在UCS工具栏中，并将常用的方式放在UCS II工具栏中，如图5-26所示。用户可以根据需要使用适当的方式。

图5-26　建立用户坐标系
a）UCS工具栏　b）UCS II工具栏

- UCS命令

功能：可以重新定位和旋转用户坐标系，以便使用坐标输入、栅格显示、栅格捕捉、正交模式和其他图形工具。

操作：单击相应的工具图标，或键入UCS。

命令：UCS↙

当前UCS名称：＊世界＊

指定UCS的原点或［面（F）/命名（NA）/对象（OB）/上一个（P）/视图（V）/世界（W）/X/Y/Z/Z轴（ZA）］＜世界＞：

注意，从2007版起，AutoCAD系统提供了一个非常实用的动态UCS功能，绘制二维平面图形时，会自动选择坐标平面。动态UCS图标 在屏幕下方的状态栏上，三维建模时，应使其有效。

5.5.2　实体模型的创建与编辑

系统将主要的实体建模方式和编辑方式放在建模工具栏中，如图5-27所示。

图5-27　建模工具栏

1. 拉伸（EXT）

功能：将二维对象拉伸成三维实体模型。

操作：单击工具图标 ，或键入EXTRUDE。先选择要拉伸的二维对象，然后给定拉伸高度或指定拉伸路径后再给定拉伸长度，拉伸时还能指定倾斜角度以便拉伸出一定斜度的面，如铸件的拔模斜度，如图5-28所示。

a) b) c)

图 5-28 拉伸

先用多段线绘制一封闭的二维线框（图 5-28a），将其复制出两个，然后按下述操作生成图 5-28b、c。

命令：EXTRUDE↙

当前线框密度：ISOLINES = 8

选择要拉伸的对象：找到 1 个

选择要拉伸的对象：↙

指定拉伸的高度或［方向(D)/路径(P)/倾斜角(T)］：60↙

命令：EXTRUDE↙

当前线框密度：ISOLINES = 8

选择要拉伸的对象：找到 1 个

选择要拉伸的对象：↙

指定拉伸的高度或［方向(D)/路径(P)/倾斜角(T)］＜60.0000＞：t↙

指定拉伸的倾斜角度 ＜0＞：15↙

指定拉伸的高度或［方向(D)/路径(P)/倾斜角(T)］＜60.0000＞：↙

说明：

1）拉伸命令可以创建指定形状的实体或曲面。可以将闭合对象（例如圆）转换为三维实体，将开放对象（例如直线）转换为三维曲面。

2）如果拉伸具有一定宽度的多段线，则将忽略宽度并从多段线的中心拉伸多段线。

3）必须将多个独立对象（例如多条直线或圆弧）转换为单个对象，才能将其拉伸成实体。可以使用 Pedit 命令的"合并"选项将对象合并成多段线，或使用 Region 命令将对象转换成面域。

4）使用"路径"选项可以通过指定路径来控制创建的实体或曲面（见图 5-29）。拉伸实体始于轮廓所在的平面，止于路径端点处与路径垂直的平面。

2. 按住/拖动（PRESSPULL）

功能：按住或拖动有边界区域，从而改变实体的大小。

操作：单击工具图标，或键入 PRESSPULL。将光标移到需要拖动的封闭线框上，选中的面边框线会变虚线，此时单击鼠标左键，移动鼠标就能拖动此表面。

命令：PRESSPULL↙

图 5-29 沿路径拉伸

单击有限区域以进行按住或拖动操作。

已提取 1 个环。

已创建 1 个面域。

说明：

1）通过零间距拾取点来填充的区域，就会产生一个零厚度的实体。

2）可拖动由交叉共面和线性几何体（包括边和块中的几何体）围成的区域。

3）可拖动有共面顶点的闭合多段线、面域、三维面和二维实体的面。

4）可拖动由三维实体的面共面的几何图形（包括二维对象和面的边）封闭的区域。

5）可以部分替代拉伸命令的功能，有时比拉伸更灵活，如图 5-30 所示，先画两个相交的圆，然后把光标移到相交的部分，就能捕捉到相交部分的线框，此时拖动鼠标，就能产生新的实体。

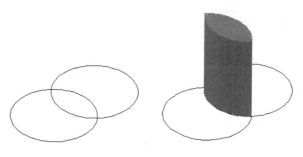

图 5-30　按住/拖动

3. 扫掠（SWEEP）

功能：沿路径扫掠二维对象创建三维实体或曲面。

操作：单击工具图标，或键入 SWEEP 。先选择要扫掠的二维对象，然后选择扫掠路径，如图 5-31 所示。

命令：SWEEP↙

当前线框密度：ISOLINES = 8

选择要扫掠的对象：找到 1 个

选择要扫掠的对象：↙

图 5-31　扫掠

选择扫掠路径或［对齐(A)/基点(B)/比例(S)/扭曲(T)］:

说明：

1）使用扫掠命令，可以沿开放或闭合的二维或三维路径扫掠开放或闭合的平面曲线（轮廓）创建新曲面或实体。扫掠沿指定的路径以指定的轮廓形状绘制实体或曲面，可以扫掠多个对象，但是这些对象必须位于同一平面中。

2）对齐（A）——如果轮廓曲线不垂直于路径曲线的起点的切向，则轮廓曲线将自动对齐。出现对齐提示时输入"No"以避免该情况的发生。

3）基点（B）——指定要扫掠对象的基点。如果指定的点不在选定对象所在的平面上，则该点将被投影到该平面上。

4）比例（S）——指定比例因子以进行扫掠操作。从扫掠路径的开始到结束，比例因子将统一应用到扫掠的对象。

5）扭曲（T）——设定当前扫掠对象的角度。扭曲角度指定沿扫掠路径全部长度的旋转量。

4. 旋转（REV）

功能：绕轴扫掠二维对象创建三维实体或曲面。

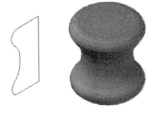

操作：单击工具图标 ，或键入 REVOLVE。先选择要旋转的二维对象，再指定旋转轴，然后给出旋转角度，如图 5-32 所示。

图 5-32　旋转

命令：REVOLVE↙

当前线框密度：ISOLINES = 8

选择要旋转的对象：指定对角点：找到 1 个

选择要旋转的对象：

指定轴起点或根据以下选项之一定义轴［对象(O)/X/Y/Z］＜对象＞：

指定轴端点：

说明：

可以旋转闭合对象创建三维实体，也可以旋转开放对象创建三维曲面。可以将对象旋转360°或其他指定角度。

5. 放样（LOFT）

功能：在若干横截面之间的空间中创建三维实体或曲面，如图 5-33 所示。

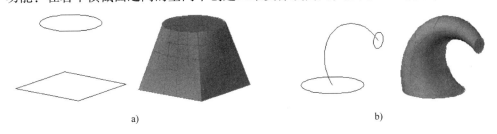

a)　　　　　　　　　　　　　　　　　　b)

图 5-33　放样

操作：单击工具图标 ，或键入 LOFT。先依次选择横截面，然后指定导向或路径，如果仅一个横截面按回车即可。

命令：_ loft↙

按放样次序选择横截面：找到 1 个

按放样次序选择横截面：找到 1 个，总计 2 个

按放样次序选择横截面：↙

输入选项［导向(G)/路径(P)/仅横截面(C)］＜仅横截面＞：

说明：

1）横截面（通常为曲线或直线）可以是开放的（例如圆弧），也可以是闭合的（例如圆）。放样用于在横截面之间的空间绘制实体或曲面。

2）使用放样命令时，必须至少指定两个横截面。

3）使用导向和路径可以更好地控制三维模型创建。如图 5-33b 所示。

6. 布尔运算

通过对实体进行加、减、求交来创建新的实体，如图 5-34 所示。

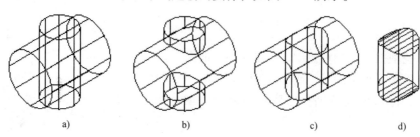

图 5-34　实体的布尔运算
a）不同实体　b）并集　c）差集　d）交集

（1）实体的并集（UNI）运算

功能：通过加操作合并选定的三维实体。

操作：单击工具图标◎◎，或键入 UNION。逐一选择需要合并的实体，然后按〈Enter〉键即可，如图 5-34b 所示。

（2）差集（SU）运算

功能：通过减操作合并选定的三维实体。

操作：单击工具图标◎◎，或键入 SUBTRACT。先选择被减的实体（如横放大圆柱），按〈Enter〉键后，再选择减去的实体（如竖放小圆柱），然后按〈Enter〉键即可，如图 5-34c 所示。

（3）交集（IN）运算

功能：将不同实体的共有（相交）部分创建为新实体。

操作：单击工具图标◎◎，或键入 INTERSECT。逐一选择需要求交的实体，然后按〈Enter〉键即可，如图 5-34d 所示。

7. 剖切（SL）

功能：剖切或分割选定的实体。

操作：单击工具图标⬚，或键入 SLICE。先选择被剖切的实体，然后用适当方法确定剖切面的位置，可以选择切去一部分，也可以保留全部，如图 5-35 所示。

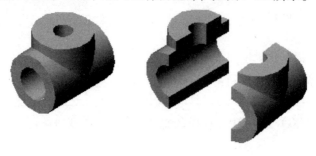

图 5-35　剖切

命令：SLICE↙

选择要剖切的对象：找到 1 个

选择要剖切的对象：↙

指定切面的起点或［平面对象(O)/曲面(S)/Z 轴(Z)/视图(V)/XY(XY)/YZ(YZ)/ZX(ZX)/三点(3)］＜三点＞：zx↙

指定 ZX 平面上的点 ＜0，0，0＞：

在所需的侧面上指定点或［保留两个侧面（B）］＜保留两个侧面＞：b↙

8. 夹点编辑三维实体

功能：拖动夹点来改变图元实体和多段体的形状和大小。

操作：选中一个三维实体，此时在实体上就会出现可控制的小三角形或小方块（夹点），将光标移到夹点上并单击鼠标左键，夹点变成红色，此时移动光标就能改变实体的形状和大小。不同的实体，其显示的夹点也不一样，如图 5-36 所示。

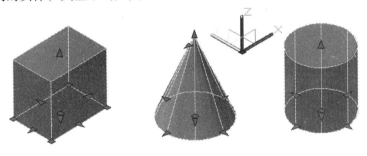

图 5-36　夹点编辑

9. 三维对齐（3DALIGN）

功能：将选定的实体与另一实体面、面对齐。

操作：单击工具图标💾，或键入 3DALIGN。先选择某一实体，然后确定该实体的某个面（三点），再确定另外一个实体的某个面（相对应的三点），则两个实体将对齐，如图 5-37所示。

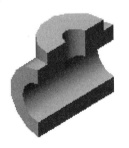

图 5-37　三维对齐

命令：3DALIGN↙

选择对象：找到 1 个

选择对象：↙

指定源平面和方向

指定基点或［复制（C）］：

指定第二个点或［继续（C）］＜C＞：

指定第三个点或［继续（C）］＜C＞：

指定目标平面和方向…

指定第一个目标点：

指定第二个目标点或〔退出（X）〕＜X＞：

指定第三个目标点或〔退出（X）〕＜X＞：

其他改变实体空间位置的方式如三维移动、三维旋转和三维阵列与二维的相应命令操作基本一致，不再详述。

5.5.3　实体模型的查看

模型查看的主要方式是三维动态观察、视点观察和视觉样式。

1. 三维动态观察

主要的三维动态观察的方式及其功能如图5-38所示。

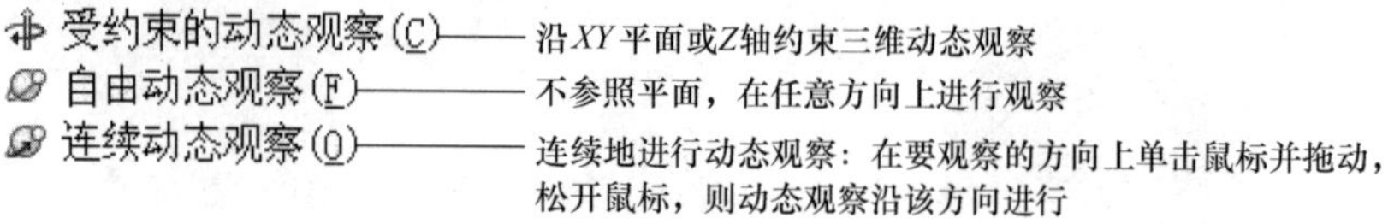

受约束的动态观察(C)——沿XY平面或Z轴约束三维动态观察

自由动态观察(F)————不参照平面，在任意方向上进行观察

连续动态观察(O)————连续地进行动态观察：在要观察的方向上单击鼠标并拖动，松开鼠标，则动态观察沿该方向进行

图5-38　三维动态观察

操作：单击相应的工具图标 ✛ ⊘ ⊘，或单击"视图"下拉菜单→光标移到"动态观察"→选择要观察的方式。

2. 视点观察

主要的视点观察方式如图5-39所示。需要时单击相应的图标即可。

俯视　仰视　左视右视 主视 后视　　正等测轴测视点

图5-39　视点观察

3. 视觉样式（VSM）

视觉样式即实体模型的显示方式，用来控制模型的边框和表面的着色显示。图5-40为视觉样式的工具栏，从左至右依次为以下几种显示模式。

图5-40　视觉样式

1）二维线框：用直线和曲线显示实体边框。线型和线宽均可见。

2）三维线框：用直线和曲线显示实体边框。

3）三维隐藏：用线框显示实体边界，消隐不可见的线。

4）真实：着色显示实体表面，并使边框平滑化。将显示附着到对象的材质。

5）概念：着色显示实体表面，并使边框平滑化。效果缺乏真实感，但是可以更方便地查看模型的细节。

5.5.4　创建组合体的实体模型及由模型生成三视图

下面以图5-41所示组合体为例，说明其建模和从模型投射成三视图的过程。

1. 创建视图模型

根据形体分析，此组合体由三部分组成：底板、竖板和底板上的台墩。这三部分都可以用拉伸来生成，然后合并即可。

1）按尺寸绘制如图 5-42a 所示图形；创建成面域；将其拉伸，拉伸高度为 6，则生成底板，如图 5-43a 所示。

2）将"主视"设为当前 UCS；执行 plan 命令；按尺寸绘制如图 5-42b 所示图形；将其创建成两个面域；对两个面域执行差集操作（大减小）；执行拉伸命令，拉伸高度为 6，则竖板生成，如图 5-43b 所示。

3）将"左视"设为当前 UCS；执行 plan 命令；按尺寸绘制图 5-42c 所示图形；将其创建成面域；执行拉伸命令，拉伸高度为 14；执行 SLICE 命令，选择适当的切面，将生成的实体左侧切掉，则台墩生成，如图 5-43c 所示。

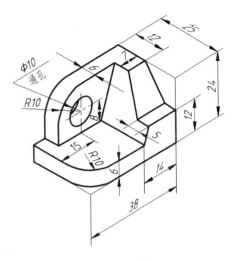

图 5-41　组合体

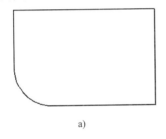 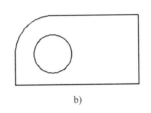 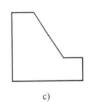

a)　　　　　　　　　b)　　　　　　　　c)

图 5-42　拉伸的截面图

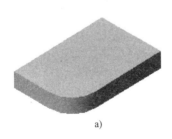 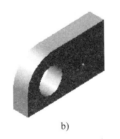 

a)　　　　　　　　　b)　　　　　　　　c)

图 5-43　各实体的生成

4）将各实体移动至适当处，执行并集操作，则如图 5-44 所示组合体实体就生成了。

2. 由模型生成三视图

（1）设置视图（SOLVIEW）

操作：键入 SOLVIEW，或单击下拉菜单"绘图"→"建模"→"设置"→"视图"。

命令：SOLVIEW✓

输入选项［UCS(U)/正交(O)/辅助(A)/截面(S)］：U✓

输入选项［命名(N)/世界(W)/？/当前(C)］＜当前＞：✓

图 5-44　组合体实体模型

输入视图比例 <1>：（可以根据实际情况改变投影的大小）✓

指定视图中心：（指定第一个视图的中心位置）

指定视图中心 <指定视口>：（可以重新指定视图中心，直至满意，按〈Enter〉键确认）✓

指定视口的第一个角点：（指定第一个视图的视口——将视图围起来）

指定视口的对角点：

输入视图名：front （必须给视图命名）✓

输入选项〔UCS(U)/正交(O)/辅助(A)/截面(S)〕：o✓

指定视口要投影的那一侧：（在第一个视口的边线上选定一个中点，然后向边线的垂直方向投影）

指定视图中心：

指定视图中心 <指定视口>：✓

指定视口的第一个角点：

指定视口的对角点：

输入视图名：top✓

输入选项〔UCS(U)/正交(O)/辅助(A)/截面(S)〕：o✓

指定视口要投影的那一侧：

指定视图中心：

指定视图中心 <指定视口>：✓

指定视口的第一个角点：

指定视口的对角点：

输入视图名：left✓

输入选项〔UCS(U)/正交(O)/辅助(A)/截面(S)〕：✓

设置视图是为三视图定好位置，会自动切换到布局状态，如图 5-45 所示。

（2）设置图形

操作：单击下拉菜单"绘图"→"建模"→"设置"→"图形"。选中三个视口的边框，然后按〈Enter〉键，如图 5-46 所示。设置图形实际上就是将模型向三个投影面投射，投射时会自动将可见轮廓线和不可见轮廓线放在不同的图层上，可见轮廓线的图层名是"视图名 – VIS"，不可见轮廓线的图层名是"视图名 – HID"。

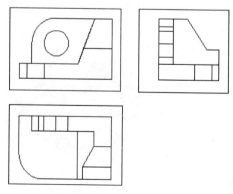

图 5-45　设置视图 （一）

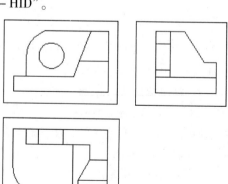

图 5-46　设置图形 （二）

（3）关闭在执行"视图"时自动生成的"VPORTS"图层，让视口边框不可见。将不可见轮廓线图层的线型设为细虚线，将可见轮廓线图层的线宽设为 0.7，添加中心线，完成全图，如图 5-47 所示。

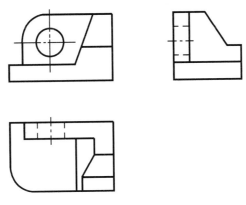

图 5-47　组合体视图

思　考　题

1. 简述视图与投影图的区别，以及三视图的投影规律。

2. 画组合体三视图应注意的问题是什么？

3. 如何确保组合体尺寸标注正确、完整和清晰？

4. 如何选择定位基准？什么情况下不标注整体尺寸？

5. 如何理解形体分析法及线、面分析法？

第6章　轴　测　图

【本章主要内容】
- 轴测图的基本知识
- 正等测轴测图
- 斜二测轴测图
- 轴测图的剖切画法
- 徒手绘制轴测图草图
- 用 AutoCAD 绘轴测图

　　轴测图是能够同时反映物体长、宽、高三个方向形状的单面投影图，如图 6-1 所示。这种图立体感强、容易读懂；但是度量性差，作图困难。因此在工程中，轴测图一般用作辅助图样，用以表达物体和零件的立体效果。

图 6-1　机件的轴测图

6.1　轴测图的基本知识

6.1.1　轴测图的形成和投影特性

1. 轴测图的形成

　　轴测图是将物体连同其参考直角坐标系，用平行投影的方法，沿着不平行于任一坐标面的方向投射到某单一平面上所得到的图形。可用另立投影面或改变投影方向两种方法分别得到轴测图。

　　（1）另立投影面

　　用一个与物体及其参考直角坐标系（OX、OY、OZ 轴）都呈倾斜位置的投影面 P 作为轴测投影面，且令投影方向 S_1 垂直于轴测投影面 P，这样得到的轴测投影图称为正轴测投影图，如图 6-2 所示。

　　（2）改变投影方向

　　物体仍处于获得正投影视图的位置，而改用与 V 面倾斜的投影方向 S_2 进行投影，这样在 V 面上得到的轴测投影图称为斜轴测投影图，如图 6-2 所示。

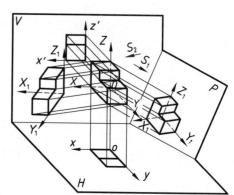

图 6-2　轴测图的形成

2. 轴测图的投影特性

　　由于轴测图是通过平行投影法得到的，因此它具有下列投影特性。

1）物体上相互平行的线段，在轴测图上仍相互平行。

2）物体上两平行线段或同一直线上的两线段长度之比值，在轴测图上保持不变。

3）物体上平行于轴测投影面的直线和平面，在轴测图上反映实长和实形。

6.1.2　轴测图的轴测轴、轴间角和轴向伸缩系数

1. 轴测轴

物体参考直角坐标系的坐标轴 OX、OY、OZ 在轴测投影图上的投影 O_1X_1、O_1Y_1、O_1Z_1，称为轴测轴。

2. 轴间角

相邻两轴测轴之间的夹角，称为轴间角。

3. 轴向伸缩系数

轴测轴的单位长度与相应直角坐标轴的单位长度的比值，称为轴向伸缩系数。OX、OY、OZ 三轴的轴向伸缩系数分别用 p、q、r 表示。即

$$p = O_1X_1/OX \quad q = O_1Y_1/OY \quad r = O_1Z_1/OZ$$

根据轴向伸缩系数 p、q、r 的不同情况，轴测图可分为如下几种。

等测轴测图，即 $p = q = r$。

二测轴测图，即 $p = r \neq q$。

三测轴测图，即 $p \neq q \neq r$。

根据投影方向与投影平面的关系，轴测图可以分为正轴测图和斜轴测图两种。当投影方向垂直于投影平面时所得到的轴测图为正轴测图；当投影方向倾斜于投影平面时所得到的轴测图为斜轴测图。

本章只介绍常用的正等测轴测图和斜二测轴测图。

绘制轴测图时，应根据轴测图的种类，选取特定的轴间角和轴向伸缩系数，然后再根据物体坐标系的位置，沿平行于相应轴的方向测量物体上各边的尺寸或确定点的位置。"轴测"意即沿轴测量。如图 6-3 所示为同一物体的正等测轴测图和斜二测轴测图。

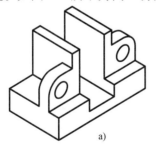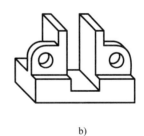

a)　　　　　　　　　　　　　b)

图 6-3　物体的轴测图

a）正等测轴测图　b）斜二测轴测图

6.2　正等测轴测图

6.2.1　正等测轴测图的形成及其轴间角和轴向伸缩系数

当物体参考直角坐标系的三根坐标轴与轴测投影面的倾角相等时，根据正投影法所得到

的图形称为正等测轴测图，简称正等测图，如图6-4所示。

正等测轴测图中的三个轴间角都等于120°，其中O_1Z_1轴规定画为铅垂方向，如图6-5所示。轴向伸缩系数$p = q = r \approx 0.82$。但为了作图方便，通常将轴向伸缩系数简化为1。这样画出的正等测轴测图，各轴向的尺寸都放大了约1.22倍（$1/0.82 = 1.22$），但是形状不变。

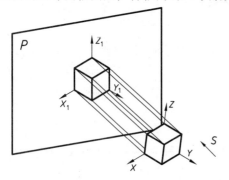

图6-4　正等测轴测图的形成

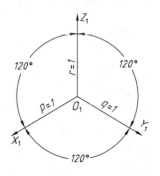

图6-5　正等测轴测图的轴间角

6.2.2　平面立体的正等测轴测图画法

绘制平面立体轴测图的常用方法有坐标法和方箱切割法。

1. 坐标法

根据立体表面上各顶点的坐标，分别画出它们的轴测投影，然后依次连接成立体表面轮廓线。坐标法是绘制轴测图的基本方法。

例6-1　画出图6-6a所示正六棱柱的正等测图。

解　由于轴测图中不可见轮廓没必要画出，所以宜从顶面开始作图。作图过程如下。

1）建立物体参考坐标系。将坐标原点选定在六棱柱顶面的中心，如图6-6a所示。

2）定位顶面各点。画出轴测轴O_1X_1、O_1Y_1、O_1Z_1。A、D两点在O_1X_1轴上，长度可从图6-6a的俯视图直接量取；再根据尺寸s，在O_1Y_1轴O_1点两侧各截取$s/2$，并作O_1X_1轴的平行线BC、EF，令其长度等于l并关于O_1Y_1轴对称，如图6-6b所示。

6-1　例6-1

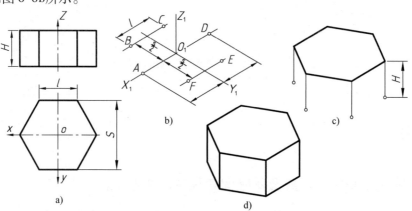

图6-6　坐标法绘制六棱柱的正等测图

3）连接 *ABCDEF* 即为顶面正六边形的正等轴测图。然后从顶面各顶点向下作 O_1Z_1 的平行线，高度为 *H*，如图 6-6c 所示。

4）画出底面。擦除不可见部分，加深图线，即完成作图，如图 6-6d 所示。

2. 方箱切割法

适用于带切口的平面立体。先用坐标法画出完整的平面立体轴测图，再利用切割的方法逐步画出各切口部分。

例 6-2 画出图 6-7a 所示立体的正等测图。

解 由图 6-7a 可知，该物体是由平面四棱柱切割而成的。切割后形成的一个正垂面 $P(p'、p)$ 和一个槽，作图过程如下。

1）如图 6-7b 所示，首先按原始物体的长、宽、高画出四棱柱的正等轴测图，再定出切割平面 *P* 的位置（用粗实线表示）。图 6-7b 中双点画线表示被切去的部分。

6-2　例 6-2

2）根据主、俯两视图，沿轴测轴方向量取相应的长度，确定开槽的三个切割平面间以及各平面和立体表面间的交线，如图 6-7c 所示。在绘图时注意，物体上相互平行的线段，在轴测图上仍相互平行。

3）擦去作图线，加深图线完成作图，如图 6-7d 所示。

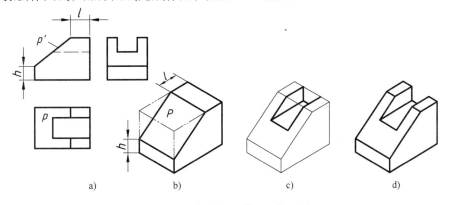

a)　　　　　b)　　　　　c)　　　　　d)

图 6-7　方箱切割物体的正等测图

坐标法和方箱切割法不仅适用于平面立体，也适用于曲面立体；不仅适用于正等轴测图，也适用于其他轴测图。

6.2.3 曲面立体的正等测轴测图画法

1. 平行于坐标面的圆的正等测图

由正等测图的投影原理可知，平行于各坐标面的圆的正等测投影是椭圆，如图 6-8 所示。但是各个椭圆的形状和大小相同，方向不同。

平行于 *XOY* 坐标面（*H* 面）的圆，在正等测图中，椭圆的长轴垂直于 O_1Z_1 轴，短轴平行于 O_1Z_1 轴。

平行于 *XOZ* 坐标面（*V* 面）的圆，在正等测图中，椭圆的长轴垂直于 O_1Y_1 轴，短轴平行于 O_1Y_1 轴。

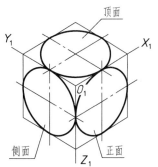

图 6-8　立方体表面上的圆的正等测图

平行于 YOZ 坐标面（W 面）的圆，在正等测图中，椭圆的长轴垂直于 O_1X_1 轴，短轴平行于 O_1X_1 轴。

并且按照简化后的轴测系数计算，椭圆长轴为 $1.22d$，短轴为 $0.7d$，d 为圆的直径。

6-3　菱形四心法

在正等测图中，这些椭圆一般用四段圆弧来近似代替。可以先画出相应的外切菱形，再确定四段圆弧的圆心。因此，这个方法称为外切菱形法或菱形四心法。具体作图方法见表 6-1。

表 6-1　外切菱形法作圆的正等测图

步骤	1. 定菱形框	2. 定四段圆弧的圆心	3. 画四段圆弧近似成椭圆
作图			
说明	根据该圆所平行的坐标面 XOY，画出互相垂直两直径的轴测图，再由两直径的端点分别作平行线，构成菱形框	菱形上短对角线的两个顶点 F、H 即为大圆弧的圆心，连接 AF、BH 和 CH、DF（或作对角线 EG），其两两相交的交点 M、N 即为小圆弧的圆心	分别以 F、H 为圆心，R_1 为半径画大圆弧，以 M、N 为圆心，R_2 为半径画小圆弧，即得近似椭圆

平行于三个坐标面的圆的轴测投影图如图 6-9 所示。

2. 常见曲面基本体的正等测图

（1）圆柱体的正等测图

如图 6-10a 所示，设有一轴线为铅垂线的圆柱体，直径为 d，高为 h。由图可知顶圆和底圆平行于 XOY 坐标面。具体作图步骤如下。

图 6-9　平行于三个坐标面的圆的轴测投影图

1）建立坐标系。确定顶圆圆心为坐标原点，并画出正等轴测轴。

2）完成顶面和底面椭圆。按照菱形四心法完成顶面椭圆。从 O_1Z_1 轴向下量取 h 距离，确定底圆圆心 O_2，依样画出底面的椭圆（根据情况，只画出部分线条），如图 6-10b 所示。

3）完成正轴测图。沿 Z_1 轴方向作两椭圆的公切线，如图 6-10c 所示。擦去底面椭圆的不可见部分，清理图面，加深轮廓线，如图 6-10d 所示。

轴线平行于不同坐标轴的圆柱体的正等轴测图如图 6-11 所示。

（2）圆角的正等测图

图 6-12a 是一平板的两视图，平板的四个圆角分别相当于四分之一整圆。并且通过图 6-12b 可知椭圆外切菱形的钝角对应大圆弧，锐角对应小圆弧。圆角的具体作图步骤如下。

1）根据视图完成长方体的正等轴测。

2）由顶点开始，在各边上量取半径 R，得到切点。过切点作各边垂线，垂线交点即是

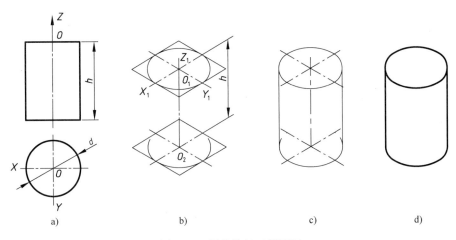

图 6-10　圆柱体的正等测图

圆弧圆心，如图 6-12c 所示。

3）将顶面各圆心向下垂直移动板厚距离，得到底面圆角圆心。

4）用相同半径 R 画出圆弧，并作上下圆弧的外公切线，如图 6-12d 所示。

5）去掉多余线，整理加深。得到底板正等测轴测图，如图 6-12e 所示。

（3）圆锥台的正等测图

图 6-13a 是圆锥台的两视图。其左、右端面为侧平面，平行于 ZOY 坐标面（W 面），轴线为水平线，平行于 OX 轴。圆锥台的正等测图的具体作图过程如图 6-13b、c、d 所示。

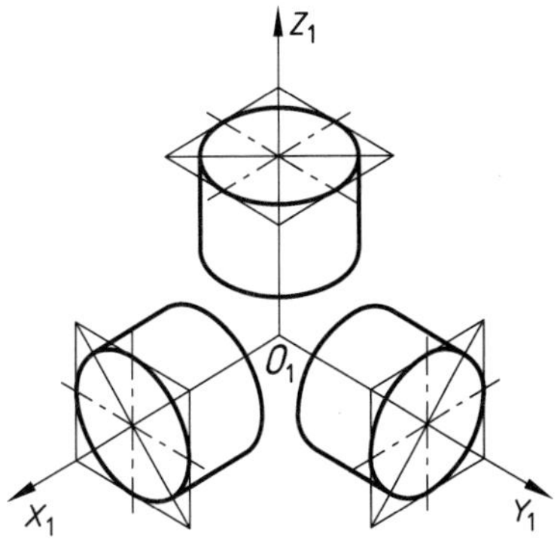

图 6-11　三个方向的圆柱体的正等测图

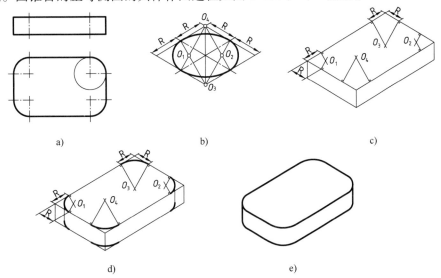

图 6-12　圆角的正等测图

1）先画轴测轴 O_1X_1，在其上取圆锥台两端面的圆心 O_1、O_2，间距为圆锥台的长度，

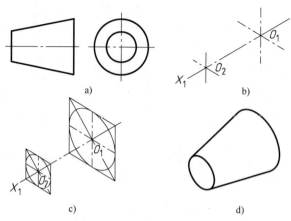

图 6-13　圆锥台的正等测图

如图 6-13b 所示。

2）过 O_1、O_2 分别作两端面的椭圆，如图 6-13c 所示。

3）再作两椭圆的公切线形成外形轮廓。

4）最后整理加深。如图 6-13d 所示。

（4）组合体的正等测图

画组合体的正等测图，先用形体分析法进行分解。然后按分解的形体依次画各部分的正等测图。

例 6-3　画出图 6-14a 所示的组合体的正等测图。

解　图 6-14a 为一组合体的两视图。该组合体由两部分组合而成。上部为立板，基本形体为半圆柱、长方体和圆柱孔，圆柱孔及半圆柱上的圆均平行于 XOZ 坐标面（V 面）。下部为底板，其上有两个圆角和一个方形槽，具体画法如下。

6-4　例 6-3

1）在视图中建立坐标系。绘制对应轴测轴。并按照 $p = q = r = 1$ 的轴向伸缩系数绘制底板和上部立板，如图 6-14b 所示。

2）标定各个圆和圆角的圆心位置。并按照菱形四心法绘制椭圆和椭圆弧，如图 6-14c 所示。

3）清理图面，加深图线，完成作图，如图 6-14d 所示。

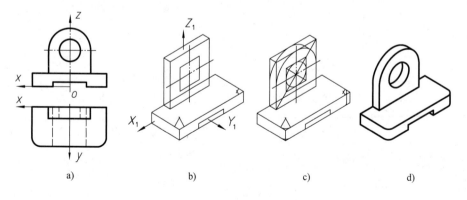

图 6-14　组合体的正等测图

6.3 斜二测轴测图

6.3.1 斜二测轴测图的形成及轴间角和轴向伸缩系数

斜二测轴测图的形成原理如图6-15a所示。用与 XOZ 坐标面平行的平面作轴测投影面，与投影面倾斜的方向 S 进行投影，当得到的轴测投影图的轴间角 $\angle X_1O_1Z_1 = 90°$、$\angle X_1O_1Y_1 = \angle Y_1O_1Z = 135°$，$O_1X_1$、$O_1Z_1$ 的轴向伸缩系数 $p = r = 1$、O_1Y_1 的轴向伸缩系数

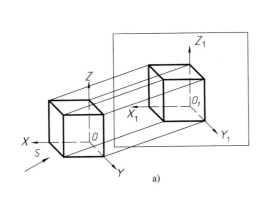
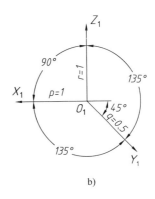

图6-15 斜二测轴测图的形成及轴间角和轴向伸缩系数

$q = 0.5$ 时，轴测图称为斜二测轴测图，简称斜二测图。图6-15b给出了斜二测图的轴间角和轴向伸缩系数。

为了便于作图，一般取 O_1Z_1 轴为垂直位置。

物体表面上与坐标面 XOZ 平行的图形的投影均反映它们的实形。因而，与坐标面 XOZ 平行的圆投影仍然是圆，且大小不变；平行于坐标面 ZOY 和 XOY 的圆投影为椭圆，如图6-16所示。

平行于坐标面 ZOY 和 XOY 的圆的投影（椭圆）画法采用平行弦线法，作图步骤如图6-17所示。

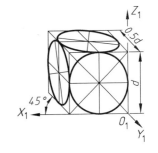

图6-16 平行于坐标平面的
圆的斜二测图

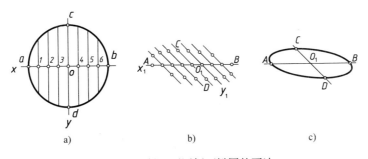

图6-17 斜二测图侧面椭圆的画法

6.3.2 斜二测图的画法

6-5　例 6-4

由于斜二测图能反映物体一个方向上的表面真实图形，所以，当物体的一个方向上形状复杂或者有较多的圆或圆弧时，特别适合画斜二测图。

例 6-4　画出图 6-18a 所示连杆的斜二测图。

解　从图 6-18a 中可以看出，物体的圆或圆弧都在一个方向上，所以把这个面作为正面，平行于坐标面 XOZ 放置，具体画法如下。

1）先画出轴测轴。接着按照斜二测图的轴向伸缩系数，画出立方体，如图 6-18b 所示。

2）按照截切方式，画出连杆尾部和左边切口，如图 6-18c 所示。

3）将平行 XOZ 平面的一系列的圆或圆弧逐一定位、绘图，如图 6-18d 所示。

4）画出相应的公切线（Y_1 轴方向）。最后清理图面，加深图线，完成作图，如图6-18e 所示。

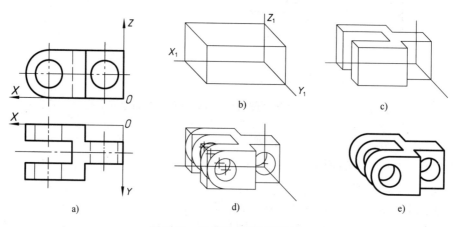

图 6-18　连杆斜二测图的画法

6.4　轴测图的剖切画法

在轴测图上，为了显示物体的内部结构，可以用假想的剖切平面将物体剖开，并在剖切平面与物体相接触的面上，画上剖面符号，这种剖切后的轴测图称为轴测剖视图。

6.4.1　剖切平面的选择

剖切平面一般平行于坐标面并通过物体的主要轴线或者对称平面。一般不采用切去一半的形式，这样会破坏物体外形的完整性。图 6-19 对轴测图的几种剖切位置进行了比较，图 6-19d 采用相互垂直的两个平面剖切，效果较好。

6.4.2　剖面符号的画法

在轴测剖视图中用剖面符号填充剖切得到的实体，以区别未剖到的区域。金属的剖面符号为等距且相互平行的细实线，并且随着所在的平面的不同而改变方向，如图 6-20 所示。

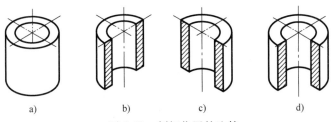

图 6-19 剖切位置的比较

当剖切平面通过肋板的纵向对称面时，肋板的剖面上不画剖面线，而是用粗实线将它与相邻物体分开。

6.4.3 轴测图的剖切画法

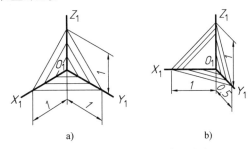

图 6-20 轴测图中剖面线的方向

轴测图的剖切画法一般有两种。

一种是先画出完整的轴测图，再按照选定的剖切位置作出剖切平面与物体表面的交线，去掉不需要部分的图形，画出由于剖切而显露的内部结构，并在剖切的实体部分画上剖面符号，具体示例如图 6-21 所示。

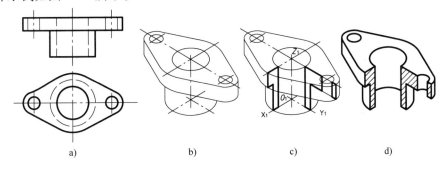

图 6-21 轴测图的剖切画法

另一种画法是首先沿轴向直接画出物体剖面的轴测图，再以此为基础，逐步加画未被切去的外部形状和已显露的内部结构。

6.5 徒手绘制轴测图草图

徒手绘制轴测图时，其作图原理和过程与尺规绘制轴测图是一样的。训练初期一般先将立体的三视图绘在方格纸上，并在确定相应轴测轴方位的格纸上绘制轴测图。经过反复训练，逐渐达到能够在空白图纸上比较准确地徒手绘制轴测图。

例 6-5 徒手绘制如图 6-22a 所示立体的正等轴测图。

解 由图 6-22a 可知，该立体可看作由一个长方体经过切割后形成。因此，可以用方箱切割法绘制。具体绘制步骤如下。

1）绘出长方体的正等轴测图，如图 6-22b 所示。

2）切去立体前部的小长方体，形成 L 形体，如图 6-22c 所示。

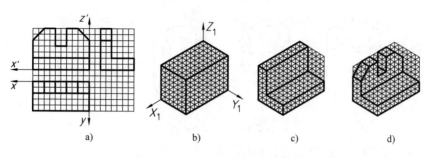

图 6-22　徒手绘制正等轴测图

3）切去 L 形体后面立板中间的方形槽和侧面两角，整理完成全图，如图 6-22d 所示。

例 6-6　徒手绘制如图 6-23a 所示立体的斜二测图。

解　具体绘制步骤如下。

1）将平行于 XOZ 坐标面的一系列圆心沿着 Y_1 方向按前后层次逐一定位，并画出物体上正面较大的图形的轴测图，如图 6-23b 所示。

2）按照层次画出各部分主要形状，如图 6-23c 所示。

3）最后画出各圆弧的公切线（Y_1 方向），清理图面，加深图线，完成作图，如图 6-23d 所示。

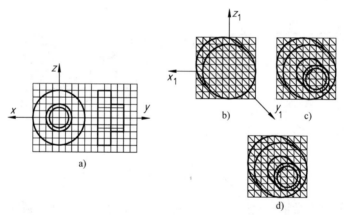

图 6-23　徒手绘制斜二测图

6.6　用 AutoCAD 绘轴测图

用 AutoCAD 可以方便地绘制正等测图和斜二测图。在绘制轴测图时，一般要配合"物体捕捉"和"栅格点捕捉"功能。

6.6.1　用 AutoCAD 绘制正等测图

1. AutoCAD 中的等轴测捕捉

在 AutoCAD 中绘制正等测图，要把"捕捉方式"设置为"等轴测"捕捉方式。使用命令方式如下。

命令：snap↙

指定捕捉间距或［开(ON)/关(OFF)/纵横向间距(A)/样式(S)/类型(T)］ <0.5000>: s✔

输入捕捉栅格类型［标准(S)/等轴测(I)］ <S>: i✔

指定垂直间距 <0.5000>: 10✔

这时捕捉的轴向发生改变，坐标轴由直角坐标轴变为轴测坐标轴。以上功能也可以通过右击状态栏上的"捕捉"按钮，在弹出的对话框中设置。

下面通过命令来决定捕捉的轴测平面（两条轴测轴）。

命令: Isoplaner✔

当前等轴测平面: 左

输入等轴测平面设置［左(L)/上(T)/右(R)］ <上>: ✔

当前等轴测面: 上✔

各选项意义如下。

1) 左（L）：选择左面为当前绘图面，如图 6-24a 所示。

2) 上（T）：选择顶面为当前绘图面，如图 6-24b 所示。

3) 右（R）：选择右面为当前绘图面，如图 6-24c 所示。

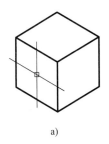 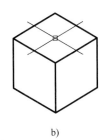 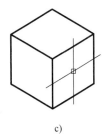

a) b) c)

图 6-24 Isoplaner 的三个绘图面

一般在绘图过程中，可通过〈F5〉键在三个绘图面间切换。

通过打开和关闭状态栏上的"捕捉"按钮，可以设置是否捕捉栅格点；通过打开和关闭状态栏上的"栅格"按钮，可以设置是否显示栅格点。

2. 绘制圆的正等测图

平行于各坐标面的圆的正等测投影是形状相同的椭圆。在用 AutoCAD 绘正等测图时，可以用椭圆命令方便地画出平行于左面、顶面和右面的圆的正等测图。方法如下。

命令: ellipse✔

指定椭圆轴的端点或［圆弧（A）/中心点（C）/等轴测圆(I)］: i✔

指定等轴测圆的圆心: ✔

指定等轴测圆的半径或［直径（D）］: ✔

同样大小的圆，由于捕捉的轴测平面不同，其轴测图的椭圆方向也不同。所以在绘图时，一定要注意圆的方向，并通过〈F5〉键在三个绘图面间切换。图 6-25 显示了三个正等测平面上的圆的正确方向。

图 6-25 三个正等测平面上的圆的正确方向

　　用 AutoCAD 绘制正等测图的方法与尺规绘图基本相同。因为能够捕捉等轴测并可以通过椭圆命令直接绘出与三个正等测平面平行的圆，所以更加方便。

6.6.2　用 AutoCAD 绘制斜二测图

　　用 AutoCAD 绘制斜二测图虽然不能捕捉其轴测轴方向，但斜二侧图的画法却比较简单。只要画出物体的主视图，再将各要素沿 Y_1 轴在相应的位置上复制，用与尺规绘图相同的方法完成即可。

思 考 题

1. 斜二测轴测图中的轴向伸缩系数和轴间角分别是多少？
2. 正等测轴测图中如何近似画椭圆？
3. 如何使用坐标法和方箱切割法绘制轴测图？
4. 如何选择剖切平面进行轴测图的剖切画法？

第7章 机件的表达方法

【本章主要内容】
- 视图
- 剖视图
- 断面图
- 其他表达方法
- 综合应用举例
- 计算机零件模型生成工程图

为满足表达各种不同结构形状机件的需要，国家标准《技术制图》和《机械制图》中规定了机件的多种表达方法，如基本视图、向视图、局部视图、斜视图、剖视图、断面图、局部放大图以及简化画法等。熟悉并掌握这些基本表达方法，可根据机件不同的结构特点，从中选择适当的方法，以便完整、清晰、简捷地表达机件的内外形状。

7.1 视图

《技术制图 图样画法 视图》（GB/T 17451—1998）中规定了视图有基本视图、向视图、局部视图和斜视图四种，主要用于表达机件的外形。

7-1 视图

7.1.1 基本视图

在原来 3 个投影面的基础上，再增加 3 个与它们对应平行的投影面，相当于正六面体的 6 个表面，规定为基本投影面。将机件放在其中，分别向 6 个基本投影面投影，得到 6 个基本视图。

6 个基本视图的名称和投射方向如下。

主视图——将机件由前向后投射得到的视图。

俯视图——将机件由上向下投射得到的视图。

左视图——将机件由左向右投射得到的视图。

右视图——将机件由右向左投射得到的视图。

仰视图——将机件由下向上投射得到的视图。

后视图——将机件由后向前投射得到的视图。

6 个投影面的展开方法如图 7-1a 所示，展开后的 6 个基本视图按图 7-1b 所示的位置关系配置。按规定位置配置的视图，不需标注视图的名称。6 个基本视图之间仍保持"长对正、高平齐、宽相等"的投影规律。

在实际绘图时，并不是所有机件都需要 6 个基本视图，而是根据机件的结构特点选用必要的基本视图。

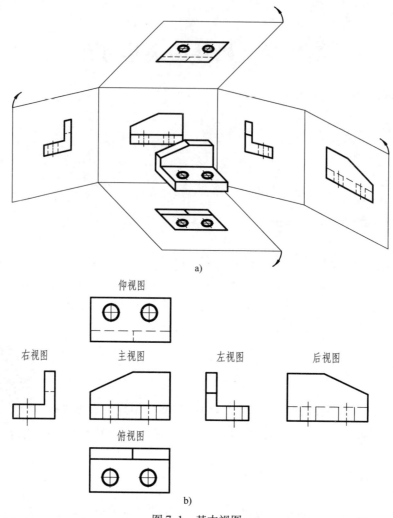

图 7-1　基本视图

a) 6 个基本视图的形成　b) 6 个基本视图的配置

7.1.2　向视图

向视图是可自由配置的视图。为了合理的利用图幅，某个基本视图不按规定的位置关系配置时，可自由配置，但应在该视图上方用大写的拉丁字母标注视图的名称（如"A""B"），并在相应视图附近用箭头指明投影方向，并标注相同的字母，如图 7-2 所示。

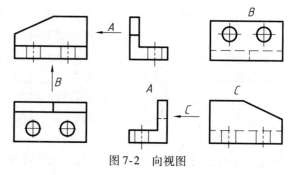

图 7-2　向视图

7.1.3　局部视图

将机件的某一部分向基本投影面投射所得到的视图称为局部视图。局部视图是某一基本视图的局部图形，如图 7-3 中的 A 和 B 局部视图。

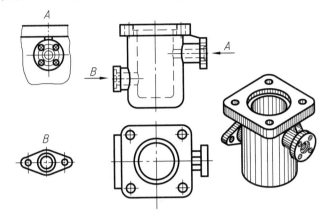

图 7-3 局部视图

当采用一定数量的基本视图后，该机件上仍有部分结构形状尚未表达清楚，而又没有必要再画出完整的基本视图时，可采用局部视图。如图 7-3 所示的机件的表达方法，采用了主视图、俯视图及 A 向和 B 向局部视图，既简化了作图又突出了重点，看图、画图都很方便。

局部视图的配置、标注和画法如下。

1）局部视图可按基本视图配置的形式配置，如图 7-3 中的局部视图 A；也可按向视图的配置形式将局部视图配置在其他适当的位置，如图 7-3 中的局部视图 B。

2）局部视图一般需进行标注，局部视图上方应用大写字母标出视图名称，如"A"或"B"，并在相应视图附近用箭头指明所要表达的部位和投影方向，并注上相同的字母，如图 7-3 所示。当局部视图按投影关系配置，中间又无其他视图隔开时，允许省略标注，如图 7-3 所示的 A 向局部视图，箭头和字母均可省略。

3）局部视图的断裂边界用波浪线或双折线绘制，如图 7-3 中的局部视图 A。当所表示的局部结构是完整的，外形轮廓封闭时，则不必画出其断裂边界线，如图 7-3 中的局部视图 B。

7.1.4 斜视图

当机件具有相对投影面倾斜结构时，为了表达倾斜部分的实形，可设置一个与机件倾斜部分平行的投影面，将倾斜结构向该投影面投射并展平，所得到的视图称为斜视图，如图 7-4 所示。

斜视图的配置、标注及画法。

1）斜视图一般按向视图的配置形式配置并标注，即在斜视图上方用大写拉丁字母标出视图名称，字母一律水平书写，在相应的视图附近用箭头指明投射方向，并标上同样的字母，如图 7-4b 所示。

2）必要时，允许将斜视图转正后放置，但必须加上旋转符号，旋转符号为半圆形，半径等于字的高度，线宽为字高度的 1/10 或 1/14，字母应靠近旋转符号的箭头端，如图 7-4c 所示。

3）绘制斜视图时，通常只表达机件倾斜部分的实形，其余部分可不必画出，并用波浪线或双折线将其断开，如图 7-4b 所示。

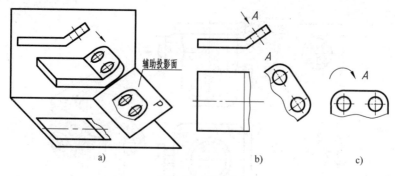

图 7-4　斜视图

7.2　剖视图

如果机件的内部结构形状比较复杂，在视图中就会出现较多的虚线，既不便于看图，也不便于标注尺寸，如图 7-5 所示，因此，国家标准规定可采用剖视图来表达机件的内部结构。

7-2　剖视图

7.2.1　剖视图的基本概念

1. 剖视图的概念

假想用剖切平面剖开物体，将处在观察者和剖切面之间的部分移去，而将其余下部分向投影面投射所得的图形，称为剖视图，简称剖视，如图 7-6 所示。

剖视仅是表达机件内部结构形状的一种方法，并非真正将机件剖开，因此将一个视图画成剖视后，不应影响其他视图的完整性。

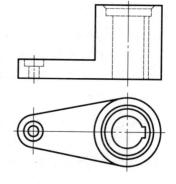

图 7-5　支架的视图

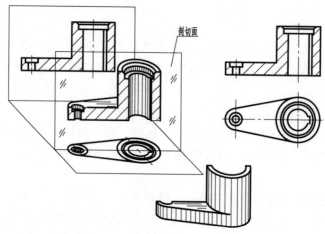

图 7-6　剖视图的基本概念

2. 剖面符号

为了清晰地反映机件剖切后的内部结构形状，剖切面与物体接触的部分（称剖面区域）要画上剖面符号。机件材料不同，剖面符号也不相同，表7-1列出了常用材料的剖面符号。

表 7-1　剖面符号

材料名称	剖面符号	材料名称	剖面符号
金属材料（已有规定剖面符号者除外）		液　体	
非金属材料（已有规定剖面符号者除外）			

金属材料的剖面符号是用与水平线倾斜45°角且间隔均匀的细实线画出。向左或向右倾斜均可。但在表达同一机件的所有视图上，倾斜方向应相同，间隔大致均匀。

当不需在剖面区域表示材料的类别时，可采用通用剖面符号表示。通用剖面符号应用细实线画成与主要轮廓成45°的平行线，如图7-7所示。

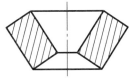

图 7-7　通用剖面线的画法

3. 画剖视图时应注意的问题

1）剖切平面一般应平行于某一投影面，且应通过较多内部结构的机件的对称面或轴线。

2）剖切是假想的，实际上并没有把机件剖切开。因此，当机件的某一个视图画成剖视以后，其他视图仍按完整的机件画出，如图7-6中的俯视图。

3）在剖视图中，剖切面后面的可见轮廓线应全部画出，不能遗漏。图7-8中漏画了阶梯孔的台阶面投影线；不可见轮廓线一般情况下可省略，只有当机件的某些结构没有表达清楚时，为了不增加视图，可画出必要的虚线。

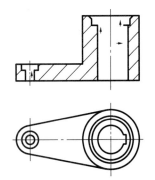

图 7-8　画剖视图时易漏画的线

4. 剖视图的标注

（1）剖视图标注的要素

完整的剖视图标注的要素如图7-9a所示，包括的要素如下。

1）剖切线：指示剖切面位置的线，以细点画线绘制，可以省略。

2）剖切符号：指示剖切面起、迄和转折位置及投射方向的符号，分别以粗短画和箭头表示。

3）字母：大写拉丁字母或阿拉伯数字。

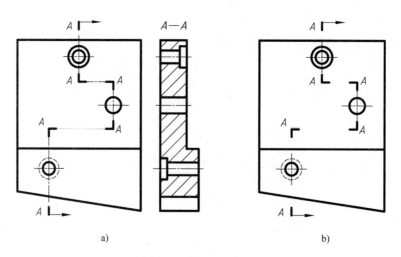

图 7-9　剖视图的标注

一般应标注剖视图或移出断面图的名称（如 $A—A$），在相应的视图上用剖切符号表示剖切位置和投射方向，并标注相同的字母（如 A）。

（2）剖视图标注的省略

在下列情况下剖视图的标注可以简化或省略。

1）在机械制图中多省略剖切线，省略后的标注如图 7-9b 所示。

2）当剖视图按投影关系配置，且中间没有其他图形隔开时，可以省略箭头，如图 7-10 所示。

3）当剖切平面与机件的对称平面重合，且剖视图按投影关系配置，中间又无其他图形隔开时，可省略全部标注，如图 7-6 所示。

7.2.2　剖视图的分类

按机件被剖开的范围来分，剖视图分为全剖视图、半剖视图和局部剖视图三种。

1. 全剖视图

用剖切面完全地剖开物体得到的剖视图称为全剖视图。全剖视图用于表达外形简单、内部形状复杂的不对称机件，如图 7-6 所示。

2. 半剖视图

当物体具有对称平面时，向垂直于对称平面的投影面上投射所得到的图形，可以对称中心线为界，一半画成剖视图，另一半画成视图，这种图形称为半剖视图，如图 7-10 所示。

当机件的形状接近于对称，且不对称部分已另有图形表达清楚时，也可以画成半剖视图，如图 7-11 所示。

画半剖视图时应注意如下几点。

1）半剖视图中视图与剖视图分界线是点画线，不应画成粗实线。

2）由于图形对称，零件的内部形状已在剖视图中表达清楚，所以在表达外形的视图中，虚线可以省略不画。

3）半剖视图的标注规则与全剖视图相同。图 7-10 中的俯视图，其剖切平面不通过机件的对称面，所以在主视图上必须标注出剖切平面的位置，并在剖切符号旁标注字母 A，同时

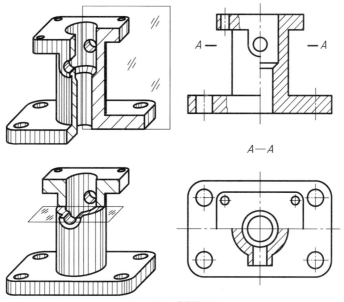

图 7-10　半剖视图

在俯视图上方标注 $A—A$。

3. 局部剖视图

用剖切面局部地剖开机件得到的剖视图称为局部剖视图，如图 7-12 所示。

局部剖视图一般不用标注，局部剖视图与视图的分界线是波浪线或双折线，波浪线可认为是断裂面的投影，因此波浪线不能在穿通的孔或槽中通过，也不能超出视图轮廓之外，不要与图样上其他图线重合，图 7-13 为局部剖画法对比图。

当被剖结构为回转体时，允许将该结构的中心线作为局部剖视图的分界线，如图 7-14所示。

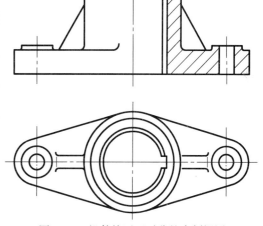

图 7-11　机件接近于对称的半剖视图

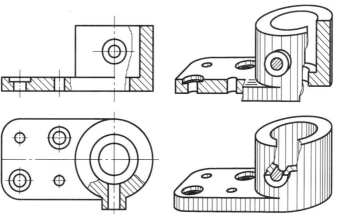

图 7-12　局部剖视图

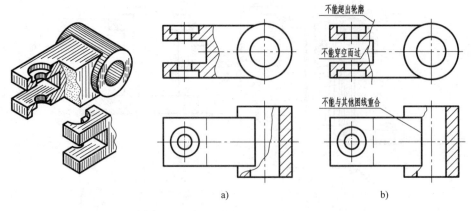

a)　　　　　　　　　　　　b)

图 7-13　局部剖视图的对比

a）正确　b）错误

局部剖视一般用于下列情况。

1）机件上有部分内部结构形状需要表示，又没必要作全剖视，或内、外结构形状都需兼顾，结构又不对称的情况，如图 7-12 所示。

2）实心零件上有孔、凹坑和键槽等需要表示时，可采用局部剖，如图 7-15 所示。

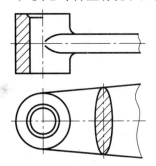

图 7-14　局部剖的特殊画法

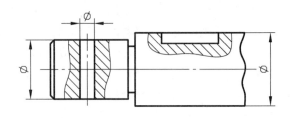

图 7-15　局部剖视图的应用（一）

3）机件虽对称，但不宜采用半剖视时（分界线处为粗实线），可采用局部剖，如图 7-16 所示。

4）必要时，允许在剖视图中再做一次简单的局部剖视，这时两者的剖面线应同向，同间隔，但要相互错开，如图 7-17 所示。

7.2.3　剖切平面和剖切方法

实际工作中，机件的结构形状比较复杂，画图时应当根据各种机件不同的结构特点，采用适当的剖切面和剖切方法来表达机件。

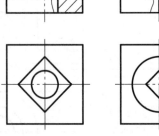

1. 单一剖切面

单一剖切面剖切，除了上

图 7-16　局部剖视图的应用（二）

7-3　剖切平面和剖切方法

述的用单一的平行于基本投影面的平面进行剖切外，
还有单一斜剖切平面和单一剖切柱面。

单一斜剖切平面剖切是指用不平行于基本投影
面、但垂直于基本投影面的剖切平面剖切机件，再投
影到与剖切平面平行的投影面上，如图 7-18 所示的
剖切面"A"及剖视图"A—A"。

采用斜剖方法得到的剖视图最好按投影关系配
置，标注必须完整，如图 7-18 所示。在不至于引起
误解的前提下，允许将图形旋转摆正，摆正后的剖视
图按规定标注，如图 7-18c 所示。

采用单一柱面剖切机件时，剖视图一般应按展开
绘制，并在剖视图名称后加注"展开"。

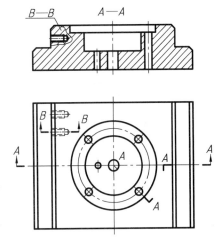

图 7-17　局部剖视图的应用（三）

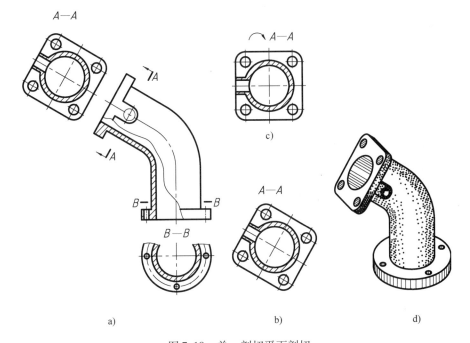

a)　　　　　　　　　　b)　　　　　　　　d)

图 7-18　单一剖切平面剖切

2. 几个平行的剖切平面

当机件上有较多的内部结构需要表达，而它们层次不同地分布在机件的不同位置，用一
个单一平面难以表达时，可采用几个平行于基本投影面的剖切平面剖开机件。图 7-19 所示
机件的主视图就是用了三个平行的剖切平面剖切得到的全剖视图。

采用几个平行的剖切平面剖切画剖视图时，应注意以下几个问题。

1）因为剖切是假想的，因此，剖切平面转折处不应画线，并且剖切平面的转折处不要
与图形中的轮廓线重合，也不应出现不完整的要素，如图 7-20 所示。

2）采用几个平行的剖切平面剖切画剖视图时，当两个要素在图形上具有公共对称中心
线或轴线时，可各画一半，此时应以对称中心线和轴线为界，如图 7-21 所示。

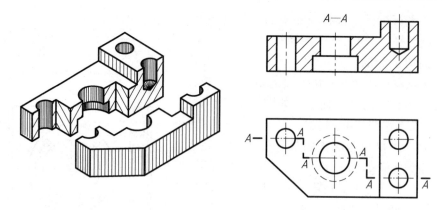

图 7-19　三个平行的剖切平面剖切

3）用几个平行的剖切平面剖切画剖视图时必须标注。

剖切平面的起讫和转折处应画出剖切符号，并用与剖视图的名称同样的字母标出。在起讫处、剖切符号外端用箭头（垂直于剖切符号）表示投射方向，如图 7-21 所示。

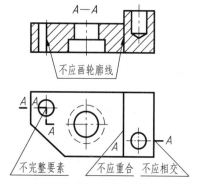

图 7-20　几个平行的剖切平面剖切的错误画法

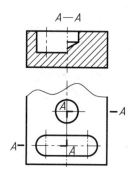

图 7-21　几个平行的剖切平面剖切特例

3. 几个相交的剖切平面

用几个相交的平面（交线垂直于某一基本投影面）剖开机件，然后将被倾斜剖切平面剖开的结构及其有关部分旋转到与选定的基本投影面平行后再进行投影，这种剖切方法所获得的剖视图如图 7-22 所示。

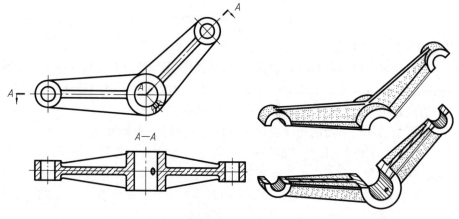

图 7-22　用两个相交的剖切平面剖切（一）

这种剖切方法适用于端盖、盘状一类的回转体机件，对于具有明显回转轴线的机件也常采用。

在剖切平面后的其他结构一般仍按原来投影绘制，如图 7-22 中的小油孔的画法。当剖切后产生不完整要素时，该部分按不剖处理，如图 7-23 所示。

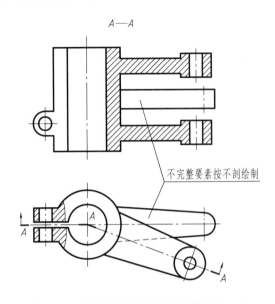

图 7-23　用两个相交的剖切平面剖切（二）

7.3　断面图

假想用剖切面将机件的某处切断，仅画出该剖切面与机件接触部分的图形，称为断面图，简称断面，如图 7-24 所示。

断面图主要是用来表达机件上某一结构的断面形状，如机件上的肋板、轮辐、键槽、杆件及型材的断面等结构。

7-4　断面图

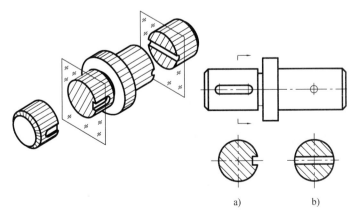

图 7-24　断面图

根据断面图配置的位置不同可分为移出断面图和重合断面图两种。

7.3.1　移出断面

画在视图之外的断面图称移出断面，如图 7-24 所示。

1. 移出断面的画法与配置

1）移出断面的轮廓线用粗实线绘制，并在断面上画上剖面符号，如图 7-24 所示。

2）移出断面应尽量配置在剖切线的延长线上，如图 7-24 所示。当断面图形对称时，也可画在视图的中断处，如图 7-25 所示。

3）由两个或多个相交的剖切平面剖切得出的移出断面，中间一般应断开，如图 7-26 所示。

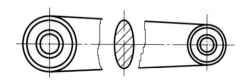

图 7-25　布置在视图中断处的断面图

图 7-26　几个相交的剖切平面剖开
　　　　　的移出断面图

4）当剖切平面通过回转面形成的孔、凹坑的轴线时或当剖切平面通过非圆孔，会导致出现完全分离的两个断面时，应按剖视图处理，如图 7-27 所示。"按剖视图处理"是指被剖切的结构，并不包括剖切平面后的结构。

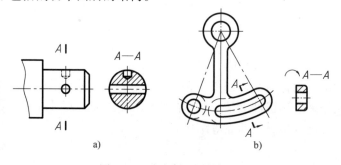

a)　　　　　　　　　　　　b)

图 7-27　移出断面图的标注

2. 移出断面的标注

1）当移出断面不配置在剖切线延长线上时，一般应用剖切符号表示剖切位置，用箭头表示投影方向，并标注字母；在断面图的上方应用同样字母标出相同的名称，如图 7-27b 中的 "A—A"。

2）配置在剖切线延长线上的不对称移出断面，可省略字母，如图 7-24 所示。

3）对称移出断面以及按投影关系配置的不对称移出断面，均可省略箭头，如图 7-27a 所示。

4）配置在剖切线延长线上的对称移出断面及配置在视图中断处的移出断面，均可省略标注，如图 7-24 和图 7-25 所示。

7.3.2　重合断面

画在视图内的断面称为重合断面，其轮廓线用细实线画出，如图 7-28 所示。

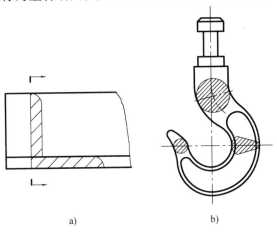

a)　　　　　　　　b)

图 7-28　重合断面图

因重合断面是画在视图内，所以只能在不影响图形清晰的情况下采用。而且当视图中的轮廓线与重合断面的图形重叠时，视图中的轮廓线仍需连续画出，不可间断，如图 7-28 所示。

重合断面直接画在视图内剖切位置处，标注时一律不用字母，一般只用剖切符号和箭头表示剖切位置和投影方向，如图 7-28a 所示。对称的重合断面图可省略标注，如图 7-28b 所示。

7.4　其他表达方法

7.4.1　局部放大画法

将机件的部分结构用大于原图形的比例画出，这种表达方法称为局部放大图。机件上的一些细小结构，由于图形过小表达不清或不便于标注尺寸时，可采用局部放大画法。

局部放大图可画成视图，也可画成剖视图或断面图，它与被放大部分的原表达方式无关，如图 7-29 所示。局部放大图应尽量配置在被放大部位的附近。

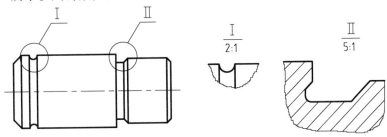

图 7-29　局部放大图

　　画局部放大图时，应用细实线圈出被放大部位，如有多处被放大，要用罗马数字依次标记，并在局部放大图上方标出相应的罗马数字和采用的比例。当机件上仅有一个需要放大部位时，在局部放大图的上方只需注明所采用的比例即可。

　　必须指出，局部放大图标出的比例是指图中图形与实物相应要素的线性尺寸之比，而与原图比例无关。

7.4.2　简化画法

　　GB/T 16675.1—2012 规定了若干简化画法。这些画法使图样清晰，有利于看图和画图。现将一些常用的简化画法介绍如下。

　　1）重复结构要素的简化画法。当机件具有若干形状相同且规律分布的孔、槽等结构时，可以仅画出一个或几个完整的结构，其余用点画线表示其中心位置，并将分布范围用细实线连接，如图 7-30 所示。

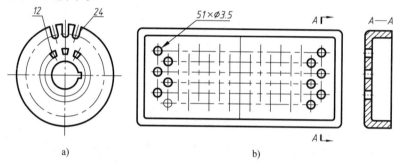

图 7-30　相同结构的简化画法

　　2）剖视图中的肋、轮辐等结构的简化画法。对于机件的肋、轮辐等，如按纵向剖切，通常按不剖绘制（不画剖面符号），而用粗实线将其与邻接部分分开，如图 7-31 和图 7-32 所示。

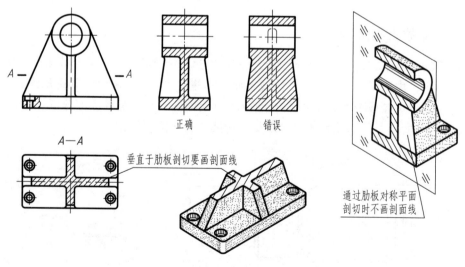

图 7-31　肋剖切画法

　　当机件回转体上均匀分布的肋、轮辐、孔等结构不处于剖切平面上时，可将这些结构旋

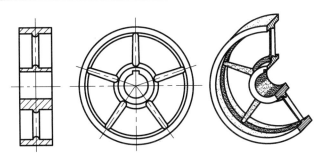

图 7-32　轮辐的剖切画法

转到剖切平面上画出，如图 7-33 所示。

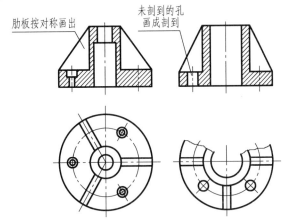

图 7-33　均匀分布的肋、孔等结构的简化画法

3）平面表示法。当平面在图形中不能充分表达时，可用平面符号（相交的细实线）表示，如图 7-34 所示。

图 7-34　用符号表示平面

4）对称机件的画法。对于对称机件的视图可只画一半或 1/4，并在对称中心线的两端画出两条与其垂直的平行细实线，如图 7-35 所示。

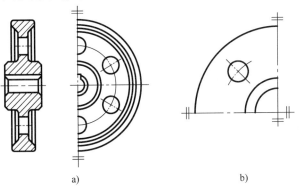

a)　　　　　　　　　　　　　　　　b)

图 7-35　对称机件的画法

5）较长机件的简化画法（断裂画法）。当较长的机件，如轴、杆、型材、连杆等，沿长度方向的形状一致或按一定规律变化时，可断开后缩短画出，但要标注实际尺寸，如图7-36所示。实心圆柱体和空心圆柱体还可以分别以图7-36c、d来表示。

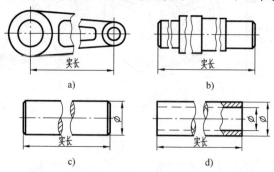

图7-36　较长机件的简化画法

6）小圆角、小倒角的简化画法。在不至于引起误解的前提下，零件图中的小圆角、锐边的倒角或45°小倒角允许省略不画，但必须注明尺寸或在技术要求中加以说明，如图7-37所示。

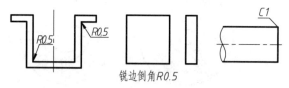

图7-37　小圆角、小倒角的简化画法

7）圆柱形法兰和类似的机件上均匀分布的孔可按图7-38所示方法表示。

8）在需要表示位于剖切平面前的结构时，这些结构用双点画线绘制，如图7-39所示。

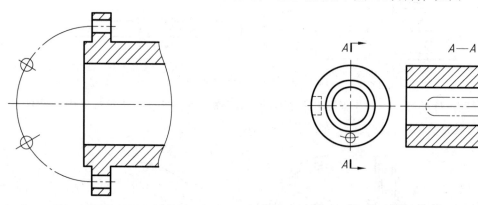

图7-38　均匀分布的孔的简化画法　　　　　图7-39　剖切平面前的结构的表达方法

9）零件上对称结构的局部视图可按图7-40所示的方法绘制，在不至于引起混淆的情况下，允许将交线用轮廓线代替。

10）与投影面倾斜角度小于或等于30°的圆或圆弧，其投影可用圆或圆弧代替，如图7-41所示。

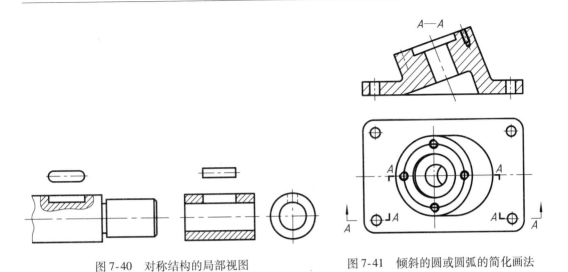

图 7-40　对称结构的局部视图　　　　　图 7-41　倾斜的圆或圆弧的简化画法

7.5　综合应用举例

在绘制图样时，确定机件表达方案的原则：在完整、清晰地表达机件各部分内外结构形状及相对位置的前提下，力求看图方便，绘图简单。特别是对内外形结构复杂的机件，应恰当选用视图、剖视、断面等表达方法，使图形清晰易看。下面举例说明。

例 7-1　图 7-42 所示为一机件的直观图，机件内的形状较为复杂，请运用正确的表达方法绘制机件的视图。

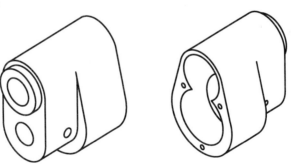

图 7-42　机件的直观图

从机件的直观图上可以看出，机件的正面外形简单，而内部孔腔形状较为复杂，因此主视图应采用全剖视图。考虑机件前方下部开有小孔，在左视图可采用局部剖表示。如仅采用主、左两个视图，则机件右边孔腔的形状和三个小孔的分布在左视图上看不见，因而画成虚线。这样在左视图上虚实线重叠在一起，显得很不清晰。因此再采用一个右视图，配置在主视图左边，则左视图上反映机件右端形状的虚线就可省略不画。采用主、左、右三个视图，可将机件内外形结构全部表达清楚。机件表达如图 7-43 所示。

例 7-2　图 7-44a 所示为一唧筒的壳体，机件结构较为复杂，请运用正确的表达方法绘制机件的视图，使图形清晰易看。

如图 7-44b 所示，主视图采用了两个相交的剖切平面对机件进行剖切，为 *A—A* 剖视。

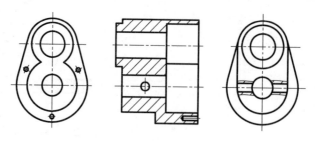

图 7-43　机件的表达（一）

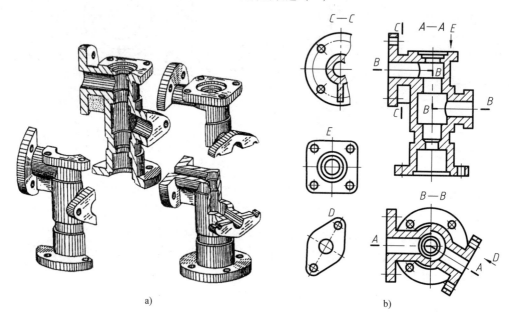

a)　　　　　　　　　　　　　　　b)

图 7-44　机件的表达（二）

a）机件直观图　b）唧筒壳体的视图表达

从而，将主体部分及左右凸缘部分的关系和内部结构都表达清楚了，并在俯视图标注了剖切位置。俯视图采用了几个平行的剖切平面对机件进行剖切，为 B—B 剖视。这样，可将两凸缘的相对位置及内部结构表达清楚。由于 B—B 剖视和 A—A 剖视放置在标准的配置位置，因而投影方向的箭头可省略。

由于 B—B 剖切平面将机件上端面切去，所以用局部视图 E 表示其上端面形状。

唧筒的左侧凸缘和肋板厚度用 C—C 剖视表达，斜视图 D 表示了右前方的凸缘。

唧筒左侧凸缘及底面圆盘有 4 个小孔，可采用简化画法将其中一个孔剖开并旋转到被 A—A 剖切平面剖切到的位置画出，以表示均为通孔。

应指出，合理地综合运用各种表达方法，完整、清晰地表达机件是十分重要的。同一机件可以采用多种方法表达，其各有优缺点，需要认真分析，择优选用。

7.6　计算机零件模型生成工程图

Pro/E 等常见的三维 CAD 软件均提供了功能强大的工程图模块。它能够根据创建好的零件模型生成相应的工程图，并且可以实现工程图上的尺寸标注和公差标注等。下面介绍

Pro/E 中生成工程图的方法与步骤。

（1）创建工程图文件

1）选择"文件"，单击"新建"命令，在弹出的对话框中输入文件名。
注意在"类型"选项中一定要选择文件类型为"绘图"，单击"确定"按钮。
在"缺省模式"下使用"浏览"命令搜索零件模型，并单击"确定"按钮。

2）在弹出的"新绘图"对话框中，可以设置格式，本图使用自己创建的格式文件。

（2）修改投影方式

在菜单栏上单击"文件"→"属性"命令，在弹出的命令菜单中选择"绘图选项"，系统弹出"选项"对话框。

在对话框中上下移动滚动条，找到并选择 Projection_type。单击 thire_angle 右侧的下拉箭头，在下拉列表中选择 firest_angle。这时"添加/更改"按钮变亮，单击该按钮则工程图的投影方式被更改。单击"应用"按钮，将投影方式设为第一角投影模式。

（3）创建主视图

在菜单栏上单击"插入"→"绘图视图"→"一般"命令。由于是第一个视图，因此只能创建一般视图。

在系统提示下，选择一点作为主视图的中心。系统弹出"绘图视图"对话框，在"视图类型"页面输入"名称"为"front view"。

选择定向方式为"几何参照"。设置"参照1"为"前"，并在零件模型中选择"Front"基准面。设置"参照2"为"顶"，并在零件模型中选择"Top"基准面。这样，模型中的 Front 基准面将显示为主视图的正面，而零件模型中选择 Top 基准面将垂直屏幕显示，并且正向朝上。

单击左侧列表中的"视图显示"，切换到"视图显示"页面。设置"显示线型"为"隐藏线"，"相切边显示样式"为"无"。

单击"确定"按钮，完成主视图设置。

（4）创建左视图和俯视图

选中刚才创建的主视图，单击"插入"→"绘图视图"→"投影"命令，并在主视图的右侧选择一点作为左视图的中心（该点的上下位置不超出主视图的上下投影范围），系统自动确定左视图。

双击该视图，在弹出的"绘图视图"对话框中更改视图名称为"left view"。

单击左侧列表中的"视图显示"，切换到"视图显示"页面。设置"显示线型"为"隐藏线"，"相切边显示样式"为"无"。单击"确定"按钮完成视图类型的修改。

用同样的方法，在主视图的下方选择一点作为俯视图的中心。双击该视图，在弹出的"绘图视图"对话框中更改视图名称为"top view"。

单击左侧列表中的"视图显示"，切换到"视图显示"页面。设置"显示线型"为"隐藏线"，"相切边显示样式"为"无"。

此时的工程图如图 7-45 所示。

（5）修改主视图的视图类型

将主视图修改为半剖视图。双击主视图，系统弹出"绘图视图"对话框。在右侧的列表中选择"剖面"。在"剖面选项"中选择"2D 截面"，单击"＋"按钮，系统弹出如

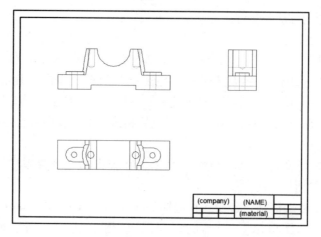

图 7-45　形成三视图

图 7-46 所示的创建剖面的菜单。接受系统默认的创建方式，单击 "完成" 命令。在系统提示行提示输入剖截面的名称 "A"，并按 〈Enter〉键。在俯视图中选择 Front 平面，使用该平面作为剖截面。

　　此时，"绘图视图" 中的 "名称" 显示 "A"。单击 "剖切区域" 右侧下拉箭头，在下拉列表中选择 "一半"，创建半剖视图。在主视图中单击 "RIGHT" 基准面，以该平面作为视图与剖视图的分界。使用系统默认的 "拾取侧" 作为剖视图部分。此时的 "绘图视图" 对话框如图 7-47 所示。

　　单击 "应用" 按钮将设置应用到视图中。

图 7-46　剖截面创建菜单

　　单击右侧的 "视图显示"，将 "绘图视图" 对话框切换到视图显示方式设置。设置 "显示线型" 为 "无隐藏线"，单击 "应用" 按钮将设置应用到视图中。

　　单击 "确定" 按钮完成视图类型的修改。

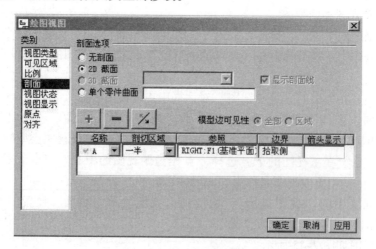

图 7-47　剖面设置

（6）更改工程图属性

Pro/E 软件的尺寸标注属性与国家标准不同，因此需要重新设置属性。方法同（2）中所示，修改以下选项的属性值。

allow ＿3d ＿dimensions　　　　　　YES

chamfer ＿45deg ＿leader ＿style　　　　＿STD ＿ISO

text orientation　　　　　PARALLEL ＿DIAM ＿HORIZ

（7）标注尺寸

在菜单栏中单击"编辑"→"显示与拭除"命令，在弹出的对话框中选择"显示"选项卡。单击 按钮，选择按照视图进行标注，并选择主视图和左视图作为尺寸标注视图，单击"关闭"按钮，即可在视图中加入相应的标注。利用调整尺寸、修改尺寸的方法，对标注的尺寸进行修改和位置的调整，调整好的视图如图7-48所示。

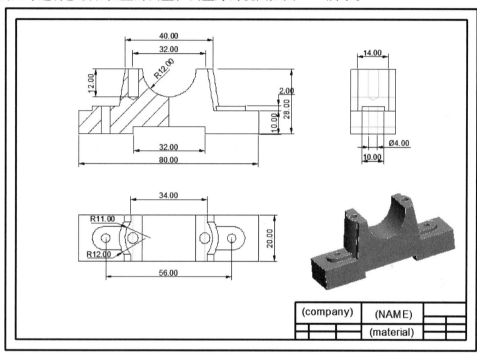

图 7-48　工程图

思　考　题

1. 局部视图与斜视图的画法有何区别？

2. 举例说明全剖与半剖的应用范围有何区别？

3. 标注局部剖的断裂边界时应注意哪些问题？

4. 移出断面的画法中有哪些特殊规定？

第8章 标准件与常用件

【本章主要内容】

- 螺纹和螺纹紧固件
- 键
- 销
- 滚动轴承
- 齿轮
- 弹簧
- 焊接件
- 使用 Auto CAD 插入块的方法绘制螺纹紧固件

在工程上，紧固件、传动件和支撑件，如螺栓、螺钉、螺母、键、销、轴承等，是被经常使用的零件。由于这些零件或组件应用广泛，为了减轻设计负担，提高产品质量和生产率，便于专业化批量生产，国家对其中部分零件从结构形式、尺寸大小、加工要求、表达方法等进行了标准化规定，这样的零（部）件，称为标准件，如螺纹紧固件、键、销、滚动轴承等。还有些零件只对其结构和重要参数进行了标准化，称为常用件，如齿轮、弹簧等。

为了提高绘图效率和便于看图，国家标准对于标准件、常用件的画法做了具体规定，不完全按照它们的真实投影画图，而是运用一些简化和示意的画法及标记表示。因此，画图时必须严格遵守相关的国家标准，并学会查阅有关的标准手册。

本章主要介绍螺纹、螺纹紧固件、销、键、滚动轴承、齿轮、弹簧和焊接件的基本知识、规定画法和标记。

8.1 螺纹和螺纹紧固件

8.1.1 螺纹

螺纹是在圆柱或圆锥台表面上按螺旋线加工所形成的连续凸起和沟槽。螺纹是螺栓、螺母、螺钉等标准件上的主要结构。在圆柱（圆锥）外表面上的螺纹叫外螺纹，在圆柱（圆锥）内表面上的螺纹叫内螺纹。

1. 螺纹的形成

加工螺纹的方法很多，如图 8-1 所示为在车床上加工螺纹的情况。加工直径较小的内螺纹时，先用钻头钻孔，再用丝锥加工内螺纹，如图 8-2 所示。

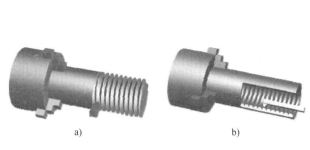

图 8-1　车制螺纹

a）加工外螺纹　b）加工内螺纹

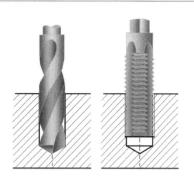

图 8-2　丝锥加工内螺纹

2. 螺纹的基本要素

（1）牙型

在通过螺纹轴线的剖面上，螺纹的轮廓形状称为牙型。牙型有三角形、梯形、锯齿形等。不同牙型的螺纹有不同的用途，常用的标准螺纹牙型及代号见表 8-1。

8-1　螺纹的要素

表 8-1　常用标准螺纹牙型及代号

螺纹名称及牙型代号	牙　型	用　途	说　明
粗牙普通螺纹 细牙普通螺纹 M	60°	一般联接用粗牙普通螺纹，薄壁零件的联接用细牙普通螺纹	螺纹大径相同时，细牙螺纹的螺距和牙型高度都比粗牙螺纹的螺距和牙型高度小
55°非密封管螺纹 G	55°	常用于电线管等不用密封的管路系统中的联接	螺纹如另加密封结构后，密封性能好，可用于高压的管路系统
55°密封管螺纹 Rc Rp R_1 或 R_2	1:16　55°	常用于日常生活中的水管、煤气管、润滑油管等系统中的联接	Rc：圆锥内螺纹、锥度1:16 Rp：圆柱内螺纹 R_1：与圆柱内螺纹相配合的圆锥外螺纹，锥度1:16 R_2：与圆锥内螺纹相配合的圆锥外螺纹，锥度1:16

（续）

螺纹名称及牙型代号	牙　型	用　途	说　明
梯形螺纹 Tr		多用于各种机床的传动丝杠	作双向动力传递
锯齿形螺纹 B		用于螺旋压力机的传动丝杠	作单向动力传递

（2）直径

螺纹的直径包括大径（d，D）、小径（d_1，D_1）、中径（d_2，D_2），如图 8-3 所示。外螺纹的直径用小写字母表示，内螺纹直径用大写字母表示。

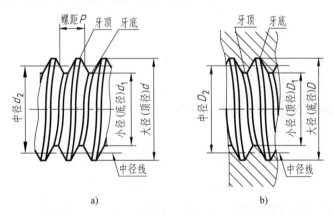

图 8-3　螺纹的各部分名称

a）外螺纹　b）内螺纹

大径是指与外螺纹牙顶或内螺纹牙底相切的假想圆柱直径。

小径是指与外螺纹牙底或内螺纹牙顶相切的假想圆柱直径。

中径是指通过牙型上的沟槽宽度与凸起宽度相等处的假想圆柱直径。

螺纹大径也称为公称直径。但是管螺纹例外，管螺纹的公称直径是管子的通径。

（3）线数 n

螺纹有单线或者多线之分。沿一条螺旋线所形成的螺纹称为单线螺纹，如图 8-4a 所示；沿两条或两条以上在轴向等距分布的螺旋线所形成的螺纹称为多线螺纹，如图 8-4b 所示为双线螺纹。

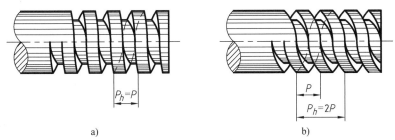

图 8-4　螺纹的线数、螺距和导程

a）单线螺纹　b）双线螺纹

（4）螺距 P 和导程 P_h

螺纹上相邻两牙在中径线上对应两点间的轴向距离，称为螺距，如图 8-4 所示。同一条螺旋线上相邻两牙在中径线上对应两点间的轴向距离，称为导程，如图 8-4 所示。

对于单线螺纹，导程 = 螺距（$P_h = P$）；对于多线螺纹，导程 = 线数×螺距（$P_h = nP$）。

（5）旋向

当螺纹以顺时针方向旋转为旋进时是右旋螺纹，反之为左旋螺纹，如图 8-5 所示。

内外螺纹相配合时，它们的基本要素必须全部相同。

3. 螺纹的工艺结构

（1）螺纹末端

为了便于装配并防止螺纹起始圈损坏，通常在螺纹的起始端加工出一定的形式，如倒角、倒圆等，如图 8-6 所示。

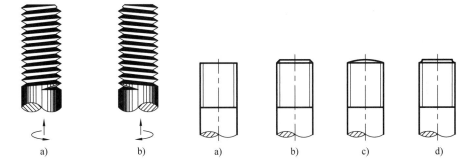

图 8-5　螺纹的旋向

a）右旋螺纹　b）左旋螺纹

图 8-6　螺纹的末端形式

a）平端　b）倒角　c）球头　d）圆角

（2）螺纹的收尾和退刀槽

车削螺纹时，在接近螺纹末尾处，刀具要逐渐离开工件，因此，螺纹末尾部分的牙型是不完整的，如图 8-7 所示。有时，为了避免产生螺尾，可以在螺纹末尾预先加工出一个退刀槽，然后再进行螺纹车削，如图 8-8 所示。

图 8-7　螺纹收尾　　　　　　　　　　图 8-8　螺纹退刀槽

4. 螺纹的分类

螺纹按其用途可分为连接螺纹和传动螺纹两大类。连接螺纹起连接作用，用于将两个或多个零件连接起来，如粗牙普通螺纹、细牙普通螺纹、圆柱管螺纹、圆锥管螺纹等；传动螺纹用于传递运动和动力，如梯形螺纹和锯齿形螺纹等。

8-2　螺纹的分类

螺纹按其是否符合国家标准，可分为标准螺纹、特殊螺纹和非标准螺纹。国家标准对螺纹的牙型、大径和螺距做了规定。凡是三项都符合标准的称为标准螺纹；只有牙型符合规定，大径或螺距不符合标准的称为特殊螺纹；牙型不符合标准的称为非标准螺纹。

5. 螺纹的规定画法

（1）外螺纹的画法

如图8-9所示，在投影为非圆的视图上，外螺纹的大径画成粗实线，小径画成细实线。实际画图时小径通常画成大径的0.85倍（实际尺寸可在附录有关表中查到），螺纹的终止线用粗实线绘制。在投影为圆的视图上，用粗实线画螺纹的大径，用3/4圈圆弧的细实线画小径，倒角圆省略不画。

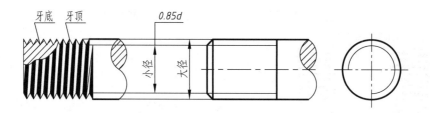

图8-9　外螺纹的画法

图8-10表示非实心杆件上的外螺纹的剖视画法。剖切后的螺纹终止线只画表示螺纹牙高的一小段粗实线，并且剖面线必须画到表示螺纹大径的粗实线为止。

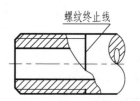

图8-10　外螺纹的剖视画法

（2）内螺纹的画法

如图8-11所示，在投影为非圆的视图上，小径用粗实线画出，大径用细实线画出。螺纹的终止线用粗实线绘制，剖面线画到牙顶的粗实线处。如果采用不剖画法，则大径、小径和螺纹终止线都画虚线，如图8-12所示。在投影为圆的视图上，小径画成粗实线，大径画3/4圈圆弧的细实线，倒角圆省略不画。对于不穿通的螺孔（也称盲孔），钻孔深度与螺孔深度的差值一般为$(5\sim6)P$，画图时取$0.5d$，钻孔孔底的顶角应画成120°。

（3）螺纹连接的画法

内、外螺纹连接一般以剖视表示，其旋合部分按外螺纹画出，其余部分仍按各自的画法表示，如图8-13所示。画图时应注意内外螺纹的大小径分别对齐。

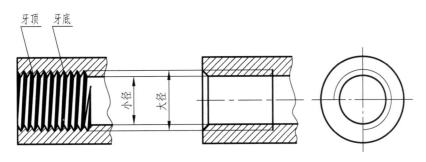

图 8-11　内螺纹的画法

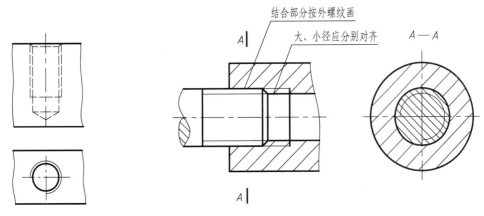

图 8-12　不可见螺纹的画法　　　　　图 8-13　螺纹的连接画法

6. 螺纹的标注

螺纹采用规定画法后，还应注写标记。螺纹的完整标记如下。

螺纹特征代号　尺寸代号 – 螺纹公差带代号 – 螺纹旋合长度代号 – 旋向代号。

（1）螺纹特征代号

　　螺纹特征代号见表 8-1，例如锯齿形螺纹特征代号用字母"B"表示。

（2）尺寸代号

尺寸代号形式为

公称直径 × 螺距

1）粗牙普通螺纹螺距省略标注。

2）当为多线螺纹时，普通螺纹在"螺距"处表示为：P_h 导程 P 螺距；梯形螺纹表示为：导程（P 螺距）。

（3）螺纹公差带代号

螺纹公差带代号由公差等级数字和基本偏差符号组成，表示螺纹的加工精度要求，内螺纹用大写字母，外螺纹用小写字母，一般注写中径和顶径的公差带。有关公差等级和基本偏差的概念，将在第 9 章中介绍。

（4）螺纹旋合长度代号

螺纹旋合长度分为长、中等、短三个等级，分别用 L、N、S 表示，必要时可以标注指定的旋合长度数值。该代号表示保证螺纹精度的长短，中等旋合长度 N 不用标注。

（5）右旋螺纹不注旋向

当为左旋螺纹时，在"旋向"处标注"LH"。左旋的梯形螺纹和锯齿形螺纹的"LH"放在尺寸代号中"螺距"的后方，不用连接符。

螺纹标注时，尺寸界限从大径处引出。管螺纹的公称直径是指管子的通径，用其英寸数值表示。因此，管螺纹标注时，必须用引出线从大径引出标注。

常用标准螺纹的标注示例如表 8-2 所示。

表 8-2　常用标准螺纹标注示例

螺纹类别		牙型符号	标 注 示 例	说　　明
普通螺纹		M	*M20-5g6g-S*	粗牙普通螺纹，大径 20mm，螺距 2.5mm（查表得到），右旋；螺纹中径公差带代号为 5g，顶径为 6g；短旋合长度
			M24x1-6H	细牙普通螺纹，大径 24mm，螺距 1mm，右旋；螺纹中径、顶径公差带代号为 6H；旋合长度为中等
55°非密封管螺纹		G	*G1A*　*G1*	尺寸代号为 1 的 55°非密封圆柱管螺纹，A 表示外螺纹等级
55°密封管螺纹	圆柱内螺纹	Rp	*R_p1*	尺寸代号为 1 的圆柱内管螺纹
	圆锥螺纹	Rc（内螺纹）、R_2（外螺纹）	*Rc1/2*　*R_21/2*	尺寸代号为 $\frac{1}{2}$ 的 55°密封圆锥管螺纹

（续）

螺纹类别	牙型符号	标 注 示 例	说　　明
梯形螺纹	Tr	*Tr32x12(P6)LH-7H*　*Tr32x12(P6)LH-6h*	梯形螺纹，双线，大径 32mm，导程 12mm，螺距 6mm，左旋；螺纹中径公差带代号为 7H（6h）；旋合长度为中等
锯齿形螺纹	B	*B32x6LH*	锯齿形螺纹，大径 32mm，单线，螺距 6mm，左旋；旋合长度为中等

标注特殊螺纹时，必须在牙型符号前加注"特"字，并标出大径和螺距，如图 8-14 所示。标注非标准螺纹时，必须画出牙型并标注全部尺寸，如图 8-15 所示。

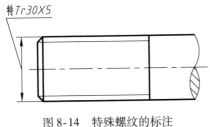

图 8-14　特殊螺纹的标注

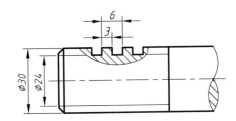

图 8-15　非标准螺纹的标注

8.1.2　常见的螺纹紧固件连接

1. 螺纹紧固件及标注

利用螺纹的旋紧作用将两个或两个以上的机件紧固在一起的有关零件称为螺纹紧固件。由于螺纹紧固件拆装方便、连接可靠，所以在机器中得到了广泛应用。常见的螺纹紧固件有螺栓、双头螺柱、螺钉、螺母和垫圈等。螺纹紧固件属于标准件，在装配图和技术资料中需要注写其标记代号。

螺纹紧固件的标记形式如下。

　　　　　　　　紧固件名称　国家标准编号 – 规格尺寸

例如：螺栓 GB/T 5782—2016 – M12 × 100

查书后附录可知，它表示该紧固件是 A 级六角头螺栓，螺纹规格 $d = 12$，公称长度为 100mm。

标注时也可省去标准的年份，上面的螺栓也可简化标记为

　　　　　　　　螺栓　GB/T 5782　M12 × 100

表 8-3 列举了一些常用的螺纹紧固件及其规定标记。

表 8-3　螺纹紧固件及其规定标记

名称及标记	名称及标记
六角螺栓 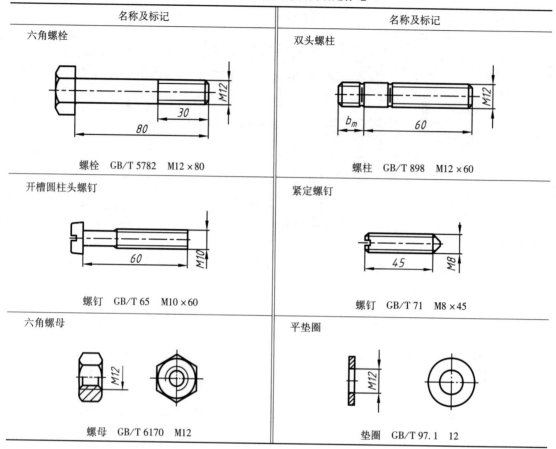	双头螺柱
螺栓　GB/T 5782　M12×80	螺柱　GB/T 898　M12×60
开槽圆柱头螺钉	紧定螺钉
螺钉　GB/T 65　M10×60	螺钉　GB/T 71　M8×45
六角螺母	平垫圈
螺母　GB/T 6170　M12	垫圈　GB/T 97.1　12

2. 螺纹紧固件的连接形式

图 8-16 所示是常见的三种连接形式。

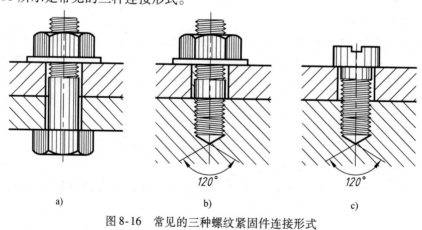

a)　　　　　　　　b)　　　　　　　　c)

图 8-16　常见的三种螺纹紧固件连接形式
a) 螺栓连接　b) 双头螺柱连接　c) 螺钉连接

（1）螺栓连接

如图 8-16a 所示，螺栓连接适用于两个不太厚的零件之间的连接。在两个被连接的零件上钻通孔（孔径略大于螺栓直径），穿入螺栓，套上垫圈（起改善零件之间的接触状况和保护零件表面的作用），拧紧螺母即可将两个被连接零件连接在一起。

（2）双头螺柱连接

如图 8-16b 所示，当被连接件中有一个较厚，不宜用螺栓连接时可以采用双头螺柱连接。在不太厚的零件上钻通孔，在较厚的零件上加工出不通的螺孔。双头螺柱的两端都带有螺纹，其一端旋入较厚零件的螺孔中（该端称为旋入端，必须将螺纹全部旋入螺孔），另一端穿过不太厚零件的通孔（该端称为紧固端，用于紧固螺母），套上垫圈，拧紧螺母即可。可以看出双头螺柱的上半部分连接情况与螺栓连接相同。

8-3　螺栓连接

双头螺柱连接在拆卸时，只需拆下紧固端的零件，不必拆卸螺柱，因而不易损伤螺孔。

（3）螺钉连接

如图 8-16c 所示，螺钉连接与螺柱连接相似。在不太厚的零件上钻通孔，在较厚的零件上加工出不通的螺孔。将螺钉穿过通孔旋入螺孔内，直接用螺钉压紧被连接零件。为了保证螺钉头能压紧被连接件，螺钉的螺纹部分应有足够的长度。

8-4　双头螺柱连接

拆卸螺钉时，需将螺钉旋出，但易损伤螺纹，故螺钉连接主要用于受力不大，不常拆卸处。

3. 螺纹紧固件连接的画法

（1）螺纹紧固件连接的画法必须满足装配图的规定画法

1）两零件的接触面只画一条公共轮廓线，不得特意加粗；非接触面应画两条线，以表示有间隙。

2）两相邻金属零件的剖面线倾斜方向应相反。

3）当剖切平面通过螺纹连接件的轴线时，标准件按不剖绘制。

（2）比例画法

在画螺纹紧固件连接图时，一般按与螺纹大径成一定比例的方法来确定紧固件各部分的尺寸。其中六角螺母和螺栓的六角头端部的双曲线用圆弧近似画出。紧固件的有效长度应根据计算结果按照国家标准取相近的标准值。这种画法称为比例画法。

图 8-17 所示为螺栓连接的比例画法。其中螺栓有效长度 $L \approx \delta_1 + \delta_2 + b + H + a$，$\delta_1$、$\delta_2$ 是被连接件厚度。

（3）简化画法

在螺纹紧固件连接画法中通常省略倒角和六角头的双曲线，称为螺纹紧固件连接的简化画法。图 8-18a、b 分别表示了双头螺柱和圆柱头螺钉连接的简化画法，各参数的取值参考图 8-17。螺栓连接的简化画法见 8.8 节。

画双头螺柱连接装配图时，需要注意以下几个问题。

1）双头螺柱旋入被连接零件的长度 b_m 与被连接零件的材料有关，b_m 的取值参见表 8-4。

2）双头螺柱的有效长度 $L \approx \delta + b + H + a$，不包含旋入端长度 b_m。

3）旋入端应该全部旋入螺孔，所以旋入端的螺纹终止线应与螺孔端面平齐。

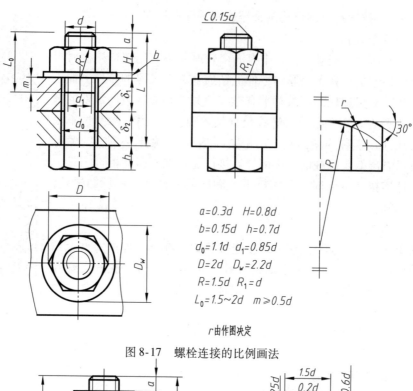

$a=0.3d$　$H=0.8d$
$b=0.15d$　$h=0.7d$
$d_0=1.1d$　$d_1=0.85d$
$D=2d$　$D_w=2.2d$
$R=1.5d$　$R_1=d$
$L_0=1.5\sim2d$　$m\geqslant0.5d$

r 由作图决定

图 8-17　螺栓连接的比例画法

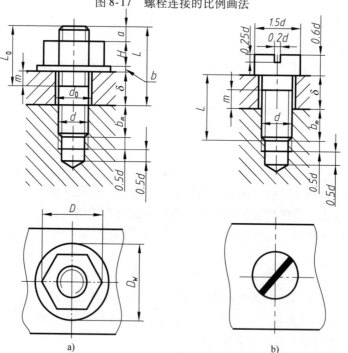

a)　　　　　　　　　　b)

图 8-18　双头螺柱和圆柱头螺钉连接的简化画法

表 8-4　旋入长度 b_m 取值

被旋入零件材料	旋入长度 b_m
钢、青铜	d
铸铁	$1.25d$ 或 $1.5d$
铝	$b_m=2d$

画螺钉连接装配图时，需要注意以下几个问题。

1）螺钉的有效长度 $L \approx \delta + b_m$，b_m 的取值参见表 8-4。

2）螺钉杆上的螺纹长度应大于旋入深度，因此螺纹终止线应高出螺纹孔端面。

3）螺钉头部的螺钉槽在垂直于螺钉轴线的投影图上画成加粗的粗实线，且与中心线成 45°斜角。

（4）紧定螺钉的画法

紧定螺钉起固定两个零件相对位置的作用。如图 8-19 所示为开槽锥端紧定螺钉的连接画法，螺钉钉尾 90°角锥端要与轴上 90°角的锥坑压紧。

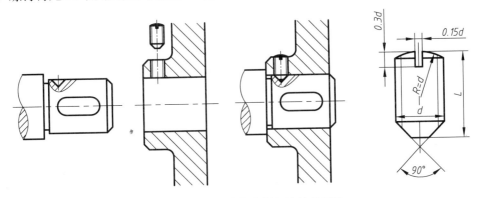

图 8-19　开槽锥端紧定螺钉连接的画法

8.2　键

键用于连接轴和轴上的传动件（如带轮、齿轮等），保证两者同步旋转以传递转矩和旋转运动，如图 8-20 所示。

8-5　键的功用、种类及标记

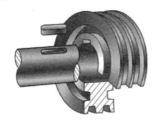

图 8-20　键联结

8.2.1　键的标记和画法

键是标准件，常用的键有普通平键、半圆键、钩头楔键等，如图 8-21 所示。

图 8-21　常用的键

键的标记代号形式为

国家标准代号　键　宽度×高度×长度。

例如：GB/T 1096—2003　键 $16 \times 10 \times 100$，表示键宽 $b = 16mm$，键高 $h = 10mm$，键长 $L = 100mm$，国家标准代号为 GB/T 1096—2003。

8.2.2　键槽的画法和尺寸标注

键槽分轴上的键槽和轮毂上的键槽两种，如图 8-22 所示。相同轴径时轴上键槽的深度 t_1 和轮毂键槽深度 t_2 不等。轴上键槽的画法和尺寸标注如图 8-22a 所示；轮毂上键槽的画法和尺寸标注如图 8-22b 所示。在设计时键槽的宽度和深度都可以根据轴径大小由国家标准确定。

8-6　键的画法

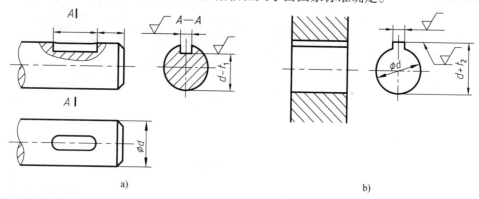

a)　　　　　　　　　　　　　　　　b)

图 8-22　键槽尺寸的标注
a）轴上键槽　b）轮毂上键槽

8.2.3　键的联结画法

常用键的联结画法如图 8-23 ~ 图 8-25 所示。画剖视图时，当剖切平面通过键的纵向对称面时，键按照不剖处理；当剖切面垂直于轴线时，仍按照剖切处理。普通平键和半圆键的两个侧面为工作面，顶面为非工作面，键的顶面和轮毂上键槽的底面有间隙。如图 8-23 和图 8-24 所示。

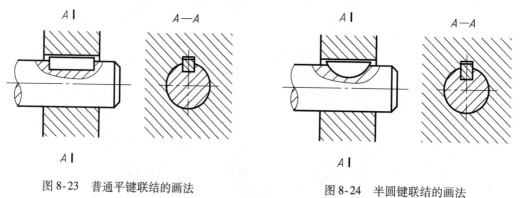

图 8-23　普通平键联结的画法　　　　　图 8-24　半圆键联结的画法

楔键的上下两面是工作面，因此画图时上下接触面均为一条线，如图 8-25 所示。

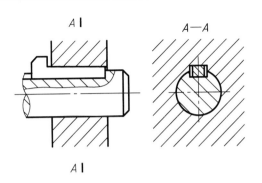

图 8-25　钩头楔键联结的画法

8.3　销

8-7　销

销一般用于零件间的联接和定位。常见的有圆柱销、圆锥销和开口销三种，如图 8-26 所示。

销是标准件，标记形式为

销　标准编号　公称直径×长度。

图 8-26　销

a）圆柱销　b）圆锥销　c）开口销

表 8-5 列出了常用销的形式和标记示例。

表 8-5　销的形式和标记示例

名称及标准号	图　　例	标记和说明
圆柱销 GB/T 119.1—2000	∅16　70	销 GB/T 119.1　16m6×70 表示公称直径为 16mm、公差为 m6、公称长度为 70mm、材料为钢、不经表面处理的圆柱销
圆锥销 GB/T 117—2000	1:50　∅16　70	销 GB/T 117　16×70 表示公称直径为 16mm、公称长度为 70mm、材料为 35 钢、热处理硬度 28~38HRC、表面氮化处理圆锥销
开口销 GB/T 91—2000	50　10　d	销 GB/T 91　10×50 表示公称规格为 10mm、公称长度为 50mm、不经表面处理的开口销

销孔一般在装配时加工,通常是对两个被连接件一同钻孔和铰孔,以保证相对位置的准确性,这个要求应在零件图上注明,如图 8-27 所示。销的联接画法如图 8-28 所示。图 8-28a 是圆柱销联接图,图 8-28b 是圆锥销联接图。

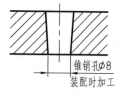

图 8-27　锥销孔的尺寸标注

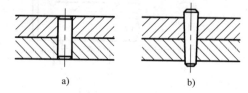

a)　　　　　　b)

图 8-28　销联接的画法
a）圆柱销　b）圆锥销

8.4　滚动轴承

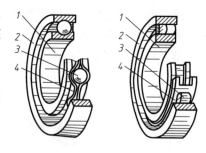

滚动轴承是用来支撑轴的标准部件,具有摩擦力小、效率高、结构紧凑、维护简单等优点,因而在机器中被广泛使用。它的形式和规格很多,但一般由内圈、外圈、滚动体(如滚珠、滚柱)和保持架(隔离圈)组成,如图8-29 所示。在一般情况下,内圈装在轴上并随轴一起转动,外圈装在机体上固定不动。

滚动轴承按其工作时承受载荷情况不同分为三类:向心轴承——主要承受径向载荷;推力轴承——只承受轴向载荷;向心推力轴承——同时承受径向和轴向载荷。

图 8-29　滚动轴承的结构
1—内圈　2—外圈　3—滚珠　4—保持架

8.4.1　滚动轴承的画法

滚动轴承是标准部件,国家标准给出了 3 种画法,即规定画法、特征画法和通用画法。

1. 规定画法和特征画法

需要详细表达轴承主要结构时,可采用规定画法;仅需要简单表达时,可采用特征画法。画图时,根据给定的轴承代号,从国家标准查出外径 D、内径 d、宽度 $B(T)$ 3 个主要尺寸,具体画法见表 8-6。

8-8　轴承画法

表 8-6　常用滚动轴承的画法

轴承类型	结构形式	规定画法	特征画法
深沟球轴承 GB/T 276—2013	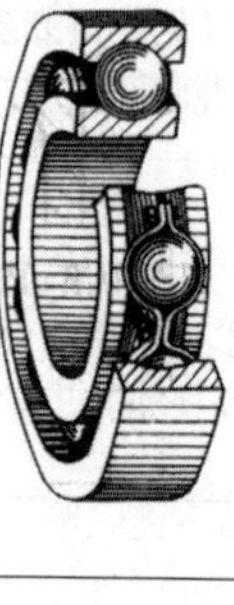	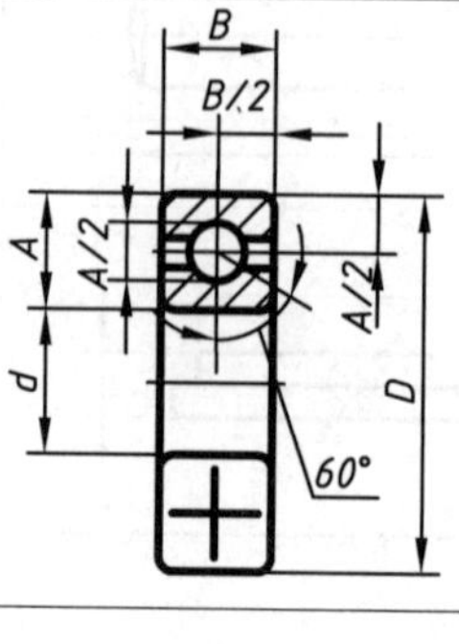	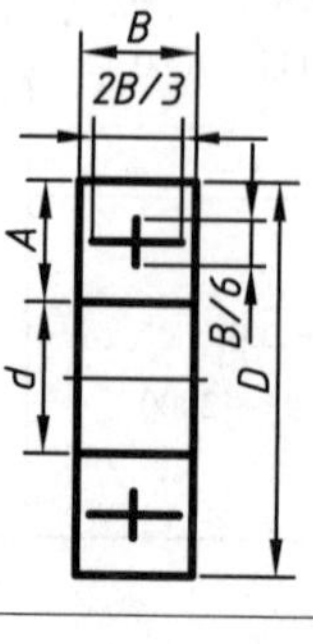

（续）

轴承类型	结构形式	规定画法	特征画法
推力球轴承 GB/T 301—2015		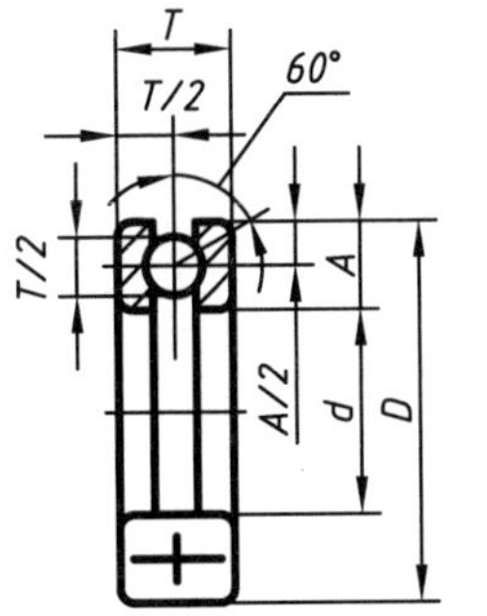	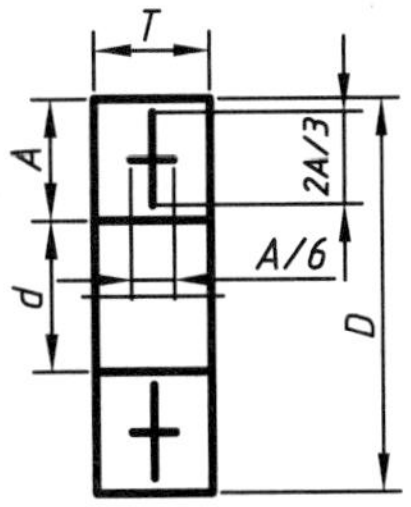
圆锥滚子轴承 GB/T 297—2015	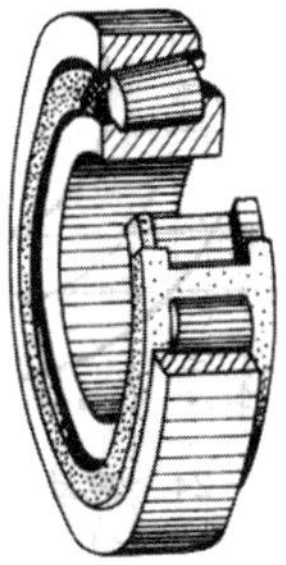	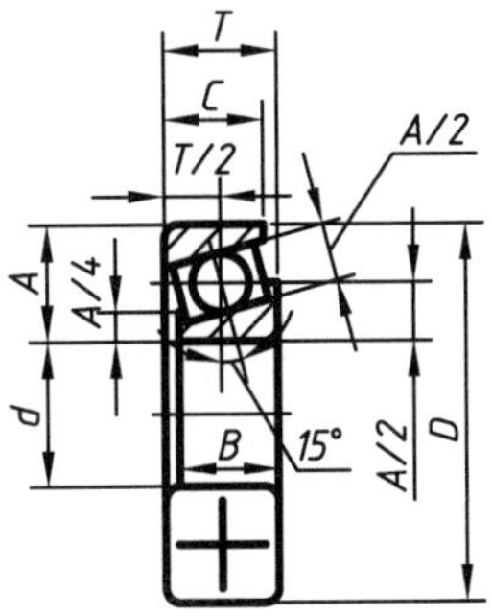	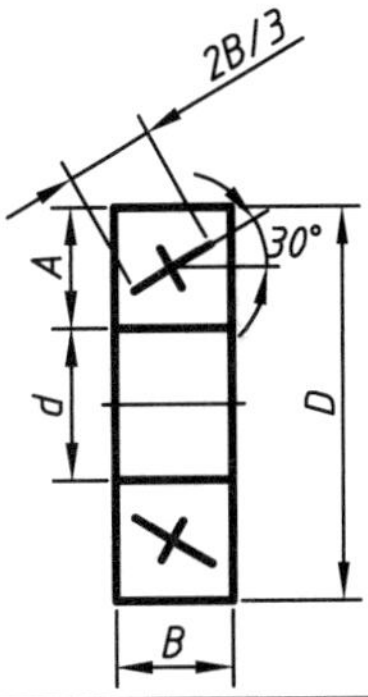

2. 通用画法

当不需要确切地表示轴承的外形轮廓、载荷特性、结构特征时，只需按照通用画法画出即可，如图 8-30 所示。

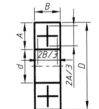

图 8-30　滚动轴承的通用画法

8.4.2　滚动轴承的代号和标记

1. 滚动轴承的代号和标记

滚动轴承的代号由基本代号和补充代号组成，基本代号表示轴承的基本结构、尺寸、公差等级、技术性能等特征。补充代号包括前置代号、后置代号，是轴承在结构形状、尺寸、公差和技术要求等有改变时，在基本代号前、后添加的代号。前置代号和后置代号的有关规定可以查阅相关手册，这里主要介绍基本代号的内容。

滚动轴承的基本代号由轴承类型代号、尺寸系列代号和内径代号组成。

轴承类型代号用数字或者字母表示，表 8-7 给出部分轴承的类型代号。

表 8-7　部分轴承类型代号

代号	轴 承 类 型	代号	轴 承 类 型
0	双列角接触球轴承	5	推力球轴承
1	调心球轴承	6	深沟球轴承
2	调心滚子轴承和推力调心滚子轴承	7	角接触球轴承
3	圆锥滚子轴承	8	推力圆柱滚子轴承
4	双列深沟球轴承	N	圆柱滚子轴承

为了适应不同的受力情况，在内径一定时，轴承有不同的宽（高）度和不同的外径尺寸，它们组成一定的系列，称为轴承的尺寸系列。例如深沟球轴承的尺寸系列代号有 17、37、18、19、(1)0、0(2) 等。

轴承的内径代号见表8-8。

表8-8　常用滚动轴承的内径代号

轴承公称内径/mm		内径代号	说　明
10 ~ 17	10	00	深沟球轴承6200 $d=10$mm
	12	01	
	15	02	
	17	03	
20 ~ 480 （22、28、32 除外）		公称直径除以5的商数，当商数为个位数时，在商数左侧加"0"，如08	深沟球轴承6208 $d=40$mm
22、28、32		用公称内径毫米数直接表示，但在与尺寸系列代号之间用"/"分开	深沟球轴承62/22 $d=22$mm

2. 滚动轴承的标记

滚动轴承的标记由轴承名称、轴承代号和标准编号三部分组成。标注示例如下。

滚动轴承　6218　GB/T 276

6——类型代号，表示深沟球轴承。

2——尺寸系列代号"02"，其中"0"为宽度系列代号，按规定省略未写，"2"为直径系列代号。

18——内径代号，表示该轴承的内径为 $18 \times 5 = 90$mm。

滚动轴承　51310　GB/T 301

5——类型代号，表示推力球轴承。

13——尺寸系列代号。

10——内径代号，表示该轴承的内径 $d = 50$mm。

8.5　齿轮

齿轮是常用件，在机器中用来传递运动或动力、改变转速和方向。

常用齿轮的传动形式有圆柱齿轮、锥齿轮、蜗轮和蜗杆等，如图8-31所示。

图8-31　常用齿轮的传动形式

　　圆柱齿轮用于两平行轴间的传动；锥齿轮用于两相交轴间的传动，一般情况下两轴相交成直角；蜗轮和蜗杆用于垂直交错两轴之间的传动。

　　圆柱齿轮有直齿、斜齿和人字齿。锥齿轮有直齿和斜齿等。

　　常见的齿形曲线有渐开线和摆线等。渐开线齿廓易于制造、便于安装，因而使用较为广泛。

　　齿轮分标准齿轮和非标准齿轮，本节仅介绍渐开线标准直齿圆柱齿轮的基本知识和规定画法。

8.5.1　标准直齿圆柱齿轮各部分的名称、主要参数和尺寸关系

　　图 8-32 所示为一对啮合的标准直齿圆柱齿轮各部分名称和尺寸关系。

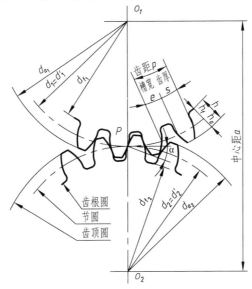

图 8-32　标准直齿圆柱齿轮各部分名称和尺寸关系

1. 节圆和分度圆

　　O_1、O_2 分别为两啮合齿轮的圆心，两齿轮的齿廓在 O_1O_2 连线上的啮合接触点为 P。以 O_1、O_2 为圆心，O_1P、O_2P 为半径分别作圆，齿轮传动可以假想是这两个圆做无滑动的纯滚动，这两个圆称为节圆，其半径以 d' 表示。

　　对单个齿轮来说，设计、制造时计算尺寸和作为分齿依据的圆称为分度圆，其直径以 d 表示。

　　一对正确安装的标准齿轮，其分度圆是相切的，即分度圆与节圆重合，两圆直径相等，即 $d = d'$。

2. 齿距 p 和模数 m

　　分度圆上相邻两齿对应点之间的弧长，称为分度圆齿距，以 p 表示。两啮合齿轮的齿距应相等。每个轮齿齿廓在分度圆上的弧长，称为齿厚，以 s 表示。相邻轮齿之间的齿槽在分度圆上的弧长，称为槽宽，以 e 表示。在标准齿轮中，齿厚与槽宽各为齿距的一半，即 $s = e = p/2$。

以 z 表示齿轮的齿数，则分度圆周长 $\pi d = zp$。即 $d = \dfrac{p}{\pi}z$，令 $\dfrac{p}{\pi} = m$，则 m 称为齿轮的模数。因为式中 π 是常数，所以模数 m 反映了齿距 p 的大小，而齿距 p 决定了轮齿的大小。

模数是设计和制造齿轮的一个重要参数，已经标准化，见表 8-9。

表 8-9　齿轮标准模数系列（摘自 GB/T 1357—2008）

第一系列	1　1.25　1.5　2　2.5　3　4　5　6　8　10　12　16　20　25　32　40　50
第二系列	1.125　1.375　1.75　2.25　2.75　3.5　4.5　5.5　(6.5)　7　9　11　14　18　22　28　36　45

注：选用模数时，应优先采用第一系列，括号内的值尽可能不用。

3. 齿顶圆直径 d_a、齿根圆直径 d_f、齿顶高 h_a、齿根高 h_f、齿全高 h

通过齿顶、齿根所作的圆分别为齿顶圆和齿根圆，它们的直径分别为 d_a、d_f 表示。齿顶圆与分度圆、齿根圆与分度圆、齿顶圆与齿根圆之间的径向距离，分别称为齿顶高 h_a、齿根高 h_f 和齿全高 h。

标准直齿圆柱齿轮各部分基本尺寸都与模数成一定的比例关系，见表 8-10。

表 8-10　标准直齿圆柱齿轮各部分尺寸关系

名称符号	计算公式	名称符号	计算公式
分度圆直径 d	$d = mz$	齿根圆直径 d_f	$d_f = d - 2h_f = m(z - 2.5)$
齿顶高 h_a	$h_a = m$	齿距 p	$p = \pi m$
齿根高 h_f	$h_f = 1.25m$	中心距 a	$a = (d_1 + d_2)/2 = m(Z_1 + Z_2)/2$
齿全高 h	$h = h_a + h_f = 2.25m$		
齿顶圆直径 d_a	$d_a = d + 2h_a = m(z + 2)$	压力角 α	$\alpha = 20°$

8.5.2　圆柱齿轮的画法

GB/T 4459.2—2003 规定了齿轮的画法，齿轮的轮齿部分按下列规定绘制。

1）齿顶圆及齿顶线用粗实线绘制。

2）分度圆、分度线及啮合齿轮的节圆、节线用点画线绘制。

3）齿根圆及齿根线用细实线绘制或者省略不画，在剖视图上用粗实线绘制。

1. 单个圆柱齿轮的画法

单个圆柱齿轮的画法如图 8-33 所示。一般用两个视图来表示齿轮的结构形状：一个为轴线平行于投影面的视图，如图 8-33a、b、c、d 所示；另一个为轴线垂直于投影面的视图，如图 8-33e 所示。平行于投影面的视图一般情况下采用剖视表达（此时剖切平面通过齿轮轴线，规定轮齿部分按不剖处理，齿根线应画成粗实线），如图 8-33a 所示，也可以采用外形视图表示，如图 8-33b 所示。若为斜齿或人字齿圆柱齿轮，则应在视图中（未剖切部分）画出三条平行齿向的细实线（人字齿为三对相交的细实线）以表明轮齿的方向，如图 8-33c、d 所示。

图 8-34 是圆柱齿轮的零件图，图中的左视图采用了局部视图的简化表示法。该图除具

8-9　单个圆柱齿轮的画法

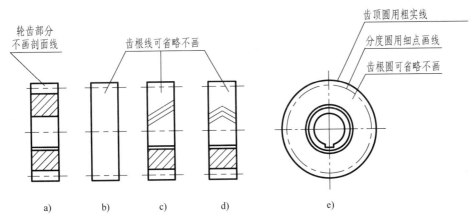

图 8-33　单个圆柱齿轮的画法

有一般零件图内容之外，还要在图纸右上角的参数表中注出模数、齿数和压力角等基本参数。

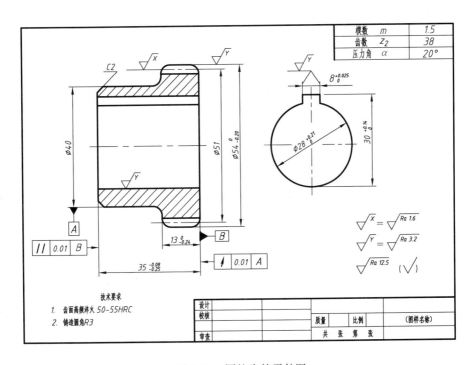

图 8-34　圆柱齿轮零件图

2. 相啮合圆柱齿轮的画法

在齿轮轴线垂直于投影面的视图中，啮合区内的齿顶圆均用粗实线绘制，如图 8-35a 所示，也可省略不画，如图 8-35d 所示。

在齿轮轴线平行于投影面的视图中，啮合区内有五条线，如图 8-35b 所示：节线（两轮节线重合）仍用细点画线绘制，两轮的齿顶线，用粗实线绘制，其中一个轮的齿顶为可见，则另一个齿轮的齿顶被遮住，画成虚线（也可省略不画），若为不剖的外形视图，则啮合部分的节线重合而画成粗实线，如图 8-35c 所示。

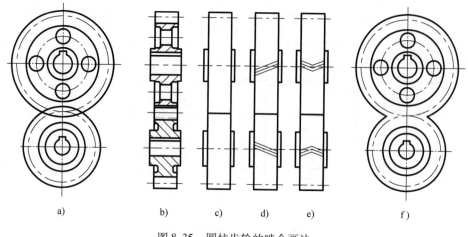

图 8-35　圆柱齿轮的啮合画法

8.6　弹簧

弹簧是一种常用件，是利用材料的弹性和结构特点，通过变形储存能量而工作的一种机械零（部）件，可用来减震、夹紧、储存能量、调节压力和测力等。

弹簧的种类很多，按照结构和受力可分为螺旋弹簧、板弹簧、涡卷弹簧、片弹簧等，如图 8-36 所示。应用最广的是圆柱螺旋压缩弹簧。本节主要介绍它的有关知识和画法。

图 8-36　弹簧示例

8.6.1　螺旋弹簧的基本参数

1）弹簧材料直径 d。

2）弹簧外径（弹簧的最大直径）D_2、内径（弹簧的最小直径）D_1 和中径（弹簧的平均直径）D。

$$D_1 = D_2 - 2d\,;\ D = (D_2 + D_1)/2 = D_2 - d = D_1 + d$$

3）有效圈数 n：保证弹簧能承受工作载荷，计算弹簧刚度的圈数。

支撑圈数 N_Z：为使螺旋压缩弹簧受力均匀，保证中心线垂直于支撑面，弹簧两端常常并紧且磨平，起支撑作用的圈数。支撑圈数一般为 1.5 圈、2 圈、2.5 圈三种，常用的是 2.5 圈。

总圈数 n_1：有效圈数与支撑圈数之和。

4）节距 t：相邻两有效圈上对应点的轴向距离。

5）自由高度 H_0：在没有外力时的弹簧高度。$H_0 = nt + (N_Z - 0.5)d$。

6）展开长度 L：制造弹簧时，所需弹簧材料的长度。$L \approx n_1 \sqrt{(\pi D)^2 + t^2}$。

部分参数代号如图 8-37 所示。

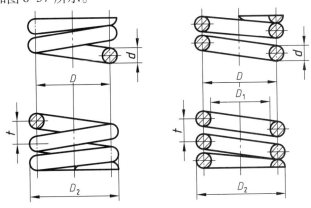

图 8-37　圆柱压缩弹簧剖视图

8.6.2　圆柱螺旋压缩弹簧的画法

1. 弹簧的规定画法（根据 GB/T 4459.4—2003）

1）在平行于螺旋弹簧轴线的投影面视图中，其各圈的轮廓应画成直线，如图 8-37 所示。

2）表示有效圈数在 4 圈以上的螺旋弹簧时，中间部分可以省略，并且允许适当地缩短图形的长度。

3）螺旋压缩弹簧不论其支撑圈多少和末端贴紧情况如何，均可按支撑圈为 2.5 圈的弹簧绘制，如图 8-37 所示。必要时也可按照支撑圈的实际结构绘制。

4）螺旋弹簧均可画成右旋，对必须保证的旋向要求应在"技术要求"中注明。

2. 单个弹簧的画法

当已知弹簧材料直径 d、弹簧外径 D、节距 t 和自由高度 H_0 时，即可绘制弹簧的视图。图 8-38 所示为作图的步骤，该图是按照支撑圈为 2.5 圈绘制的。

8-10　弹簧的画法

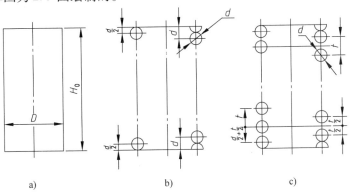

图 8-38　圆柱螺旋压缩弹簧的画图步骤

3. 弹簧在装配图中的画法

装配图中螺旋弹簧的画法如图 8-39 所示。被弹簧挡住的结构一般不画出，可见部分应从弹簧的外轮廓线或从钢丝剖面的中心线画起，如图 8-39a 所示。

当弹簧丝材料直径在图上等于或小于 2mm 时，其剖面可以涂黑，如图 8-39b 所示，或采用示意画法，如图 8-39c 所示。

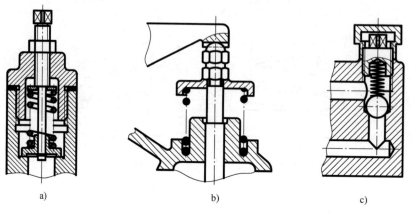

a)　　　　　　　　　　b)　　　　　　　　　　c)

图 8-39　装配图中弹簧的画法

8.7　焊接件

焊接是通过加热和（或）加压，并用（或不用）填充材料，使工件达到原子结合且不可拆卸连接的一种加工方法。焊接具有工艺简单、连接可靠、易于现场操作的特点。

8.7.1　焊缝的画法

焊接后，工件的焊接熔合处即为焊缝。常见的焊缝接头为对接接头、搭接接头、T 形接头、角接头等。

1. 视图中焊缝的画法

在视图中，焊缝可用一组相互平行的短细实线圆弧或直线段（简称栅线）表示，如图 8-40 所示，也可采用粗实线（线宽为 $2b \sim 3b$）表示，如图 8-41 所示。但在一张图样上，只能采用上述两种图示方法中的一种。

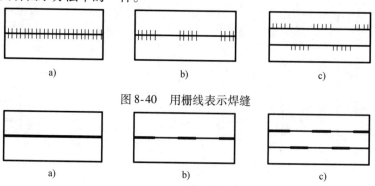

a)　　　　　　　　　　b)　　　　　　　　　　c)

图 8-40　用栅线表示焊缝

a)　　　　　　　　　　b)　　　　　　　　　　c)

图 8-41　用粗实线表示焊缝

2. 在剖视图或断面图中焊缝的画法

在剖视图或断面图中，焊缝的金属熔焊区通常应涂黑表示，如图 8-42a 所示，若同时需要表示坡口等的形状时，可用粗实线绘制熔焊区的轮廓，用细实线画出焊接前的坡口形状，如图 8-42b 所示。

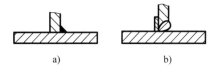

图 8-42　剖视图和断面图上焊缝的画法

3. 在轴测图中焊缝的画法

在轴测图中焊缝的表示方法见表 8-11。

表 8-11　常见焊缝的基本符号及标注示例

名　称	示　意　图	符　号	标注示例
I 形焊缝		‖	
V 形焊缝		V	
单边 V 形焊缝		⋁	
角焊缝		◿	
点焊缝		○	

如果在图样上需要详细显示焊缝结构、便于尺寸标注，可采用局部放大视图。

8.7.2　焊缝符号及其标注方法

在绘制焊接图时，通常采用焊接符号对焊缝进行标注以确切表示对焊缝的要求。焊缝符号一般由基本符号和指引线两部分组成。必要时可以加上辅助符号、补充符号和焊缝尺寸符号等，如图 8-43 所示。

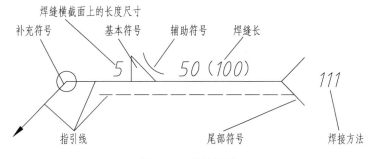

图 8-43　焊缝符号

1. 指引线

指引线由箭头和基准线（一条细实线，一条细虚线）组成，如图 8-43 所示。细虚线既可在细实线的上方也可以在其下方。箭头应指向焊缝处，必要时可以弯折一次。需要时，基准线后方可以加尾部符号，用以说明焊接方法，如图 8-43 所示中 111 表示用手工电弧焊。

2. 焊接基本符号

焊接基本符号是表示焊缝横截面形状的符号，用粗实线绘制。常见焊缝基本符号及标注示例见表 8-11。标注时，当焊缝在箭头所指的一侧时，基本符号标注在细实线一侧。如焊缝不在箭头所指的一侧，则基本符号标注在细虚线一侧。当为对称焊缝或双面焊缝时，基准线中的细虚线可以省略不画。

3. 辅助符号

辅助符号用来表示焊缝表面的形状特征，用粗实线绘制。常见辅助符号及标注示例见表 8-12。

表 8-12　常见焊缝的辅助符号及标注示例

名　称	符号	标注示例	说　明
平面符号	—	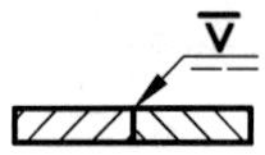	表示 V 形焊缝表面平齐（加工得到）
凹面符号	⌣	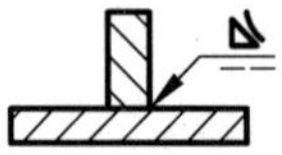	表示角焊缝表面凹陷
凸面符号	⌢	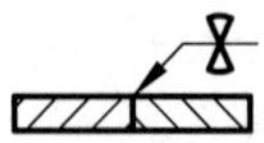	表示双面 V 形对接焊缝表面凸起

4. 补充符号

补充符号用来补充说明焊缝的某些特征，用粗实线绘制。常见补充符号及标注示例见表 8-13。

在焊接件的待焊接部位加工并装配成一定形状的沟槽称为坡口。坡口的形状和尺寸均有标准规定，可查阅相关手册。坡口尺寸或焊缝尺寸一般不标注。如需标注，其位置参见图 8-43。焊缝横截面尺寸包括钝边高度（代号 P）、坡口深度（代号 H）、焊角高度（代号 K）等，如果需要标注的数据多又不易分辨时，可先标代号再写大小。

表 8-13　常见焊缝的补充符号及标注示例

名　称	符号	标注示例	说　明
带垫板符号	▭	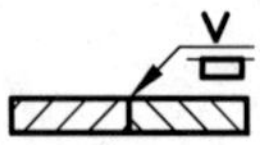	表示 V 形焊缝的背面有垫板
周围焊缝符号	○	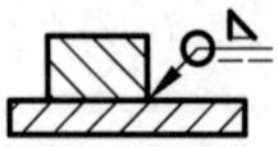	表示环绕工件周围施焊，为角焊缝
三面焊缝符号	⊏	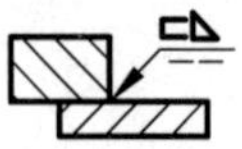	表示工件三面施焊，为角焊缝

8.7.3　焊接图

焊接工作图（简称焊接图）是焊接加工时所用的一种图样。它必须把构件的结构形状、焊缝形式、尺寸、技术要求等表达清楚。在焊接图中，可以只着重表达装配连接关系、焊接要求，构件的详细信息由各构件的零件图给出。图 8-44 所示是轴承座的焊接图。

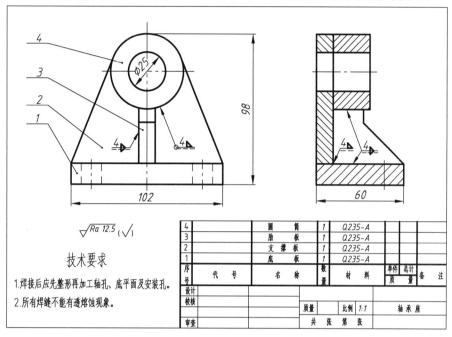

图 8-44　轴承座的焊接图

从主视图中可知，支撑板 2 和圆筒 4 之间环绕圆筒周围进行焊接，焊角高度为 4mm。肋板 3 和支撑板 2 之间为双面连续角焊缝，焊角高度为 4mm。

8.8　用 AutoCAD 插入块的方法绘制螺纹紧固件

在机械制图中，经常会遇到重复出现的标准件，如果每次都重新绘制这些图形，则会因重复劳动而降低工作效率。为此，可以使用 AutoCAD 的图块操作进行绘图。

图块是由一组图形对象组成的集合。一组图形一旦被定义为图块，它们将成为一个图形元素。用户可以根据需要把图块插入到图形中任意指定的位置，而且在插入时还可以指定不同的缩放比例和旋转角度。使用"分解"命令把图块分解后，可以对图块中的对象进行编辑、修改。

（1）定义块

块的定义有两种模式，一种为"块"模式，另一种为"写块"模式。用"块"模式定义的块保存在其所属的图形当中，只能在该图形中插入。用"写块"模式定义的块以图形文件的形式（扩展名为 . DWG）写入磁盘，可以在任意图形中用"插入"命令插入。"写块"模式的使用更为广泛，下面仅介绍使用该模式定义块的方法。

在命令行中输入"写块"命令并按〈Enter〉键，则系统弹出如图 8-45 所示的"写块"对话框，使用该对话框可以定义图块并为其命名。此对话框中各主要选项的含义如下。

1）源选项组：表示将写入块的图形元素的来源。

"块"表示从已有的块中选取。"整个图形"将把当前的图形整体写入块。"对象"选择某些图形元素进行写块操作。

2）"基点"选项组：选择块的插入基准点。

"拾取点"按钮：单击此按钮，系统将临时切换到作图屏幕，在图形上选择一点作为插入基准点，然后按〈Enter〉键，返回到"写块"对话框。

3）"对象"选项组：确定构成图块的图形对象以及块定义之后如何处理选择的图形对象。

"选择对象"按钮：单击此按钮，系统将临时切换到作图屏幕，同时光标变为拾取

图 8-45　　"写块"对话框

框，选择要定义为块的图形对象，然后按〈Enter〉键，返回到"写块"对话框。

4）"目标"选项组：选择保存块的路径和文件名。

"文件名和路径"下拉列表框：输入欲保存的图块名字，并选择保存块的路径。

单击"写块"对话框上的"确定"按钮，所定义的图块被保存。

（2）插入块

用块插入的命令"插入"可以将定义好的块插入到图形中。

单击下拉菜单"插入/块"命令，系统将弹出如图 8-46 所示的"插入"对话框，其各主要选项的含义如下。

1）"名称"下拉列表框：输入要插入的图块或图形的名字。

2）"浏览"按钮：单击此按钮，AutoCAD 将弹出如图 8-47 所示的"选择图形文件"对话框，可以从中选择图块或图形文件名。

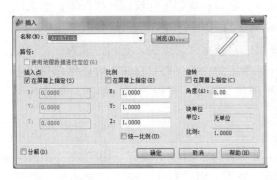

图 8-46　"插入"对话框

图 8-47　　"选择图形文件"对话框

3）"插入点"选项组：选择块的插入点。

"在屏幕上指定"复选框：选中此复选框，单击"确定"按钮时系统切换到作图屏幕，可在当前图形上选择一点作为插入点。

4）"比例"选项组：确定块插入时在 X、Y 和 Z 方向上的缩放比例因子。

5）"旋转"选项组：确定块插入时绕插入点的旋转角度。

（3）修改块

块是一个整体，用"插入"命令插入后，一般还需要对块进行修改，此时需要用"分解"命令将块分解。

（4）应用举例

用插入块的方法绘制螺栓连接的简化画法（见图 8-48）。

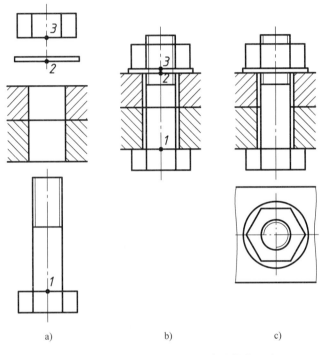

图 8-48　块插入法绘制螺栓连接的简化画法

1）绘制螺纹紧固件及被连接件。画出螺栓、螺母、垫片及被连接的两个零件（剖视表达），如图 8-48a 所示。

2）用"写块"命令把螺栓、螺母和垫圈定义成块。在命令行中输入"WBLOCK"并按〈Enter〉键，系统将弹出如图 8-45 所示的对话框；单击"选择对象"按钮，系统将临时切换到作图屏幕，拾取螺栓，然后按〈Enter〉键，回到如图 8-45 所示的对话框；单击"选择点"按钮，则系统又临时切换到作图屏幕，点取图 8-48a 中的"1"点作为螺栓图块的插入基准点，然后按〈Enter〉键，回到如图 8-45 所示的对话框，定义图块名"BOLT"，并输入保存地址，单击"确定"按钮，则螺栓被定义成名称为"BOLT"的图块。用同样的方法可以将螺母和垫圈定义成块。

3）用"插入"命令插入螺栓、螺母和垫圈。

单击下拉菜单"插入/块"命令，系统将弹出如图 8-46 所示的对话框，单击"浏览"按钮弹出如图 8-47 所示对话框，选择文件名为"BOLT"的图块，单击"打开"按钮，回到如图 8-46 所示对话框（对于不同规格的连接件，可以调整"比例"下的 X、Y、Z 的比例），单击"确定"按钮进入到作图屏幕，拖动螺栓插入到如图 8-48b 所示"1"处，则完成螺栓块的插入。同样可以将垫圈、螺母分别插入到如图 8-48b 中的"2"和"3"处。

4）整理图形，画俯视图。用"分解"命令将图 8-48b 中的所有图块分解，用"修剪"命令修剪多余的图线，然后画俯视图，如图 8-48c 所示。

思 考 题

1. 按照螺纹的用途，螺纹可分为哪几种？粗牙普通螺纹属于哪一种？
2. 螺纹紧固件都有哪些？它们的标注形式包括哪些内容？
3. 普通平键与钩头楔键的工作方式相同吗？
4. 常用的销有几种？
5. 通用滚动轴承的结构包括哪几部分？使用滚动轴承的优点是什么？
6. 请列举几种常见的弹簧，并列举它们在生产中的应用。

第9章 零件图

【本章主要内容】

- 零件图的内容
- 零件图的视图表达
- 零件图的尺寸标注
- 零件上常见的工艺结构
- 零件图上的技术要求
- 看零件图
- 零件的测绘

用以表达机器零件，并指导其生产的图样，称为零件图。图 9-1 是一张主动轴的零件图。

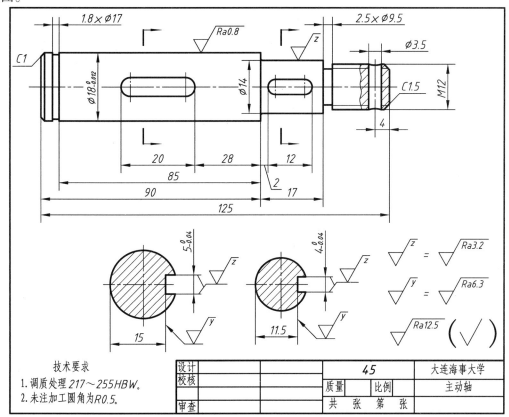

图 9-1 主动轴的零件图

9.1　零件图的内容

根据零件图在生产中的作用，它需指导零件的生产，是生产和检验零件的依据，应具有下列内容。

1）一组视图——综合应用视图、剖视图、断面图等各种表达方法，将零件的结构形状正确、完整、清晰地表达出来。

2）尺寸——正确、完整、清晰且合理地标注出确定零件结构形状的尺寸。

3）技术要求——表明零件在制造和检验时应达到的技术要求，如表面粗糙度、尺寸公差、几何公差、热处理、表面处理及其他要求。

4）标题栏——填写零件名称、数量、材料、图样比例、制图人和审核人的姓名、日期等内容。

9.2　零件图的视图表达

9.2.1　零件图的视图选择

零件图的视图表达是零件图最基本和最重要的内容之一，应在分析零件结构形状特点的基础上，选用适当的表达方法，完整、清晰地表达出零件各部分的结构形状。主视图的选择是视图表达的关键。

9-1　零件图的视图表达

1. 主视图的选择

主视图的选择，一是确定主视图的投影方向，二是确定它的安放位置，需要考虑以下原则。

（1）形体特征原则

应选择最能显示零件形体特征的方向作为主视图的投影方向，主视图应能较突出地反映出零件各组成部分的形状和相互位置关系。

（2）加工位置或工作位置原则

根据零件在金属切削机床上的主要加工位置或零件在机器中的工作位置来确定，这样便于零件加工时或分析零件在机器中工作情况时看图。

当零件的加工位置多变时，可根据其在机器中的工作位置确定。

应用上述原则选择主视图时，必须根据零件的结构特点、加工和工作情况作具体分析、比较。此外还应考虑有效地利用图纸幅面。

2. 其他视图的选择

当零件的主视图选定后，再分析主视图中未表示清楚的结构形状，还需增加哪些视图，并考虑尺寸标注等要求，选择适当的其他视图、局部视图、剖视图和断面图等，将零件表达清楚。

零件的视图表达取决于零件的结构形状，最佳表达方案的选择需要合理而灵活地应用各种表达方法，使每个视图都有表达的重点，几个视图互相补充而不重复。在充分表达清楚零件结构形状的前提下，尽量减少视图的数量，方便制图与读图。

9.2.2 典型零件的表达方法

尽管机器零件的形状各式各样，但按其结构形状特点来分析，可将其分为四类，即轴套类零件、轮盘类零件、叉架类零件和箱体类零件。每一类零件应根据自身结构特点来确定它的表达方法。

1. 轴套类零件的表达方法

如图 9-2 所示的阀杆、轴、曲轴、柱塞套均为轴套类零件。这类零件结构的主体是由具有公共轴线的数段回转体组成，一般起支撑转动零件、传递动力的作用。根据设计和工艺的要求，在零件表面上常带有键槽、退刀槽（见图 9-1 中 2.5 × ϕ9.5 处）、砂轮越程槽、轴肩、倒角、圆角、销孔、螺纹及小平面等结构要素。

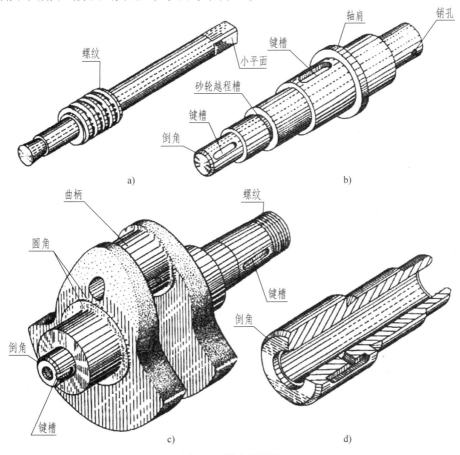

图 9-2 轴套类零件
a）阀杆 b）轴 c）曲轴 d）柱塞套

这类零件主要在车床和磨床上加工，所以主视图应按加工位置选择。画图时，将零件的轴线水平放置，便于加工时看图。

根据轴套类零件的结构特点，结合尺寸标注，一般只用一个基本视图表示。如图 9-1 所示的轴，只用了一个主视图，注上直径尺寸后，轴上各段圆柱体的形状就确定了。两个键槽放在轴线的正前方，可以反映它们的长度和宽度，其深度用两个移出断面来表示。轴上右端螺纹部分的销孔，用局部剖视画出。

图9-3a是柴油机的曲轴，比一般的阶梯轴多了曲柄部分，所以选用了右视图表达曲柄结构。其他结构要素的表达方法与阶梯轴相同。

图9-3b是柴油机喷油泵的柱塞套。套类零件的视图表达与轴类零件大致相同，只是套类零件是中空的。图中主视图表达外形，俯视图采用全剖视图表达内孔。

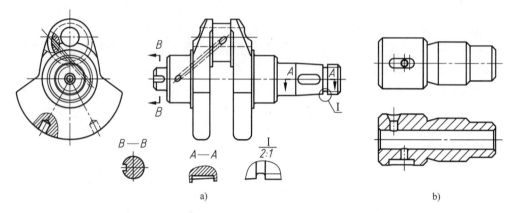

a)   b)

图9-3　轴套类零件的视图表达

a）曲轴　b）柱塞套

2. 轮盘类零件的表达方法

图9-4所示的手轮、端盖属于轮盘类零件。这类零件的主体结构是同轴线的回转体或其他平板形，其厚度相对直径来说比较小，呈盘状。根据设计和工艺要求，在零件上有孔、槽、轮辐等结构。

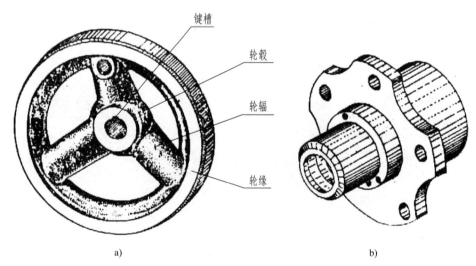

a)   b)

图9-4　轮盘类零件

a）手轮　b）端盖

轮盘类零件通常也在车床上加工，为了便于看图，在选择主视图时，应按加工位置将轴线水平放置，并采用适当剖视表达内部结构及相对位置。对零件上的孔、槽、轮辐等结构，采用左视图或右视图表示，如图 9-5 所示。

图 9-5a 是用两个基本视图表达的手轮。主视图表达轮缘和轮毂的断面形状和轮辐的厚度，并用局部剖视表达装手柄的圆孔。用 A—A 移出断面表达轮辐的断面形状。轮辐的数量、宽度及键槽的宽度和深度用左视图进行表达。

图 9-5b 是端盖的两个基本视图。为了表达凸台上的通孔，主视图采用了两个以上相交的剖切平面剖开端盖。左视图表达端盖的外形和孔的分布情况。

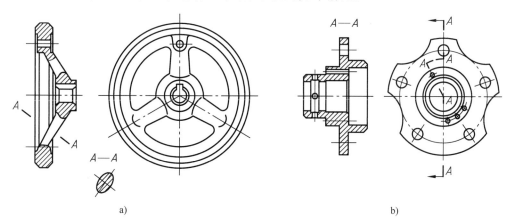

a)　　　　　　　　　　　　　　　　b)

图 9-5　轮盘类零件的视图表达

a）手轮　b）端盖

3. 叉架类零件的表达方法

如图 9-6 所示的摇杆、摇臂均为叉架类零件。这类零件比较复杂，不太规则，一般由支撑部分、工作部分和连接部分构成。连接部分为了增加强度和刚度，一般都有肋板或加强板等结构。

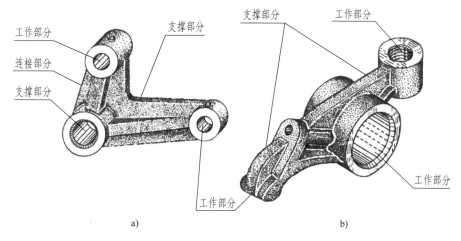

a)　　　　　　　　　　　　　　　　b)

图 9-6　叉架类零件

a）摇杆　b）摇臂

叉架类零件的毛坯多为铸件或锻件，加工工序较多，且加工位置多变，因此一般选用能体现零件形体特征的支撑部分和工作部分位置视图，通常按工作位置放置。视图的数量视零件的结构形状而定。

　　图 9-7a 是摇杆的视图表达。摇杆由长、短两臂组成，为了反映它的形状特征，在主视图中将长臂放在水平位置。为了显示长臂形状，俯视图作水平剖切画成局部剖视，使投影简化。用单一剖切面 A—A 做斜剖视图，表达短臂的结构。B—B 移出断面表达短臂肋板的厚度。

　　图 9-7b 用一个主视图表达摇臂的形状特征。用 E 局部视图表达斜面的形状和油孔的位置。由于摇臂沿长度方向的形状不规则，因此采用 4 个移出断面表达各部位的形状。

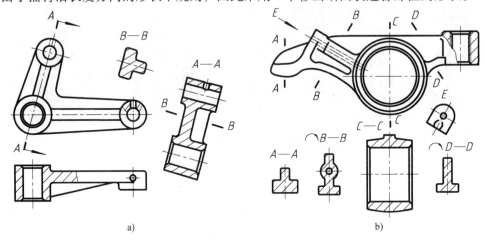

a)　　　　　　　　　　　　　　　b)

图 9-7　叉架类零件的视图表达

a）摇杆　b）摇臂

4. 箱体类零件的表达方法

　　如图 9-8 所示的阀体、减速器箱体均为箱体类零件。这类零件是机器或部件的主体零件，主要用于支撑、包容运动零件或其他零件，因此结构形状比较复杂。其内部有空腔、各种用途的孔和凸台、凹坑等常见的结构要素。

　　箱体类零件的毛坯多为铸件，加工工序较多，且加工位置多变，选择主视图时，主要体现形体特征，并按工作位置放置。其他视图数量一般较多，应根据零件的不同的结构形状采取适当的表达方法。

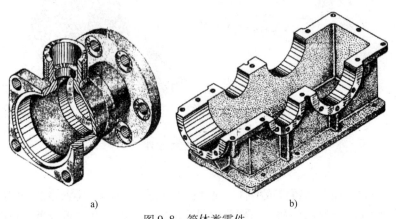

a)　　　　　　　　　　　　　　　b)

图 9-8　箱体类零件

a）阀体　b）减速器箱体

图 9-9a 是阀体的视图表达。阀体外形较简单，为了表达内腔的结构形状，主视图采用全剖。*A—A* 左剖视图表达右侧圆形法兰上 6 个孔的分布。*K* 向视图表达左侧方形法兰上 4 个螺孔的分布。该法兰的厚度用 *B—B* 剖视图表达。

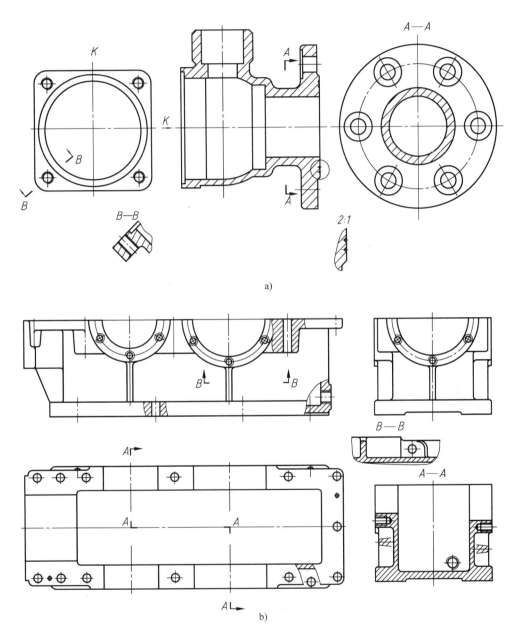

图 9-9　箱体类零件的视图表达
a) 阀体　b) 减速器箱体

图 9-9b 是减速器箱体的视图表达。选用了三个基本视图和 *A—A* 剖视图及 *B—B* 局部剖视图。因为箱体内部结构形状比较简单，所以主视图采用局部剖视图便清晰地表达了箱体内外的结构形状。俯视图也采用了局部剖表达底板上的螺栓孔。

同一个零件，所采用的表达方案也会有所不同，但必须以表达完整、清晰、简单易懂为原则。

9.3　零件图的尺寸标注

零件图中的尺寸是制造零件的依据，因此，零件图的尺寸标注，除了要做到正确、完整、清晰外，还必须合理，即标注的尺寸，既要满足设计的要求，以保证机器的工作性能和质量，又要满足工艺要求，以便于加工制造和检测。

只要用形体分析法分析零件结构形状，结合所学的"组合体的尺寸注法"，并遵照国家标准机械制图尺寸注法的规则标注尺寸，就能满足尺寸标注正确、完整、清晰的要求。要真正做到合理地标注尺

9-2　零件图的尺寸标注

寸，还需要有一定的设计和制造工艺的专业知识和实际的生产经验，这里仅介绍有关的基本知识。

9.3.1　主要尺寸和非主要尺寸

主要尺寸包括零件的规格性能尺寸、有配合要求的尺寸、确定相对位置的尺寸、连接尺寸、安装尺寸等，一般都有公差要求。

零件上不直接影响其使用性能和安装精度的尺寸为非主要尺寸。非主要尺寸包括外形尺寸、无配合要求的尺寸、工艺要求的尺寸，如退刀槽、凸台、凹坑、倒角等，一般都不注公差。

9.3.2　尺寸基准

尺寸基准是指零件在机器中或在加工测量时，用来确定零件本身点、线、面位置所需的点、线、面。通常可分为设计基准和工艺基准两类。

设计基准是根据零件在机器中的作用和结构特点，为保证零件的设计要求而选定的基准，它用来确定零件在机器中的正确位置。

工艺基准是指零件在加工和测量过程中所依据的基准。

以设计基准标注尺寸，可以满足设计要求，便于保证零件在机器中的作用；以工艺基准标注尺寸，可以满足工艺要求，方便了加工和测量。

在设计和制造过程中，尽可能使设计基准和工艺基准重合。当出现矛盾时，一般应保证直接影响产品性能、装配精度及互换性的尺寸以设计基准注出，其他尺寸以工艺基准标注。

在标注尺寸时首先要在零件的长、宽、高三个方向至少各选一个基准，称为主要基准。为了加工和测量方便，有时还要增加一些辅助基准，用以间接确定零件上某些结构的相对位置和大小。但辅助基准和主要基准之间必须有一定的尺寸联系。

图 9-10 是前述主动轴在标注尺寸时，根据设计要求，在长、宽、高三个方向选择的主要基准和辅助基准的示意图。

9.3.3　尺寸数及尺寸排列形式

当零件的结构形状确定之后，所需要标注的尺寸数量也随之而定。从图 9-11 所示的销

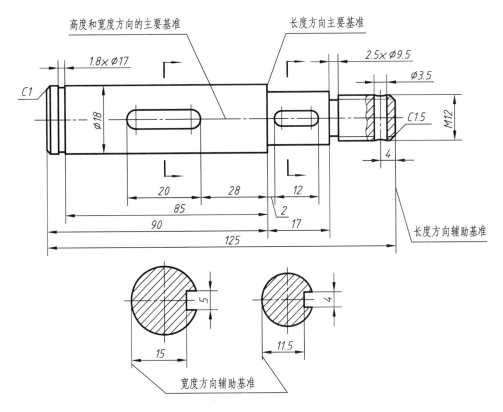

图 9-10 主动轴的尺寸基准

轴的尺寸排列形式，可以看出，根据其结构形状，只需要 6 个尺寸，即 3 个直径尺寸和 3 个长度尺寸。尺寸的排列形式是指线性尺寸而言的，可分为以下三类。

（1）坐标式

坐标式的尺寸排列形式是所有线性尺寸都从同一基准面注出，如图 9-11a 所示。其特点是每个线性尺寸的精度不受其他加工误差的影响。但是，从同一基准注出的两个线性尺寸之差的那段尺寸，其误差等于两线性尺寸加工误差之和。

因此，坐标式常用于各端面与一个基准面保持较高尺寸精度要求的情况。而当要求保证相邻两个几何要素间的尺寸精度时，不宜采用坐标式。

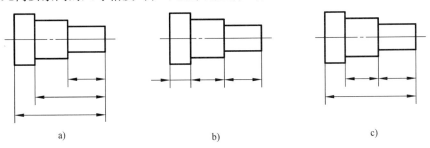

图 9-11 尺寸的排列形式

a）坐标式 b）链接式 c）综合式

（2）链接式

链接式尺寸排列形式为首尾依次连接注写成链条式，如图9-11b所示。这样前一尺寸的末端即为后一尺寸的基础。其优点是每个尺寸的精度，只取决于本身的加工误差，而不受其他尺寸误差的影响。但总长的加工误差则是各段尺寸的加工误差总和。

因此，链接式尺寸注法，多用于对每一线性尺寸的加工精度要求高，而对各端面之间的位置精度和总长的精度要求不高的情况。在零件图中常用于孔的中心距及其定位尺寸。

（3）综合式

综合式的尺寸排列形式是坐标式与链接式的综合，如图9-11c所示。它兼有两种排列形式的优点，实际尺寸标注时用得最多。

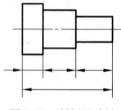

如图9-12所示，若销轴的三段长度按链接式标注后，再加注一个总长尺寸，就形成一环接一环又首尾相接的封闭尺寸链。封闭尺寸链无法同时保证4个尺寸的精度，不能进行加工，因此，零件图上的尺寸不允许注成封闭尺寸链的形式。

图9-12　封闭尺寸链

为了保证每个尺寸的精度要求，通常对尺寸精度要求最低的一环空出不注，成为开口环。这样，各段尺寸的加工误差，最后都累计在开口环上，这种开口尺寸链的形式，即为综合式尺寸注法。

9.3.4　合理标注尺寸应注意的问题

（1）主要尺寸应直接从主要基准标注

零件上的主要尺寸，一般应从主要基准直接注出，以保证尺寸的合理精度，避免加工误差的积累。如图9-10所示的主动轴的轴径尺寸 $\phi18$，轴向尺寸85、17等。

（2）标注尺寸要符合加工顺序

按加工顺序标注尺寸，便于看图、测量且容易保证加工精度。如图9-13a所示的轴其加工顺序一般如图9-13b、c、d、e所示。

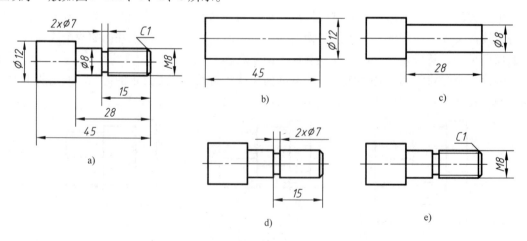

图9-13　阶梯轴的尺寸标注与加工顺序

1）先下料，截取长度为45的棒料，车外圆 $\phi12$。

2）车 $\phi8$，长度为28。

3）在离右端面 15 处车 $\phi7$、宽为 2 的退刀槽。

4）最后车螺纹和倒角。

（3）尺寸标注要便于测量

图 9-14a 中的尺寸"B"不便测量，如果注成如图 9-14b 所示，则较好。

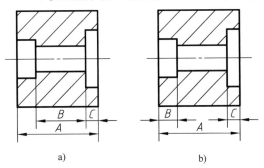

a)   b)

图 9-14　尺寸标注要便于测量

a）不好　b）好

（4）铸件和锻件主要按形体分析法标注尺寸

对于铸件，一般先制作木模，木模是由许多基本体构成的，因此，对铸件的不加工部分，可以采用分解形体的方法标注尺寸。

铸件、锻件中所有不进行加工的毛面之间，应该用一组尺寸联系着，这组尺寸与加工表面之间，在同一方向上，一般只能与一个尺寸建立联系。

如图 9-15a 所示，它是一组毛面尺寸 H_1、H_2、H_3、H_4、H_5、H_6 用尺寸 L_2 与底面的加工表面相联系；另一加工尺寸 L_3 是以参考尺寸出现的，这是合理的尺寸注法。而图 9-15b 的注法是错误的，因为毛坯表面制造误差较大，加工表面不可能同时保证对一个以上非加工表面的尺寸要求。

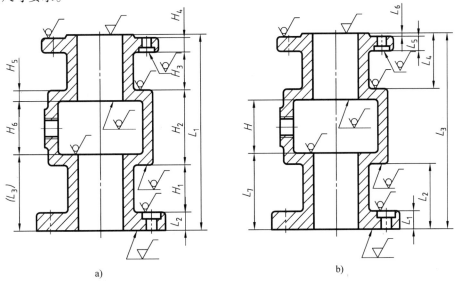

a)   b)

图 9-15　零件加工表面与非加工表面间的尺寸联系

a）合理　b）不合理

9.4　零件上常见的工艺结构

零件的结构形状主要是根据它在机器中的作用设计的，但也有一些结构是考虑加工、测量、装配等制造过程的工艺要求，这类结构称为工艺结构。

9.4.1　铸件上常见的工艺结构

（1）拔模斜度与铸造圆角

为了制造时便于将木模从沙型中取出，顺着起模方向在木模的内、外表面做出一定的斜度，称为拔模斜度，如图9-16a所示。若斜度很小，在图上可不画出。但若斜度较大，则应画出（见图9-16b）。

为了防止做沙型时落沙及铸造时金属冷却收缩而产生裂纹和缩孔，在铸造零件的转角处应有圆角，称为铸造圆角。若铸件转角处，有一表面经机械加工，则圆角消失而成尖角，如图9-16b所示。

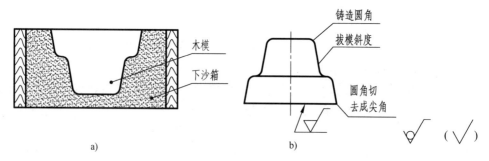

图9-16　铸造圆角和拔模斜度

由于铸件上有铸造圆角存在，因而铸件表面上的相贯线就不明显了，称这样的相贯线为"过渡线"。过渡线的画法和相贯线一样，按没有圆角的情况下，画到理论交点为止。由于圆角的出现，在图上过渡线和圆角弧线间形成了间隙，如图9-17所示。

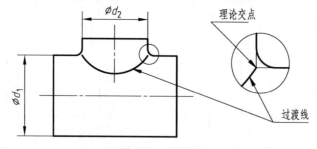

图9-17　过渡线

铸造圆角的尺寸可在技术要求中统一注明，如："未注铸造圆角$R3 \sim R5$"，或"全部圆角为$R3$"等。

（2）铸件壁厚

为了防止铸件在浇注时，由于壁厚不均匀冷却速度不同而产生裂纹和缩孔，铸件的壁厚应尽量保持均匀，不同壁厚要逐渐过渡，如图9-18所示。

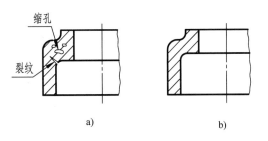

图 9-18 铸件壁厚

9.4.2 机械加工零件上常见的工艺结构

（1）倒角和圆角

为了便于装配和去掉切削加工时产生的毛刺锐边，在轴或孔的端部，一般都加工成倒角。为了避免因应力集中而产生裂纹，常在轴肩、孔肩处加工成圆角，如图 9-19 所示。

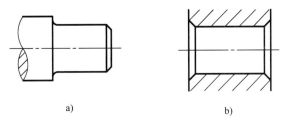

图 9-19 倒角和圆角

（2）退刀槽和砂轮越程槽

为了在切削加工时退出刀具，或保证装配时相关零件能靠紧，常在零件待加工部位的末端预先加工出退刀槽和砂轮越程槽，如图 9-20 所示。

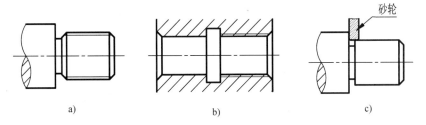

图 9-20 退刀槽和砂轮越程槽

（3）钻孔

由于钻头的锥角近似 120°，因此，如对所钻孔无特殊要求，则不通孔的孔端或阶梯孔的过渡处皆有 120° 的锥角或截锥面，如图 9-21 所示。

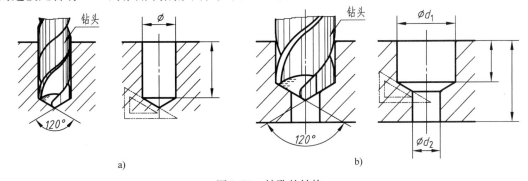

图 9-21 钻孔的结构

（4）凹坑和凸台

零件上凡与其他零件相接触的表面，一般都要进行切削加工，为了保证接触良好及降低加工成本，设计时应注意减少加工面积。如底面设计成图9-22的形式是合理的。

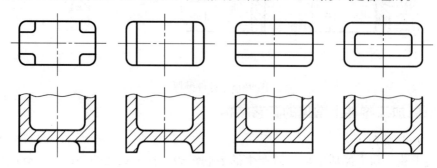

图9-22　底面的结构形式

同理，在铸件上与螺栓、螺母相接触的表面也常设计出凸台或凹坑，然后对凸台或凹坑表面进行加工，这样以保证螺栓、螺母的良好接触，并减少加工面积，如图9-23所示。

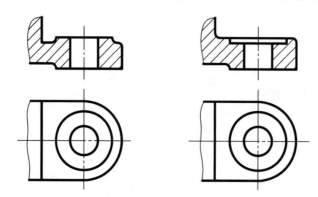

图9-23　凸台和凹坑

9.4.3　典型工艺结构的尺寸注法

零件上常见工艺结构的尺寸注法已经格式化，倒角、退刀槽及各种孔的尺寸注法见表9-1和表9-2。

表9-1　倒角、退刀槽的尺寸标注

名称	尺寸标注方法			说　明
倒角	$C1$　$C1$　30° 1　30° 2 $C1$			一般45°倒角按"C倒角宽度"注出。30°或60°倒角，应分别注出宽度和角度

（续）

名称	尺寸标注方法		说　明
退刀槽	$2\times\varnothing10$	2×1	一般按"槽宽×槽深"注出或"槽宽×直径"注出

表 9-2　常见孔的尺寸注法

名称	旁注法		普通注法	说　明
螺孔	$3\times M6$	$3\times M6$	$3\times M6$	$3\times M6$表示公称直径为6，均匀分布的 3 个螺孔
螺孔	$3\times M6\,\overline{\underline{\vee}}\,10$ $\overline{\underline{\vee}}\,12$	$3\times M6\,\overline{\underline{\vee}}\,10$ $\overline{\underline{\vee}}\,12$	$3\times M6$	"$\overline{\underline{\vee}}$"为深度符号 $3\times M6\,\overline{\underline{\vee}}10$：表示螺孔深 10。 $\overline{\underline{\vee}}12$：表示钻孔深 12
螺孔	$3\times M6\,\overline{\underline{\vee}}\,10$	$3\times M6\,\overline{\underline{\vee}}\,10$	$3\times M6$	如对钻孔深度无一定要求，可不必标注，一般加工到比螺孔稍深即可
光孔	$4\times\varnothing6\,\overline{\underline{\vee}}\,10$	$4\times\varnothing6\,\overline{\underline{\vee}}\,10$	$4\times\varnothing6$	$4\times\varnothing6$表示直径为6，均匀分布的 4 个光孔

（续）

名称	旁注法	普通注法	说　明
沉孔			"∨"为埋头孔符号。锥形孔的直径∅13及锥角90°均需注出
			"⊔"为沉孔及锪平孔的符号
			锪平∅20的深度不需标注，一般锪平到不出现毛坯面为止

9.5　零件图上的技术要求

零件图上要注写技术要求，这是制造零件时应达到的质量要求，其内容包括表面粗糙度、尺寸公差、几何公差、材料的热处理、表面处理要求等。其中表面粗糙度、尺寸公差、几何公差，应按规定用数字、代号或符号注写在图上，其他则在图样的空白处用文字简要说明。

9.5.1　表面粗糙度

1. 表面粗糙度的概念

表面粗糙度是指加工表面上具有间距较小的峰谷所组成的微观几何形状特征。是评定零件表面质量的一项重要指标。

零件的表面由于在机器中所起的作用和情况不同，对粗糙度的要求也不同，如零件的自由表面一般可比接触表面粗糙，而为保证零件的高尺寸精度及稳定的配合性质，则表面要光滑些，对需要耐腐蚀、耐疲劳的表面及装饰面都要求高些。

不同粗糙度的表面是用不同的加工方法得到的，加工成本不同，所以在满足零件表面使用要求的条件下，应经济合理地选用表面粗糙度等级。

表面粗糙度评定参数有两个：轮廓算术平均偏差 Ra；轮廓最大高度 Rz；使用时优先选用 Ra。

轮廓算术平均偏差 Ra 是指在取样长度 lr（用于判别具有表面粗糙度特征的一段基准线

长度）内，被评定轮廓在任一位置至 X 轴的纵坐标值 $Z(x)$ 绝对值的算术平均值，如图 9-24 所示。

轮廓最大高度 Rz 是指在一个取样长度内最大轮廓峰高和最大轮廓谷深之和，如图 9-24 所示。

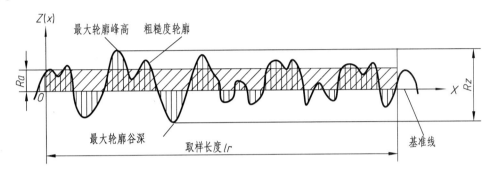

图 9-24　评定轮廓的轮廓算术平均偏差 Ra 和轮廓的最大高度 Rz

Ra 的数值愈小，零件表面愈光滑；数值愈大，表面愈粗糙。表 9-3 列出了部分表面粗糙度参数 Ra 数值的应用举例。

表 9-3　表面粗糙度参数 Ra 数值的应用举例　　　　（单位：mm）

Ra	应 用 举 例
100，50，25	粗车、粗刨、粗镗、钻孔及切断等经粗加工的表面
12.5	螺栓穿孔、铆钉孔表面、支架、箱体等零件中不与其他零件接触的表面
6.3	箱体、支架、盖子等的接触表面（但不形成配合关系），齿轮的非工作面，平键槽的侧面
3.2	IT9 ~ IT11 的配合表面，销钉孔，滑动轴孔，G 级滚动轴承配合座孔，拨叉的工作面，精度不高的齿轮工作面
1.6	IT6 ~ IT8 的配合表面，滚动轴承座孔，涡轮、套筒、齿轮的配合工作面
0.8	IT6 的轴，IT7 的孔，保持稳定可靠配合性质的配合表面，高精度的齿轮工作面，传动丝杠的工作面，曲轴、凸轮轴的工作轴颈

2. 表面粗糙度的标注

（1）图形符号

在图样上表示零件表面粗糙度的图形符号见表 9-4，图形符号的画法如图 9-25 所示。

表 9-4　表面粗糙度的符号

符号	意义及说明
√	基本符号：表示表面可用任何方法获得。在不加注粗糙度参数值或有关说明时，该符号仅用于简化代号标注
√	扩展符号：基本符号加一短横，表示表面是用去除材料方法（车、铣、刨、磨、钻、抛光、腐蚀、电火花加工等）获得的

（续）

符号	意义及说明
⟨扩展符号⟩	扩展符号：基本符号上加一圆圈，表示表面是用不去除材料的方法（如铸、锻、冲压、冷热轧、粉末冶金等）获得的
⟨完整符号⟩	完整符号：在上述三个符号的上边加一横线，在横线的上下可标注有关参数和说明：之上标注加工方法，之下标注粗糙度参数等
⟨相同要求符号⟩	相同要求符号：在完整符号的长边与横线相交处加一圆圈，在不会引起歧义时用来表示某视图上构成封闭轮廓的各表面具有相同的表面粗糙度要求

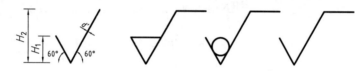

图 9-25　表面粗糙度图形符号的画法

$$d' = \frac{h}{10}, \; H_1 = 1.4h, \; H_2 = 3h \; （最小值）, \; h \; 为字高$$

（2）基本注法

表面粗糙度在同一图样上，每一表面一般只标注一次，并应尽可能标注在具有确定该表面大小或位置的视图的轮廓线（包括棱边线）上，标注在轮廓线的延长线上或指引线上。其注写和读取方向要与尺寸的注写和读取方向一致，如图 9-26 所示。

必要时也可标注在特征尺寸的尺寸线上或几何公差的框格上，如图 9-27 所示。

（3）简化注法

1）当零件所有表面具有相同粗糙度要求时，应统一标注在图样的标题栏附近，如图 9-28 所示。

2）当零件的大部分表面具有相同表面粗糙度要求时，应统一标注在图样的标题栏附近，而且要在符号后面加以圆括号，如图 9-29 所示。

3）当图纸空间有限时可用带字母的完整符号，以等式的形式在图形或标题栏附近，将相同表面粗糙度要求标注出来，如图 9-30 所示。

4）也可用基本符号或扩展符号以等式的形式给出多个表面共同的表面粗糙度要求，如图 9-31 所示。

9.5.2　极限与配合

极限与配合是零件图和装配图中的一项重要的技术要求，也是检验产品质量的技术指标和实现互换性的重要基础。

所谓互换性是指当装配一台机器或部件时，从一批规格相同的零件中任取一件，不经修配就能装到机器或部件上，并能保证使用要求。零件具有互换性，不仅给机器的装配、维修带来方便，而且满足现代化生产广泛协作的要求，为大批量和专门化生产创造条件，从而缩短生产周期，提高劳动效率和经济效益。

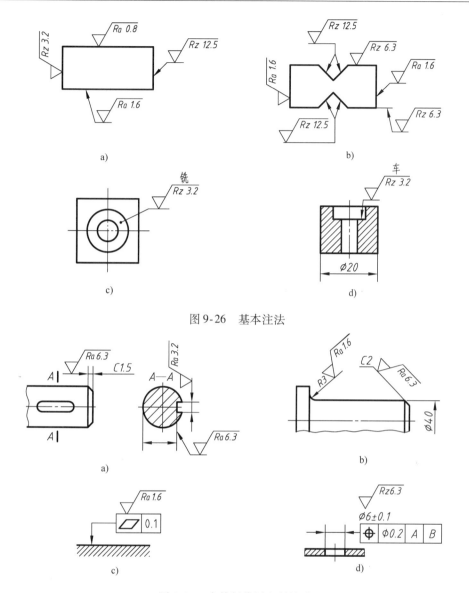

图 9-26　基本注法

图 9-27　在特征位置上的注法

在制造机械零件时，不能要求零件的尺寸加工得绝对准确，而是根据设计和工作的需要，将其误差统一按国家标准《极限与配合》（GB/T 1800.1—2020、GB/T 1800.2—2020、GB/T 1801—2020）控制在一个合理的范围内。现将其基本内容和规定介绍如下。

1. 公差的相关术语及定义

1）公称尺寸：由图样规范确定的理想形状要素的尺寸，即设计给定的尺寸。

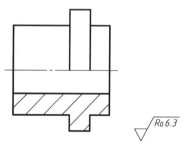

图 9-28　全部要求都相同的注法

2）提取组成要素的局部尺寸：一切提取组成要素上两对应点之间的距离，即实际测量获得的尺寸。

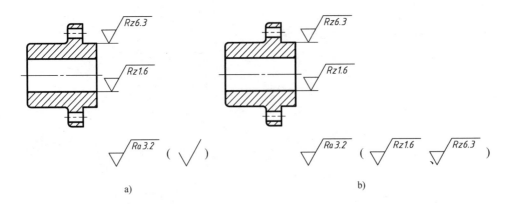

图 9-29　多数表面有相同要求时的注法

a）圆括号内给出基本符号　b）圆括号内给出不同表面粗糙度要求

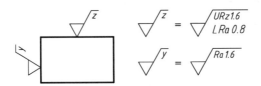

图 9-30　在图纸空间有限时的简化注法

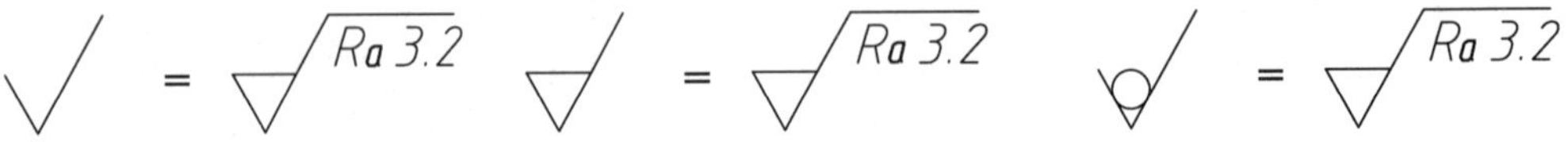

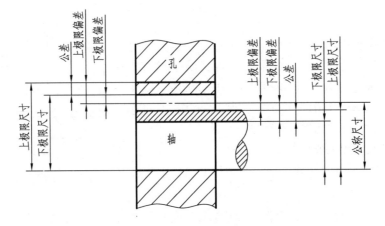

图 9-31　多个同样表面粗糙度要求的简化注法

3）极限尺寸：尺寸要素允许的两个极端。包括如下两部分。

上极限尺寸：尺寸要素允许的最大尺寸（见图 9-32）。

下极限尺寸：尺寸要素允许的最小尺寸（见图 9-32）。

图 9-32　极限与配合的示意图

4）零线：在极限与配合图解中，表示公称尺寸作的一条直线，以其为基准确定偏差和公差。零线以上为正偏差，零线以下为负偏差。

5）偏差：某一尺寸减公称尺寸所得的代数差，可以为正、负或零值。

6）极限偏差：即上极限偏差和下极限偏差。上极限尺寸减其公称尺寸的代数差为上极限偏差；下极限尺寸减其公称尺寸的代数差为下极限偏差。

国家标准规定用代号 ES 和 EI 表示孔的上、下极限偏差；用代号 es 和 ei 表示轴的上、下极限偏差。

7）尺寸公差（简称公差）：允许尺寸的变动量。公差等于上极限尺寸减下极限尺寸之差，也等于上极限偏差减下极限偏差之差。尺寸公差是一个没有符号的绝对值。

"公称尺寸""极限尺寸""偏差"以及"尺寸公差"之间的关系如图 9-32 所示。

8）标准公差（IT）：本标准极限与配合中，所规定的任一公差。其数值查阅表 9-5。

9）标准公差等级：本标准极限与配合中，同一公差等级（例如 IT7）对所有公称尺寸的被认为具有同等精确程度。公差越大其精度越低，反之，公差越小其精度越高。确定尺寸精度的等级为公差等级，共有 20 个等级，由高到低为 IT01、IT0、IT1、IT2…IT18。一般 IT5 ~ IT12 用于配合尺寸，IT01 ~ IT4 用于量规，IT13 ~ IT18 用于非配合尺寸。

表 9-5　标准公差数值

公称尺寸 /mm		标准公差等级																	
		IT1	IT2	IT3	IT4	IT5	IT6	IT7	IT8	IT9	IT10	IT11	IT12	IT13	IT14	IT15	IT16	IT17	IT18
大于	至	μm																	
—	3	0.8	1.2	2	3	4	6	10	14	25	40	60	0.1	0.14	0.25	0.4	0.6	1	1.4
3	6	1	1.5	2.5	4	5	8	12	18	30	48	75	0.12	0.18	0.3	0.48	0.75	1.2	1.8
6	10	1	1.5	2.5	4	6	9	15	22	36	58	90	0.15	0.22	0.36	0.58	0.9	1.5	2.2
10	18	1.2	2	3	5	8	11	18	27	43	70	110	0.18	0.27	0.43	0.7	1.1	1.8	2.7
18	30	1.5	2.5	4	6	9	13	21	33	52	84	130	0.21	0.33	0.52	0.84	1.3	2.1	3.3
30	50	1.5	2.5	4	7	11	16	25	39	62	100	160	0.25	0.39	0.62	1	1.6	2.5	3.9
50	80	2	3	5	8	13	19	30	46	74	120	190	0.3	0.46	0.74	1.2	1.9	3	4.6
80	120	2.5	4	6	10	15	22	35	54	87	140	220	0.35	0.54	0.87	1.4	2.2	3.5	5.4
120	180	3.5	5	8	12	18	25	40	63	100	160	250	0.4	0.63	1	1.6	2.5	4	6.3
180	250	4.5	7	10	14	20	29	46	72	115	185	290	0.46	0.72	1.15	1.85	2.9	4.6	7.2
250	315	6	8	12	16	23	32	52	81	130	210	320	0.52	0.81	1.3	2.1	3.2	5.2	8.1
315	400	7	9	13	18	25	36	57	89	140	230	360	0.57	0.89	1.4	2.3	3.6	5.7	8.9
400	500	8	10	15	20	27	40	60	97	155	250	400	0.63	0.97	1.55	2.5	4	6.3	9.7
500	630	9	11	16	22	32	44	70	110	175	280	440	0.7	1.1	1.75	2.8	4.4	7	11
630	800	10	13	18	25	36	50	80	125	200	320	500	0.8	1.25	2	3.2	5	8	12.5
800	1000	11	15	21	28	40	56	90	140	230	360	560	0.9	1.4	2.3	3.6	5.6	9	14
1000	1250	13	18	24	33	47	66	105	165	260	420	660	1.05	1.65	2.6	4.2	6.6	10.5	16.5
1250	1600	15	21	29	39	55	78	125	195	310	500	780	1.25	1.95	3.1	5	7.8	12.5	19.5
1600	2000	18	25	35	46	65	92	150	230	370	600	920	1.5	2.3	3.7	6	7.8	12.5	19.5
2000	2500	22	30	41	55	78	110	175	280	440	700	1100	1.75	2.8	4.4	7	7.8	12.5	19.5
2500	3150	26	36	50	68	96	135	210	330	540	860	1350	2.1	3.3	5.4	8.6	13.5	21	33

注：1. 公称尺寸大于 500mm 的 IT1 ~ IT5 的标注公差为试行。

　　2. 公称尺寸小于或等于 1mm 时，无 IT14 ~ IT18。

10）公差带：在公差带图解中，由代表上极限偏差和下极限偏差或上极限尺寸和下极限尺寸的两条线所限定的区域。它由公差带的大小和其相对零线的位置（如基本偏差）来确定（见图9-33）。

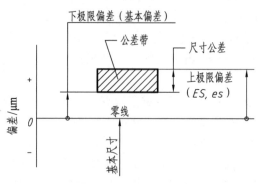

图9-33　公差带图解

11）基本偏差：指公差带靠近零线的上极限偏差或下极限偏差。当公差带位于零线下方时，其基本偏差为上极限偏差；当公差带位于零线上方时，其基本偏差为下极限偏差。

国家标准分别对孔和轴的基本偏差系列规定了28个，用拉丁字母表示，大写为孔，小写为轴，如图9-34所示。

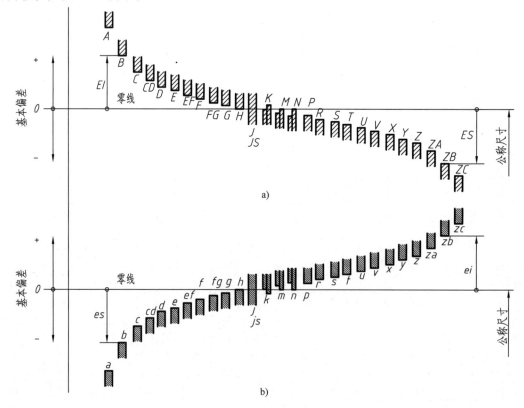

图9-34　基本偏差系列示意图
a）孔　b）轴

基本偏差只是确定了公差带的位置，和公差带的大小无关，因而图 9-34 中公差带远离零线的一端是开口的，它取决于各公差等级的标准公差的大小。

12）公差带代号：由基本偏差代号和公差等级代号组成。例如：

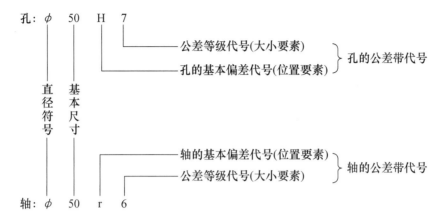

2. 配合

公称尺寸相同的、相互结合的孔和轴公差带之间的结合关系叫配合。根据配合时出现的间隙和过盈的情况，可将配合分为三类。

1）间隙配合：具有间隙（包括最小间隙为零）的配合。此时，孔的公差带在轴的公差带之上，如图 9-35 所示。

间隙：孔的尺寸减去相配合的轴的尺寸之差为正（见图 9-35a）。

最小间隙：在间隙配合中，孔的下极限尺寸与轴的上极限尺寸之差（见图 9-35b）。

最大间隙：在间隙配合中，孔的上极限尺寸与轴的下极限尺寸之差（见图 9-35b）。

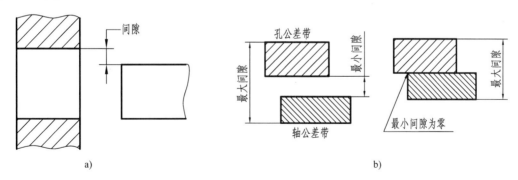

图 9-35　间隙配合

a）间隙　b）公差带图解

2）过盈配合：具有过盈（包括最小过盈为零）的配合。此时，轴的公差带在孔的公差带之上，如图 9-36 所示。

过盈：孔的尺寸减去相配合的轴的尺寸之差为负（见图 9-36a）。

最小过盈：在过盈配合中，孔的上极限尺寸与轴的下极限尺寸之差（见图 9-36b）。

最大过盈：在过盈配合中，孔的下极限尺寸与轴的上下极限尺寸之差（见图 9-36b）。

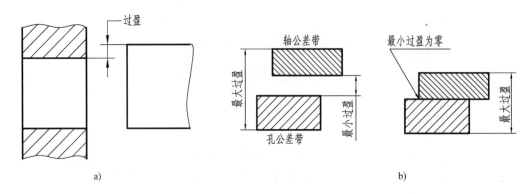

图 9-36　过盈配合

a）过盈　b）公差带图解

3）过渡配合：可能具有间隙或过盈的配合。此时，孔的公差带与轴的公差带相互交叠，如图 9-37 所示。

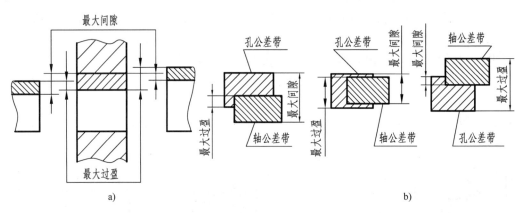

图 9-37　过渡配合

a）过渡　b）公差带图解

4）配合公差：组成配合的孔与轴的公差之和。它是允许间隙或过盈的变动量。配合公差是一个没有符号的绝对值。

5）配合制：同一极限制的孔和轴组成的一种配合制度。即在制造互相配合的零件时，使其中一种零件作为基准件，它的基本偏差固定，通过改变另一种零件的偏差来获得各种不同性质的配合制度。根据生产实际需要，国家标准规定了下列两种配合制。

① 基孔制：基本偏差为一定的孔的公差带与不同基本偏差的轴的公差带形成各种配合的一种制度，如图 9-38a 所示。

基孔制配合中的孔为基准孔，其基本偏差代号为 H，下极限偏差为零。

轴的基本偏差为 a 到 h 时与基准孔形成间隙配合；j 到 zc 时为过渡或过盈配合。

② 基轴制：基本偏差为一定的轴的公差带与不同基本偏差的孔的公差带形成各种配合

的一种制度，如图 9-38b 所示。

基轴制配合中的轴为基准轴，其基本偏差代号为 h，上极限偏差为零。

孔的基本偏差为 A 到 H 时与基准轴形成间隙配合；J 到 ZC 时为过渡或过盈配合。

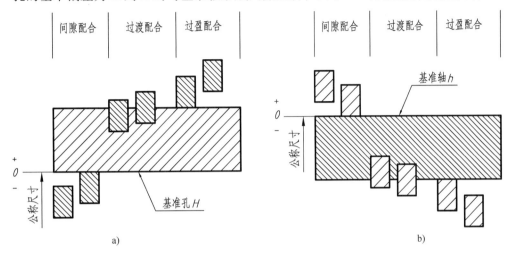

图 9-38　配合制的公差带示意图
a) 基孔制配合　b) 基轴制配合

6）优先、常用配合。从实际需要和经济性出发，GB/T1801—2020 规定了优先和常用配合。

公称尺寸至 500mm 的基孔制优先和常用配合见表 9-6；基轴制的优先和常用配合见表 9-7。其极限间隙或极限过盈的数值参见书后附录。选择时首先选择表中的优先配合，其次选用常用配合。

公称尺寸大于 500～3150mm 的配合一般采用基孔制的同级配合。根据零件制造特点，如采用配制配合，可参考相应国家标准。

7）配合代号：由相互配合的孔、轴公差带的代号组成，用分数表示，分子为孔的公差带代号，分母为轴的公差带代号，如 H8/f7、K7/h6。显然，孔的代号为 H 时，就是基准孔，是基孔制配合；轴的代号为 h 时，就是基准轴，是基轴制配合。

表 9-6　基孔制优先、常用配合

基准孔	轴																				
	a	b	c	d	e	f	g	h	js	k	m	n	p	r	s	t	u	v	x	y	z
	间隙配合								过渡配合				过盈配合								
H6						$\frac{H6}{f5}$	$\frac{H6}{g5}$	$\frac{H6}{h5}$	$\frac{H6}{js5}$	$\frac{H6}{k5}$	$\frac{H6}{m5}$	$\frac{H6}{n5}$	$\frac{H6}{p5}$	$\frac{H6}{r5}$	$\frac{H6}{s5}$	$\frac{H6}{t5}$					
H7						$\frac{H7}{f6}$	$\frac{H7}{g6}$	$\frac{H7}{h6}$	$\frac{H7}{js6}$	$\frac{H7}{k6}$	$\frac{H7}{m6}$	$\frac{H7}{n6}$	$\frac{H7}{p6}$	$\frac{H7}{r6}$	$\frac{H7}{s6}$	$\frac{H7}{t6}$	$\frac{H7}{u6}$	$\frac{H7}{v6}$	$\frac{H7}{x6}$	$\frac{H7}{y6}$	$\frac{H7}{z6}$
H8				$\frac{H8}{e7}$		$\frac{H8}{f6}$	$\frac{H8}{g7}$	$\frac{H8}{h7}$	$\frac{H8}{js7}$	$\frac{H8}{k7}$	$\frac{H8}{m7}$	$\frac{H8}{n7}$	$\frac{H8}{p7}$	$\frac{H8}{r7}$	$\frac{H8}{s7}$	$\frac{H8}{t7}$	$\frac{H8}{u7}$				
				$\frac{H8}{d8}$	$\frac{H8}{e8}$	$\frac{H8}{f8}$		$\frac{H8}{h8}$													
H9			$\frac{H9}{c9}$	$\frac{H9}{d9}$	$\frac{H9}{e9}$	$\frac{H9}{f9}$		$\frac{H9}{h9}$													

（续）

基准孔	轴																					
	a	b	c	d	e	f	g	h	js	k	m	n	p	r	s	t	u	v	x	y	z
	间隙配合								过渡配合				过盈配合								
H10			$\frac{H10}{c10}$	$\frac{H10}{d10}$				$\frac{H10}{h10}$													
H11	$\frac{H11}{a11}$	$\frac{H11}{b11}$	$\frac{H11}{c11}$	$\frac{H11}{d11}$				$\frac{H11}{h11}$													
H12		$\frac{H12}{b12}$						$\frac{H12}{h12}$													

注：1. $\dfrac{H6}{n5}$、$\dfrac{H7}{p6}$ 在公称尺寸小于或等于 3mm 或等于 100mm 时，为过渡配合。

2. 标注 ▼ 的配合为优先配合。

表 9-7 基轴制优先、常用配合

基准轴	孔																					
	A	B	C	D	E	F	G	H	JS	K	M	N	P	R	S	T	U	V	X	Y	Z
	间隙配合								过渡配合				过盈配合								
h5						$\frac{F6}{h5}$	$\frac{G6}{h5}$	$\frac{H6}{h5}$	$\frac{JS6}{h5}$	$\frac{K6}{h5}$	$\frac{M6}{h5}$	$\frac{N6}{h5}$	$\frac{P6}{h5}$	$\frac{R6}{h5}$	$\frac{S6}{h5}$	$\frac{T6}{h5}$					
h6						$\frac{F7}{h6}$	$\frac{G7}{h6}$	$\frac{H7}{h6}$	$\frac{JS7}{h6}$	$\frac{K7}{h6}$	$\frac{M7}{h6}$	$\frac{N7}{h6}$	$\frac{P7}{h6}$	$\frac{R7}{h6}$	$\frac{S7}{h6}$	$\frac{T7}{h6}$	$\frac{U7}{h6}$				
h7					$\frac{E8}{h7}$	$\frac{F8}{h7}$	$\frac{G8}{g7}$	$\frac{H8}{h7}$	$\frac{JS8}{h7}$	$\frac{K8}{h7}$	$\frac{M8}{h7}$	$\frac{N8}{h7}$									
h8				$\frac{D8}{h8}$	$\frac{E8}{h8}$	$\frac{F8}{h8}$		$\frac{H8}{h8}$													
h9				$\frac{D9}{h9}$	$\frac{E9}{h9}$	$\frac{F9}{h9}$		$\frac{H9}{h9}$													
h10			$\frac{C10}{h10}$	$\frac{D10}{h10}$				$\frac{H10}{h10}$													
h11	$\frac{A11}{h11}$	$\frac{B11}{h11}$	$\frac{C11}{h11}$	$\frac{D11}{h11}$				$\frac{H11}{h11}$													
h12		$\frac{B12}{h12}$						$\frac{H12}{h12}$													

注：标注 ▼ 的配合为优先配合。

3. 公差与配合在图样上的标注

国家标准《机械制图 尺寸公差与配合注法》（GB/T 4458.5—2003）规定了机械图样中尺寸公差与配合公差的标注方法。

（1）在装配图上的标注

在装配图上的标注方法，如图 9-39 所示，即在公称尺寸后标出配合代号。

（2）在零件图上的标注

零件图上的标注方法如图 9-40 所示，有如下三种。

1）在公称尺寸后，标出公差带代号（见图 9-40a），这种形式用于大批量生产的零件图上。

2）在公称尺寸后，标出上、下极限偏差数值（见图 9-40b），这种形式用于单件小批量生产的零件图上。

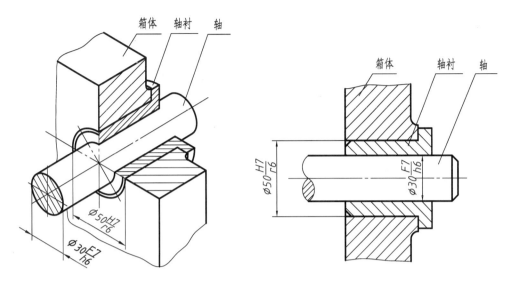

图 9-39 配合代号在装配图上的标注

3）在公称尺寸后，同时注出公差带代号和极限偏差数值，此时极限偏差数值应在括号内（见图9-40c），这种形式用于生产批量不定的零件图上。

公称尺寸后填写偏差数值时，其字号应较公称尺寸的数字小一号，上极限偏差应写在公称尺寸的右上方，下极限偏差应与公称尺寸注在同一底线上。上、下极限偏差的小数点必须对齐，小数点后的位数也必须相同。当偏差为零时，用数字"0"标出，并与偏差的小数点前的个位数对齐，如图9-40中的箱体和轴的尺寸。当上、下极限偏差的数值相同时，偏差只需注写一次，公称尺寸与偏差数值间加注符号"±"且两者数字高度相同。

（3）查表方法

互相配合的孔和轴，按公称尺寸和公差带可通过查阅 GB/T 1800.2—2020 中所列的表格获得上、下极限偏差数值。优先配合中的轴、孔的上、下极限偏差数值可直接查阅书后附录。

例题 查表写出 $\phi50H8/f7$ 的上、下极限偏差数值。

解 由表 9-6 可知，H8/f7 是基孔制优先配合，其中 H8 是基准孔的公差带；f7 是配合轴的公差带。

1）$\phi50H8$ 基准孔的上、下极限偏差可由书后相应附录中查得。在表中由公称尺寸大于 40～50 的行与公差带 H8 的列相交处查得 $^{+39}_{0}$（即 $^{+0.039}_{0}$ mm），这就是基准孔的上、下极限偏差，所以 $\phi50H8$ 可写成 $\phi50^{+0.039}_{0}$。

2）$\phi50f7$ 配合轴的上、下极限偏差可由书后相应附录中查得。在表中由公称尺寸大于 40～50 的行与公差带 f7 的列相交处查得 $^{-25}_{-50}$，就是配合轴的上、下极限偏差，所以 $\phi50f7$ 可写成 $\phi50^{-0.025}_{-0.050}$。

为了保证产品的质量，对零件上较低精度的非配合尺寸也要控制误差、规定公差，这种公差称为一般公差，它们的公差等级和极限偏差值可查阅 GB/T 1804—2000《一般公差 未注公差的线性和角度尺寸的公差》。

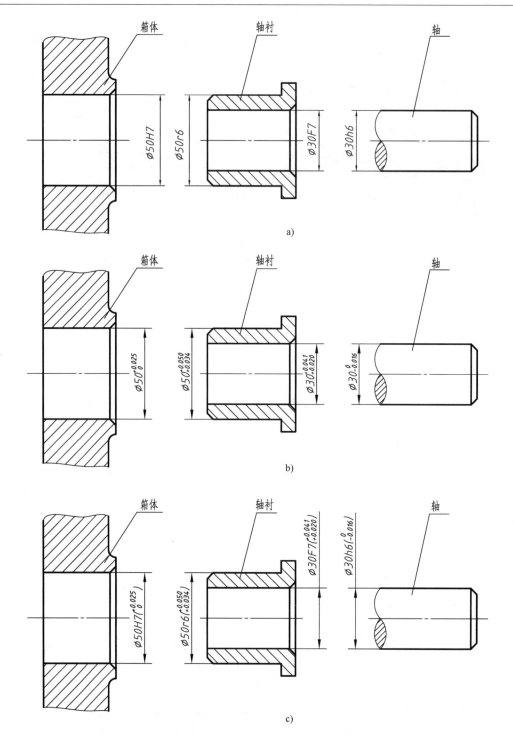

图 9-40　公差与配合在零件图上的标注

9.5.3　几何公差

1. 基本概念

在机器中有些精确度较高的零件，不仅要保证其尺寸公差还要保证其几何公差。《产品几何技术规范（GPS）几何公差　形状、方向、位置和跳动公差标注》GB/T 1182—2018 规定了工件几何公差标注的基本要求和方法。零件的几何特性是零件的实际要素对其几何理想要素的偏离情况，它是决定零件功能的因素之一。几何误差包括形状、方向、位置、和跳动误差。为了保证机器的质量，要限制零件对几何误差的最大变动量，称为几何公差，允许变动量的值称为公差值。

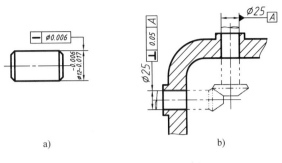

图 9-41　几何公差示例

如图 9-41a 所示，为了保证滚柱工作质量，除了标注直径的尺寸公差外，还需标注滚柱轴线的形状公差 ⊢ ⌀0.006，这个代号表示滚柱实际轴线与理想轴线之间的变动量——直线度，误差必须控制在直径差为 0.006mm 的圆柱面内。又如图 9-41b 所示，箱体上两个孔是安装锥齿轮轴的孔，如果两孔轴线歪斜度太大，就会影响锥齿轮的啮合传动。为了保证正常的啮合，应该使两孔轴线保持一定的垂直距离，所以要给出位置公差——垂直度要求。图 9-41 中 ⊥ 0.05 A 说明水平孔的轴线必须位于距离为 0.05mm 且垂直于铅垂孔的轴线的两平行平面之间，A 为基准符号字母。

2. 几何特征和符号

几何公差的类型、几何特征和符号见表 9-8。

表 9-8　几何公差的类型、几何特征和符号

公差类型	几何特征	符号	有无基准	公差类型	几何特征	符号	有无基准
形状公差	直线度	—	无	位置公差	位置度	⊕	有
	平面度	▱			同心度（用于中心线）	◎	
	圆度	○					
	圆柱度	⌭			同轴度（用于轴线）		
	线轮廓度	⌒					
	面轮廓度	⌓			对称度	=	
方向公差	平行度	//	有		线轮廓度	⌒	
	垂直度	⊥			面轮廓度	⌓	
	倾斜度	∠		跳动公差	圆跳动	↗	
	线轮廓度	⌒			全跳动	↗↗	
	面轮廓度	⌓					

3. 附加符号及其标注

本节仅简要说明 GB/T 1182—2018 中标注被测要素几何公差的附加符号——公差框格，及基准要素的附加符号。

（1）公差框格

如图 9-42 所示，几何公差要求注写在公差框格内。

（2）被测要素

按下列方式之一用指引线连接被测要素和公差框格。指引线引自框格的任意一侧，终端带一箭头。

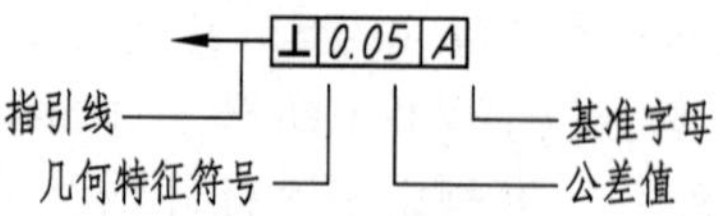

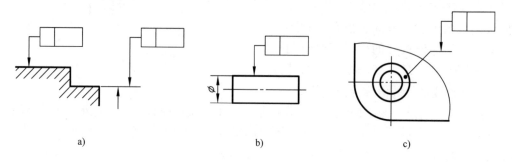

图 9-42　公差框格

1）当公差涉及轮廓线或轮廓面时，箭头指向该要素的轮廓线或其延长线（应与尺寸线明显错开），如图 9-43a、b所示。箭头也可以指向引出线的水平线，引出线引自被测面，如图 9-43c 所示。

a)　　　　　　　　　　　　b)　　　　　　　　　　　　c)

图 9-43　被测要素的标注方法（一）

2）当公差涉及要素的中心线、中心面或中心点时，箭头应位于相应尺寸的延长线上，如图 9-44 所示。

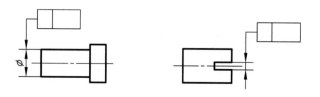

图 9-44　被测要素的标注方法（二）

（3）基准

1）与被测要素相关的基准用一个大写字母表示。字母标注在基准方格内，与一个涂黑的或空白的三角形相连以表示基准，如图 9-45 所示。涂黑的或空白的三角形含义相同。

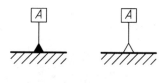

图 9-45　基准符号

2）基准三角形应按如下规定放置：当基准要素是轮廓线或轮廓面时，基准三角形放置在该要素的轮廓线或其延长线上（应与尺寸线明显错开），如图 9-46a 所示。基准三角形也可以放置在引出线的水平线上，如图 9-46b 所示。

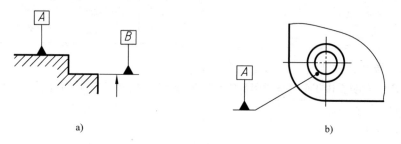

a)　　　　　　　　　　　　b)

图 9-46　基准要素的标注方法（一）

当基准是尺寸要素确定的轴线、中心平面或中心点时，基准三角形应放置在该尺寸的延长线上，如图9-47a所示。如果没有足够位置标注基准要素尺寸的两个尺寸箭头，则其中一个箭头可用基准三角形代替，如图9-47b所示。

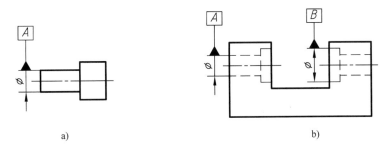

图9-47 基准要素的标注方法（二）

3）以单个要素作基准时，在公差框格内用一个大写字母表示，如图9-48a所示。以两个要素建立公共基准体系时，用中间加连字符的两个大写字母表示，如图9-48b所示。以两个或三个基准建立基准体系（即采用多基准）时，表示基准的大写字母按基准的优先顺序自左至右填写在各个框格内，如图9-48c所示。

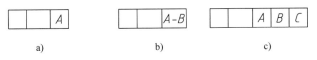

图9-48 基准要素的标注方法（三）

4. 几何公差标注示例

图9-49所示是一根气门阀杆。图9-49中的文字只是注释几何公差，在实际图样中不应注写。从图9-49中可以看到，当被测要素为线或表面时，从框格引出的指引线箭头，应指在该要素的轮廓线或其延长线上。当被测要素是轴线时，应将箭头与该要素的尺寸线对齐，如M8×1轴线的同轴度注法。当基准要素是轴线时，应将基准符号与该要素的尺寸线对齐，如基准A。

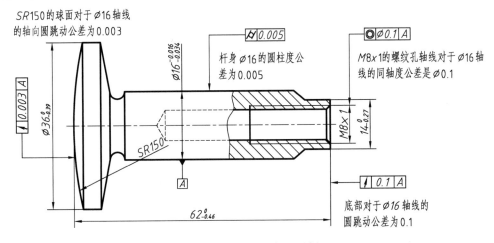

图9-49 几何公差标注示例

9.6　看零件图

看零件图，主要是能根据零件图想象出零件的结构形状，找出尺寸基准，了解零件的加工精度和技术要求，并了解零件在机器中的作用。

9.6.1　看零件图的方法和步骤

1. 概况了解

从标题栏中了解零件的名称、材料、重量、比例等内容。从名称可以判断该零件属于哪一类零件，从材料可以大致了解其加工方法，从绘图比例可估计零件的实际大小。必要时，最好对照机器、部件实物或装配图了解该零件的装配关系等，从而对零件有初步的了解。

2. 分析各视图，想象零件的结构形状

以主视图为中心，联系其他视图（包括剖视图、断面图等）弄清各视图之间的投影关系；以形体分析为主，结合零件上常见结构知识，看懂零件各部分的形状，综合起来想象出整个零件的形状。

3. 分析尺寸和技术要求

分析零件的长、宽、高三个方向的尺寸基准，从基准出发查找各部分的定形、定位尺寸，并分析尺寸的加工精度要求。必要时还要联系机器或部件与该零件有关的零件一起分析，以便深入理解尺寸之间的关系，以及所标注的尺寸公差、几何公差和表面粗糙度等技术要求。

4. 综合归纳

零件图表达了零件的结构形状、尺寸及精度要求等内容，它们之间是相互关联的。看图时应将视图、尺寸和技术要求综合考虑，才能对这个零件形成完整的认识。

9.6.2　看零件图举例

现以图 9-50 所示涡轮减速器为例，介绍看涡轮箱体零件图的方法。

1. 概况

从标题栏中可知，零件的名称是涡轮箱体，属箱体类零件，用于支撑涡轮蜗杆等零件。从比例可知零件的大小，从材料 HT2000 可知是铸件，应具有铸件的一般结构。

2. 分析各视图，想象零件的结构形状

（1）找主视图看全图

该零件采用 3 个基本视图和 3 个局部视图表达它的内外形状。首先找出最能反映零件结构特征的主视图；然后从它的全剖视图看到箱体中空的层次和内外部的大体结构。

从主视图的 D—D 剖切部位，联系左视图的 D—D 局部剖视图，可清楚看出该处的结构是装配蜗杆用的滚动轴承孔，以及轴孔上方未剖部位的箱体内外轮廓。俯视图采用 C—C 半剖视图，用以加深对箱体内部的表达以及底板和安装螺钉用孔的分布情况。

B、E、F 3 个局部视图，分别配合 3 个基本视图较完整地把箱体各部结构表达清楚。

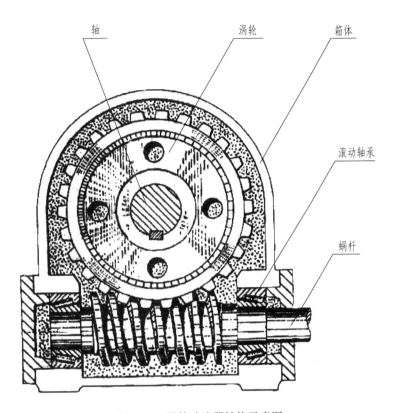

图 9-50 涡轮减速器结构示意图

（2）按形体来分析

对较复杂的零件，应按形体联系投影关系作形体分析和线面分析，解决视图中难以立即看懂的部位，有时要联系尺寸想形体。

（3）以结构和功用结合来分析

在看图中，往往会遇到个别部位难以看懂，此时除运用投影关系进行分析外，还可以把结构和功用结合起来想。例如，F 向见表视图的结构，从主、俯视图联系看，俯视图中该处两线之间的封闭线框表示 R20 的圆柱面的一部分。根据机械常识可以判别出该处是为了安装放油的螺塞而形成的部分圆柱面。

3. 分析尺寸和技术要求

分析尺寸，一是找出基准，二是要分清功能（主要）尺寸和非功能（次要）尺寸，这对了解零件的设计要求和切削加工是非常重要的。图中有公差的尺寸和所有定位尺寸都是功能尺寸，其余为非功能尺寸。所有的尺寸基准，主要是围绕涡轮、蜗杆啮合中心距，保证涡轮、蜗杆正常传动和装配相关的零件而确定的。箱体底面为高度方向的基准。涡轮和蜗杆的轴线，有的为配合表面和螺孔定位尺寸的设计尺寸基准，有的为箱体各部结构尺寸的设计基准。主视图的左端面是箱体空腔中 $\phi70$ 端面和蜗杆轴线的定位基准。

该零件各部分的定形尺寸和总体尺寸，请读者自行分析。

从视图所标注的尺寸公差、几何公差和表面粗糙度等技术要求中，能全部了解该箱体零件的质量和功能要求，如图 9-51 所示。

4. 综合归纳

通过上述分析，想象出该箱体零件的结构形状，如图 9-52 所示。

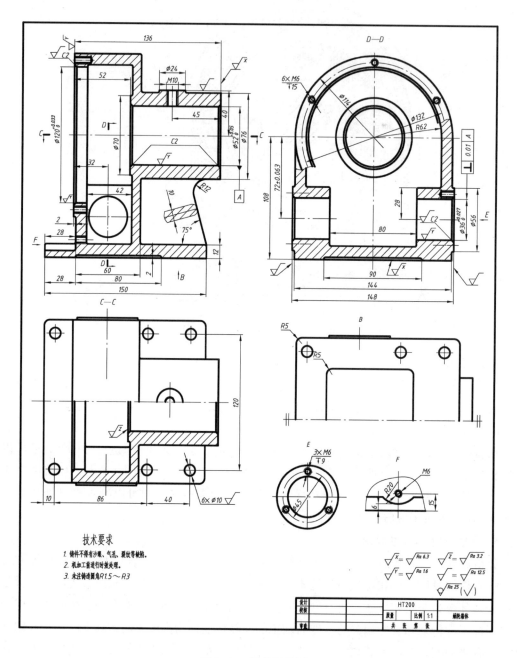

图 9-51　箱体零件图

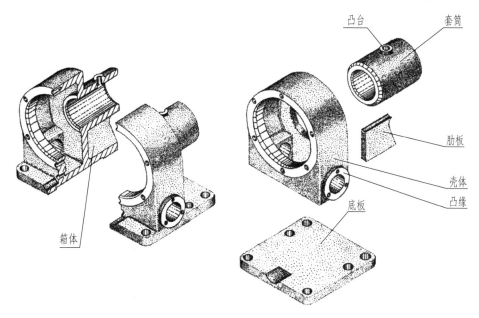

图 9-52　涡轮箱体分解轴测图

9.7　零件的测绘

零件的测绘就是根据实际零件画出它的零件图。通常先绘制出零件的草图（即徒手绘制图形，用目测来画零件的各部分结构形状、大小及相对位置，然后将实物上测得的尺寸标注上去，并将零件图所需的其他资料补全），再将零件草图经整理后用绘图工具画成零件图。测绘的步骤如下。

9-3　零件的测绘

1）准备工作。了解零件的名称、用途、材料等，对零件的结构形状进行分析，为确定视图方案、标注尺寸、确定表面粗糙度等技术要求创造条件。

2）确定视图方案。

3）画零件草图。

4）将零件草图整理画成零件图。

9.7.1　画零件草图

1. 画零件草图的步骤

1）在方格纸上定出各视图的位置，应注意在各视图之间留有注尺寸的空间。

2）徒手目测绘制出各视图。

3）选择尺寸基准，画尺寸界线和尺寸线。

4）测量尺寸，填写尺寸数字。

5）确定各种加工精度，即尺寸公差、几何公差、表面粗糙度。

6）填写技术要求、标题栏等。

2. 零件测绘应注意的事项

1）零件上的缺陷（铸件上的砂眼、裂纹、缩孔；加工的缺陷）及长期使用产生的磨损均不应画出。对磨损部位应注意其尺寸的准确性。

2）零件上的标准结构要素如螺纹、退刀槽、越程槽、倒角、倒圆等在测量后均需查表，予以校正。

图9-53是测绘法兰接头的零件草图示例（不要用绘图工具画）。草图完成后，应认真检查核对，做到视图表达完全清楚，尺寸标注齐全没有遗漏，技术要求明确。然后再根据草图选择适当比例，按所测得的尺寸画出零件图。

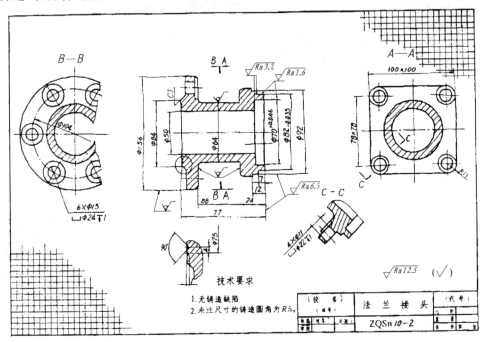

图9-53　法兰接头零件草图

9.7.2　零件的尺寸测量

1. 常见量具

图9-54为常见的几种量具。

2. 几种常见的测量方法

1）测量长度、外径、内径所用的量具及测量方法，如图9-55所示。

2）测量壁厚和深度所用的量具及测量方法，如图9-56所示。

3）测量孔的中心距和孔到基面的中心距所用的量具及测量方法，如图9-57所示。

4）测定曲面轮廓的拓印法，如图9-58所示。用纸拓印其轮廓，借以判定曲线的种类和连接情况。曲线中的圆弧部分，需测出其半径。测定曲线回转面的外形轮廓的方法如图9-59所示。可用软铅丝沿曲面外形弯成实形，但撤出时应防止铅丝变形。最后沿铅丝绘出曲线并分段用中垂线求得各段圆弧的中心，定出其半径。

3. 测量尺寸时应注意的问题

1）由于铸件的毛面和非功能尺寸都存在较大的误差。因此对这类尺寸，所测得的数值

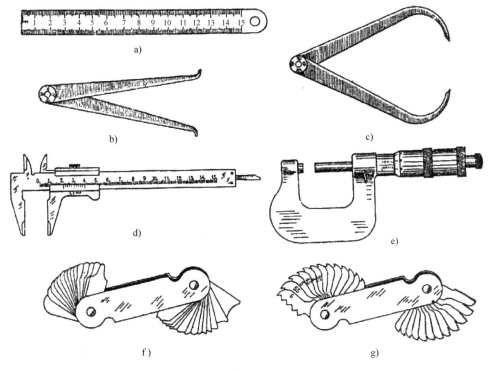

图 9-54 常见的几种量具

a) 钢直尺　b) 内卡钳　c) 外卡钳　d) 游标卡尺　e) 千分尺　f) 半径样板　g) 螺纹样板

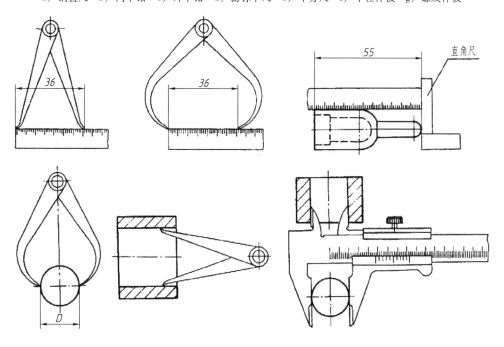

图 9-55　测量长度、外径、内径

一般都要圆整到整数。通常尺寸大于 20 时，其测量数值尾数为 2、5、8 或 0。

2）结构要素的尺寸一定要符合各自标准的规定。量注尺寸时，参考本书的附录。

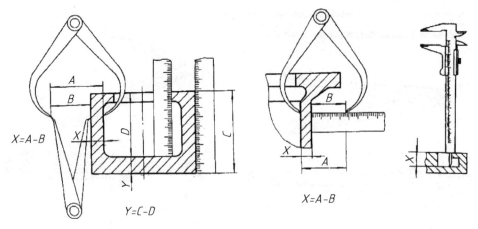

图 9-56　测量壁厚、深度

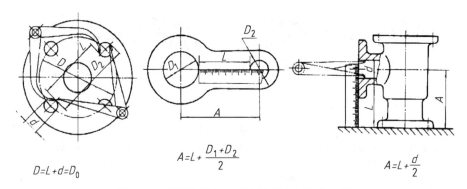

$$D=L+d=D_0$$

$$A=L+\frac{D_1+D_2}{2}$$

$$A=L+\frac{d}{2}$$

图 9-57　测量孔的中心距和孔到基面的中心距

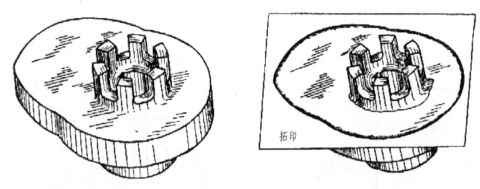

图 9-58　用拓印法测曲面轮廓

3）由于测得的尺寸都是实际尺寸，因此对功能尺寸必须圆整到公称尺寸。关于尺寸公差，可根据配合性质查表确定。

9.7.3　螺纹的测量

螺纹的测绘就是确定其牙型、大径、螺距、导程、线数、旋向等参数。螺纹的倒角、螺尾部分的退刀槽尺寸等可查表得到；螺纹的长度能直接量出；螺纹的头数可从螺纹件的端面数出；螺纹的旋向，可将螺纹件垂直放置，所见螺纹线自左向右升起的是右螺纹，反之为左

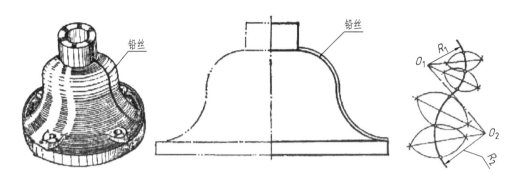

图 9-59　用铅丝法测曲线回转面轮廓

螺纹。

1. 确定螺纹的种类

（1）观察分析法

机器零件的连接或紧固，一般用粗牙普通螺纹。细牙螺纹用于薄壁零件或受变载、冲击、振动的零件以及精密仪器的调整件上。

梯形螺纹的牙型，用眼即可辨出。

管螺纹加工在管子的外表面或管接头的内表面上，也有时加工在薄壁零件上。

寸制螺纹一般出现在以英制为计量单位的国家的产品上，如英国、美国等。

（2）螺纹样板法

用螺纹样板可准确判别普通螺纹和寸制螺纹。

2. 测螺纹的主要参数

螺纹的主要参数是牙型、大径和螺距。普通螺纹和管螺纹的牙型及螺距可由各自的螺纹样板测出，如图 9-60 所示。通常不测内螺纹，对相配的螺纹，都以测得的外螺纹来代替内螺纹的参数。螺纹的大径用游标卡尺或千分尺直接量出。

在没有螺纹样板的情况下，可以在纸上压出螺纹印痕，然后算出螺距，即 $P = T/n$，T 为几个螺距的长度，n 为螺距数量，如图 9-61 所示。根据算出的螺距，在附表中查出标准值。

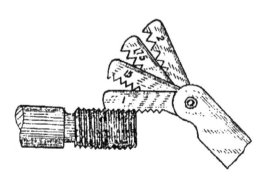

图 9-60　测量牙型和螺距

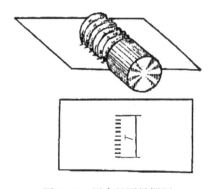

图 9-61　用直尺测量螺距

思 考 题

1. 完整的零件图应包含哪几方面的内容？
2. 合理标注零件图的尺寸应注意哪些问题？
3. 零件图的技术要求都有哪些内容？何谓极限与配合？
4. 何谓配合制？什么是基孔制配合？什么是基轴制配合？
5. 测绘零件时应注意什么问题？零件草图与零件图有何区别？

第10章 装 配 图

【本章主要内容】
- 装配图的内容
- 装配图的图样画法
- 装配图的尺寸标注
- 序号、指引线、明细栏和标题栏
- 装配图工艺性和技术要求
- 装配图的绘制
- 看装配图及由装配图拆画零件图
- 装配体的计算机构型和分解图

机器或部件都是由若干零件按一定的装配关系和技术要求装配而成的，用于表达机器或部件各组成部分间的结构形状、工作原理、相对位置、连接方式和配合关系等的图样，称为装配图。在设计机器或部件时，要先画出装配图，再根据装配图画出符合机器或部件要求的零件图。在装配时，要根据装配图的技术要求和装配工艺，把各零、部件按一定顺序装配成机器或部件；在使用、管理和维修机器时，需要通过装配图来了解机器的结构、性能、工作原理等。因此，装配图是生产中重要的技术文件，它是安装、调试、操作、检修机器或部件的重要依据。

本章将介绍装配图的内容、装配图的特殊表示法、装配图的画法和尺寸标注、看装配图和由装配图拆画零件图的方法等。

10.1 装配图的内容

图 10-1 是滑动轴承的轴测图，滑动轴承是支承传动轴的一个部件，由 8 个零件所组成。图 10-2 是滑动轴承的装配图，它表达了滑动轴承的工作原理和装配关系。由图 10-2 可见，一张完整的装配图应具备以下几方面内容。

10-1　装配图的
内容

1. 一组视图

用来表达机器或部件的工作原理、零件间的装配关系、零件的连接方式以及主要零件的结构形状等。

2. 必要的尺寸

装配图中必须标注反映机器或部件的规格性尺寸、装配尺寸、安装尺寸、总体尺寸和一些必需的重要尺寸。

3. 技术要求

在装配图中用文字或符号说明机器或部件的性能、装配、安装、检验和使用等方面的要求。

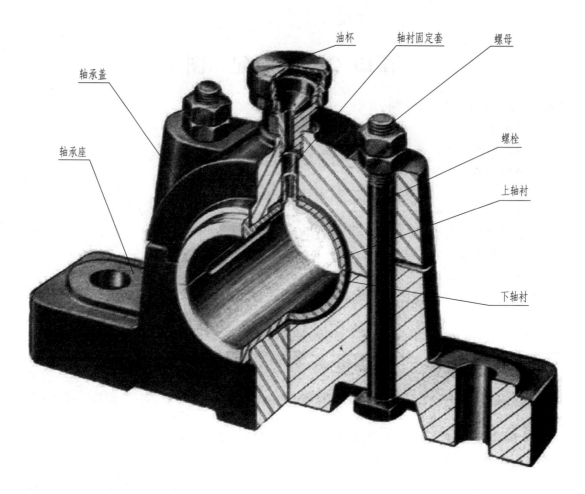

图 10-1　滑动轴承的轴测图

4. 零件序号、明细栏和标题栏

为了便于看图和组织、管理生产工作，应对装配图中的组成零件或部件编写序号，并填写明细栏和标题栏，说明机器或部件的名称、图号、图样比例以及零件的名称、材料、数量等一般概况。

10.2　装配图的图样画法

第 7 章介绍的机件的各种表达方法，均适用于装配图。但由于装配图表达的侧重点与零件图有所不同，因此，国家标准对绘制装配图又制定了一些规定画法和特殊表达方法。

10.2.1　规定画法

在装配图中，为了易于区分不同的零件，并便于清晰地表达出各零件之间的装配关系，在画法上有以下规定。

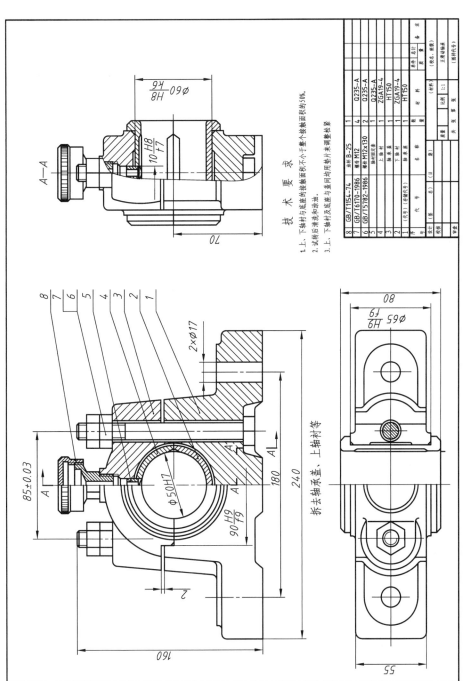

图 10-2 滑动轴承装配图

1. 接触面和配合面的画法

基本尺寸相同的配合面及两相邻零件的接触面只画一条轮廓线，而基本尺寸不同的非配合面和非接触面，即使间隙很小，也必须画成两条线。如图 10-3a 中轴和孔的配合面、图 10-3b 中两个被联接件的接触面均画一条线；图 10-3b 中螺杆和孔之间是非接触面应画两条线。

10-2　装配图的图样画法

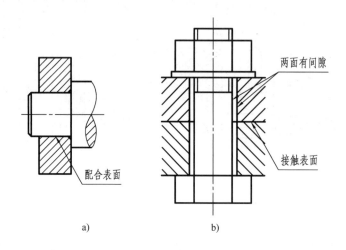

图 10-3　规定画法（一）

2. 剖面线的画法

在剖视图和断面图中，同一个零件的剖面线倾斜方向和间隔应保持一致；相邻两零件的剖面线方向应相反，或者方向一致、间隔不同。如图 10-2 中轴承座在主视图和左视图中的剖面线画成同方向、同间隔；而轴承盖与轴承座的剖面线方向相反；图 10-4 中的填料压盖与阀体的剖面线方向虽然一致，但间隔不同也能以此来区分不同的零件。当装配图中零件的剖面厚度小于 2mm 时，允许将剖面涂黑代替剖面线。

图 10-4　规定画法（二）

压盖螺母
填料压盖
填料
轴
阀体

3. 实心零件和螺纹紧固件的画法

在剖视图中，当剖切平面通过实心零件（如轴、连杆等）和螺纹紧固件（如螺栓、螺母、垫圈等）的基本轴线时，这些零件按不剖绘制。如图 10-3 中的螺栓、螺母及垫圈和图 10-4 中轴的投影均不画剖面线。若其上的孔、槽等结构需要表达时，可采用局部剖视。当剖切平面垂直其轴线剖切时，则应画出剖面线，如图 10-2 俯视图中螺栓的投影。

10.2.2　特殊表达方法

1. 沿零件的结合面剖切和拆卸画法

在装配图中，为了使被遮住的部分表达清楚，可假想沿某些零件的结合面选取剖切平面或假想将某些零件拆卸后绘制，并标注"拆去××等"，这种画法称为拆卸画法，如图 10-2的俯视图，其右半部分就是沿着轴承座和盖的结合面剖切的，这时轴承盖和上轴衬可以看成被拆掉了，而螺栓被切断了，所以螺栓要画出剖面线，在俯视图上方标注"拆去轴承盖、上轴衬等"。

2. 假想画法

在装配图中，当表达该部件与其他相邻零、部件的装配关系时，可用双点画线画出相邻零、部件的轮廓，如图 10-5 所示。

当需要表明某些零件的运动范围和极限位置时，可以在一个极限位置上画出该零件，而在另一个极限位置用双点画线画出其轮廓，如图 10-6 中手柄的极限位置画法。

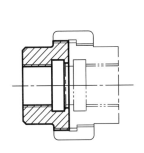

图 10-5　相邻零部件
装配关系的表达

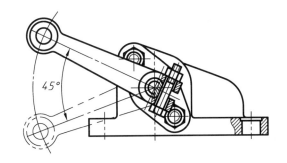

图 10-6　运动零件的极限位置的画法

3. 夸大画法

在装配图中，对于一些薄片零件、细丝弹簧、小的间隙和锥度等，可不按其实际尺寸作图，而是适当地夸大画出，以使图形清晰，如图 10-7 中的垫片，在剖开后涂黑夸大画出。

4. 简化画法

1）在装配图中，螺栓头部和螺母允许采用简化画法。对若干相同的零件组如螺栓、螺钉连接等，在不影响理解的前提下，允许详细地画出一处或几处，其余只需用点画线表示其中心位置，如图 10-7 所示。

2）滚动轴承只需表达其主要结构时，可采用简化画法，如图 10-7 所示。

3）在装配图中，零件的一些工艺结构，如小圆角、倒角、退刀槽和砂轮越程槽等允许不画。

4）在装配图中，被弹簧挡住的结构一般不画出，可见部分应从弹簧的外轮廓线或从弹簧钢丝断面的中心线画起，如图 10-8 所示。

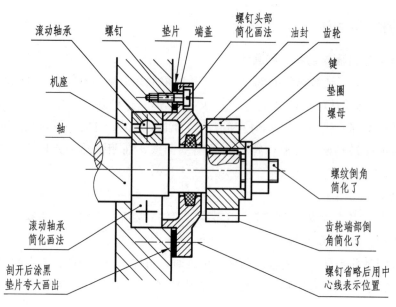

图 10-7　夸大画法和简化画法

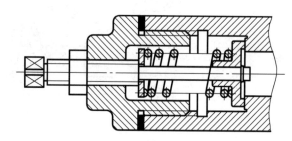

图 10-8　被弹簧遮挡住的结构不再表达

10.3　装配图的尺寸标注

装配图是表达机器或部件的性能、工作原理、装配关系和安装要求的图样。因此，装配图需要标注的尺寸，一般分为以下几类尺寸。

10-3　装配图的
尺寸标注

（1）性能规格尺寸

表示机器或部件工作性能和规格的尺寸。它是在设计时就确定的尺寸，也是设计、了解和选用该机器或部件的依据，如图 10-2 中的轴孔直径 $\phi50H7$、图 10-20 手动球阀中的管直径 $\phi50$。

（2）装配尺寸

表示机器或部件中零件之间装配关系和工作精度的尺寸。它由配合尺寸和相对位置尺寸两部分组成。

1）配合尺寸。在机器或部件装配时，零件间有配合要求的尺寸。如图 10-2 中轴承盖与轴承座的配合尺寸 90H9/f9；轴承盖和轴承座与上、下轴衬的配合尺寸 $\phi60H8/k6$ 等。

2）相对位置尺寸。在机器或部件装配时，需要保证零件间相对位置的尺寸。如图 10-2

中轴承孔轴线到基面的距离 70，两连接螺栓的中心距尺寸 85±0.03。

（3）安装尺寸

表示机器或部件安装时所需要的尺寸，如图 10-2 中滑动轴承的安装孔尺寸 2×φ17 及其定位尺寸 180；图 10-20e 中的 φ104±0.3。

（4）外形尺寸

表示机器或部件外形的总体尺寸，即总长、总宽和总高。它为机器或部件在包装、运输和安装过程中所占空间提供数据，如图 10-2 中的滑动轴承的总体尺寸 240 和 80；图 10-20 中球阀的总体尺寸 180 等。

（5）其他重要尺寸

其他重要尺寸是指在设计中经计算确定的尺寸，而又不包括在上述几类尺寸中。如运动零件的极限尺寸，主体零件的一些重要尺寸等，如图 10-2 中轴承盖和轴承座之间的间隙尺寸 2。

上述几类尺寸之间并不是互相孤立无关的，实际上有的尺寸往往同时具有多种作用。此外，在一张装配图中，也并不一定需要全部注出上述尺寸，而是要根据具体情况和要求来确定。

10.4　序号、指引线、明细栏和标题栏

10.4.1　零、部件序号

为了便于看图，便于图样管理和组织生产，必须对装配图中的所有零、部件进行编号，列出零件的明细栏，并按编号在明细栏中填写该零、部件的名称、数量和材料等。在编写序号时，应遵守下列规定。

1）装配图中所有的零、部件都必须编写序号。相同的多个零、部件应采用一个序号，一个序号在图中只标注一次，图中零、部件的序号应与明细栏中零、部件的序号一致，如图 10-2 中的螺栓和螺母等。

2）序号应注写在指引线一端用细实线绘制的水平线上方、圆内或在指引线端部附近，序号字高要比图中尺寸数字大一号或两号，如图 10-9a 所示。序号编写时应按水平或垂直方向排列整齐，并按顺时针或逆时针方向顺序编号，如图 10-2 所示。

3）指引线用细实线绘制，应自所指零件的可见轮廓内引出，并在其末端画一圆点，如图 10-9a 所示，若所指的部分不宜画圆点，如很薄的零件或涂黑的剖面等，可在指引线的末端画出箭头，并指向该部分的轮廓，如图 10-9b 所示。

4）一组紧固件，以及装配关系清楚的零件组，可以采用公共指引线，如图 10-9c 所示。

5）指引线应尽可能分布均匀且不要彼此相交，也不要过长。指引线通过有剖面线的区域时，要尽量不与剖面线平行，必要时可画成折线，但只允许折一次，如图 10-9d 所示。

10.4.2　明细栏和标题栏

明细栏是机器或部件中全部零、部件的详细目录。明细栏位于标题栏的上方，外框粗实线，内框细实线，零、部件的序号自下而上填写。当图幅受限制时，可移至标题栏的左边继

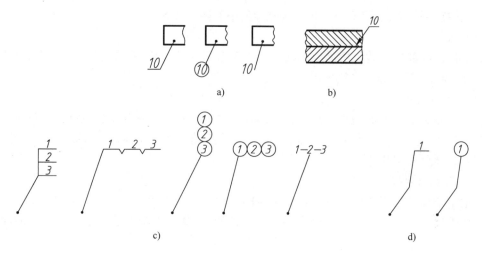

图 10-9　序号的编写形式

续编写，标题栏及明细栏的格式如图 10-10 所示。

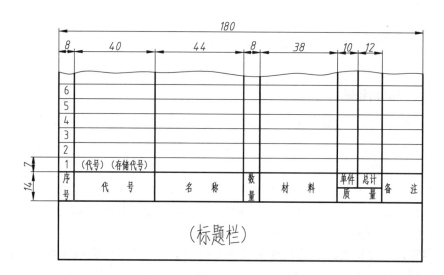

图 10-10　装配图的标题栏和明细栏格式

10.5　装配图工艺性和技术要求

10.5.1　装配图的工艺性

10-4　装配结构的
合理性要求

在设计和绘制装配图的过程中，应该考虑装配结构的合理性，以保证机器（或部件）的使用性能和装拆方便。确定合理的装配结构，必须具有丰富的实践经验，并做深入细致的分析比较。下面仅介绍一些常用的装配结构及其画法，以及正误辨析，供画装配图时参考。

（1）两零件的合理装配工艺结构

1）接触面与配合面结构。装配时两零件在同一方向上一般只宜有一个接触面，既保证了零件接触良好又降低了加工要求，否则就会给加工和装配带来困难，如图 10-11 所示。

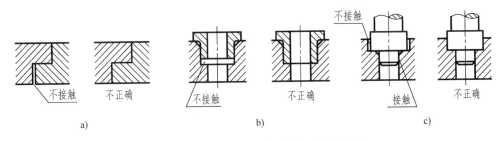

图 10-11　同一方向上一般只有一个接触面

2）接触面转角处的结构。两个配合零件在转角处不应都设计成直角或尺寸相同的圆角，否则折角处就会发生干涉，影响接触面之间的良好接触，影响装配性能，如图 10-12 所示。为了保证图 10-12 所示的轴肩和孔端紧密接触，因此孔端要倒角或轴根要切退刀槽。

应指出，在装配图中一般将倒角、圆退刀槽及砂轮越程槽等结构省略不画，但不等于这些结构要素不存在。

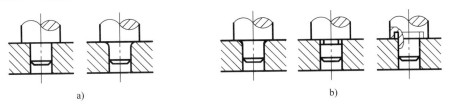

图 10-12　接触面转角处的结构
a）错误　b）正确

（2）密封结构

在一些机器或部件中，一般对外露的旋转轴和管路接口等，常需要采用密封装置，以防止机器内部的液体或气体外流，也防止灰尘等进入机器。

图 10-13a 为泵和阀上的常见密封结构。填料密封通常用浸油的石棉绳或橡胶作填料，拧紧压盖螺母，通过填料压盖可将填料压紧，起到密封作用。

图 10-13b 为管道中管接口的常见密封结构，采用 O 形密封圈密封。

图 10-13c 为滚动轴承的常见密封结构，采用毡圈密封。

各种密封方法所用的零件，有些已经标准化，其尺寸要从有关手册中查取，如毡圈密封中的毡圈。

（3）零件的合理安装与拆卸结构

1）滚动轴承常采用轴肩或孔肩定位。为了方便滚动轴承的拆卸，轴肩或孔肩高度须小于轴承内圈或外圈的厚度，如图 10-14 所示。

2）螺栓和螺钉连接时，孔的位置与箱壁之间应留有足够空间，以保证安装的可能和方便，如图 10-15、图 10-16 所示。

3）销定位时，在可能的情况下应将销孔做成通孔，以便于拆卸，如图 10-17 所示。

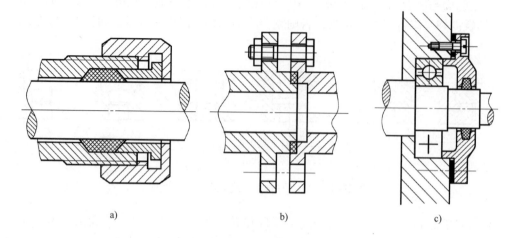

图 10-13　密封结构

a）填料密封　b）O 形密封圈　c）毡圈密封

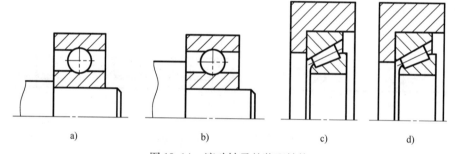

图 10-14　滚动轴承的装配结构

a）正确　b）错误　c）正确　d）错误

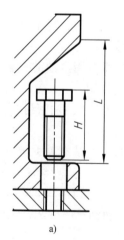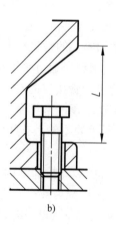

图 10-15　留出螺钉装、卸空间

a）正确　b）错误

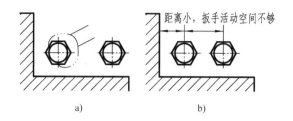

图 10-16　留出扳手活动空间

a）正确　b）错误

10.5.2　技术要求

不同性能的机器或部件，其技术要求也不同。一般包括机器或部件装配和调整的要求、检验的方法和要求、使用规则等各个方面内容。

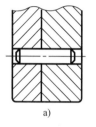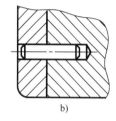

图 10-17　定位销的装配结构

a）正确　b）错误

1）装配要求。包括对机器或部件装配方法的指导，需要在装配时的加工说明，装配后的性能要求等。

2）检验要求。包括机器或部件基本性能的检验方法和条件，装配后保证达到的精度，检验与实验的环境温度、气压，振动实验的方法等。

3）使用要求。包括对机器或部件的基本性能的要求，维护和保养的要求及使用操作时的注意事项等。

装配图的技术要求一般用文字写在明细栏上方或图纸下方的空白处。若技术要求过多，可另编技术文件，在装配图上只注出技术文件的文件号。

10.6　装配图的绘制

10.6.1　全面了解和分析所画的机器或部件

绘制装配图之前，应对所画的对象有全面的认识，即了解机器或部件的功用、性能、结构特点和各零件间的装配关系等。

10-5　手动球阀

现以球阀为例介绍绘制装配图的方法和步骤。

如图 10-18 所示球阀是管路中用来启闭及调节流体流量的部件，它由阀芯等零件和一些标准件所组成。图 10-18 为球阀的分解图，图 10-19 为球阀的部分零件图。

球阀的工作原理如下：阀体内装有阀芯，阀芯内的凹槽与阀杆的扁头相接，当用扳手旋转阀杆并带动阀芯转动一定角度时，即可改变阀体通孔与阀芯通孔的相对位置，从而起到启闭及调节管路内流体流量的作用。

一般在机器（或部件）中，将组装在同一轴线上的一系列相关零件称为装配线。机器（或部件）是由一些主要和次要的装配线组成的。球阀有两条装配干线，一条是竖直方向，以阀芯、阀杆和扳手等零件组成；另一条是水平方向，以阀体、阀芯和阀盖等零件组成。

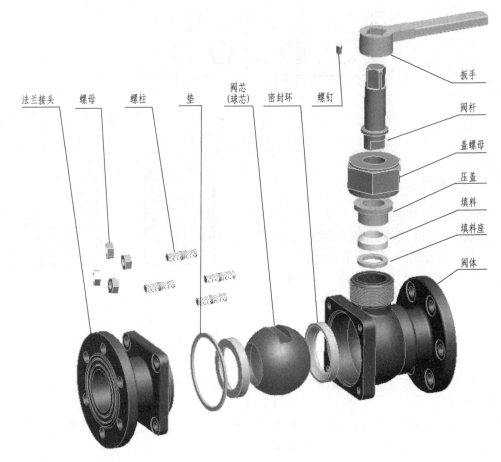

图 10-18 球阀分解图

法兰接头 螺母 螺柱 垫 阀芯（球芯） 密封环 螺钉 扳手 阀杆 盖螺母 压盖 填料 填料座 阀体

10.6.2 确定装配图的表达方案

在对所画机器或部件全面了解和分析的基础上，运用装配图的表达方法，选择一组恰当的视图，清楚地表达机器或部件的工作原理、零件间的装配关系和主要零件的结构形状。在确定表达方案时，首先要合理选择主视图，再选择其他视图。

1. 选择主视图

主视图的选择应符合它的工作位置，尽可能反映机器或部件的结构特点、工作原理和装配关系。常通过装配线的轴线将部件剖开，画出剖视图作为装配图的主视图。

球阀安装在管道中的工作位置一般是阀孔的轴线呈水平位置，且扳手位于正上方，以便于操作，因此主视图采用通过球阀前后对称面剖切的全剖视图，清楚地表达了阀的工作原理、两条主要装配线的装配关系和一些零件的形状，并且符合阀的工作位置。

2. 选择其他视图

分析主视图尚未完全表达清楚的机器或部件的工作原理、装配关系和其他主要零件的结构形状，再选择其他视图来补充主视图尚未表达清楚的结构。

装配图上应表达出全部零件，并能反映重要零件的形状。对于球阀的表达，采用了一个局部剖视来补充说明扳手和阀杆之间用紧定螺钉来固定的情况。

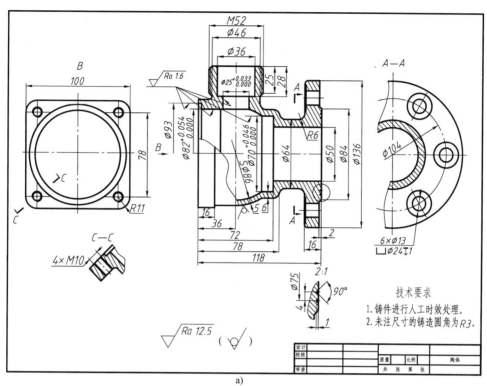

a)

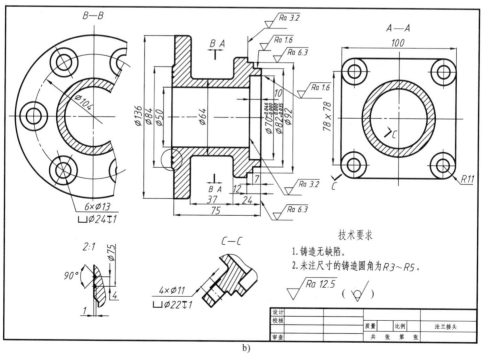

b)

图 10-19 球阀零件图

a) 阀体 b) 法兰接头

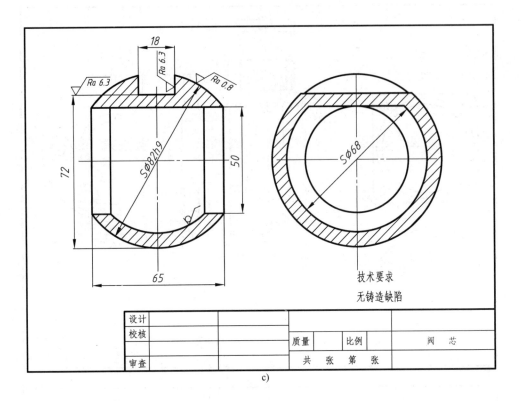

技术要求

无铸造缺陷

设计						阀　芯
校核			质量		比例	
审查			共　张　第　张			

c)

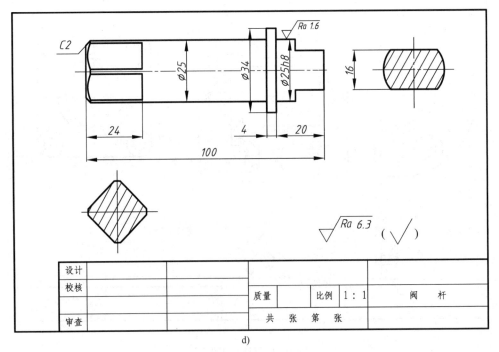

设计						阀　杆
校核			质量		比例 1:1	
审查			共　张　第　张			

d)

图 10-19　球阀零件图（续）

c）阀芯　d）阀杆

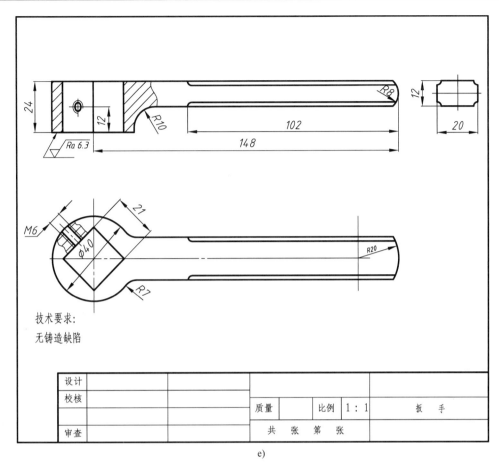

e)

图 10-19　球阀零件图（续）

e）扳手

10.6.3　画装配图的步骤

根据所确定的装配图表达方案，选取适当的绘图比例，并考虑标注尺寸、编注零件序号、书写技术要求、画标题栏和明细栏的位置，选定图幅，然后按下列步骤绘图。

1. 布图

画出图框、标题栏和明细栏的位置和大小，画出各视图的主要中心线、轴线、对称线及基准线等，如图 10-20a 所示。

2. 画图

画图时一般从主视图开始，同时注意视图间的联系。

画主视图时，经常从主体零件的轴线、中心线开始，因为它往往是确定其他零件位置的依据。画图的顺序一般是先画出主体零件的主要结构，后画细节。如果是画剖视图，应先画出按不剖处理的实心杆、轴，然后从内向外、由前向后按看得见、看不见的顺序画。这样被遮住的零件的轮廓线就可以不画。

画手动球阀装配图底稿的顺序如图 10-20b、图 10-20c、图 10-20d 所示。

3. 完成全图

全部底稿经检查无误后，即可标注尺寸、画剖面线、编写序号、加深图线、填写标题栏和明细栏、编写技术要求等，如图 10-20e 所示。

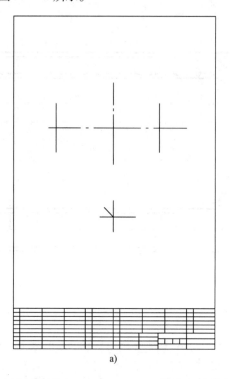

a)

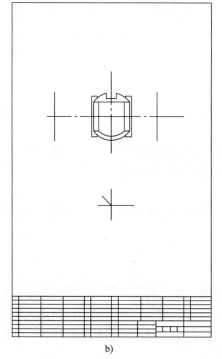

b)

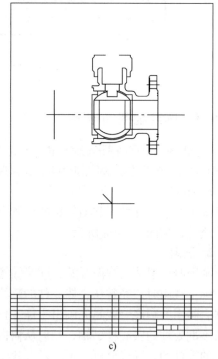

c)

图 10-20　画球阀装配图的步骤

a）步骤一——布图　b）步骤二——画主体零件大致轮廓　c）步骤三——画主体零件细节

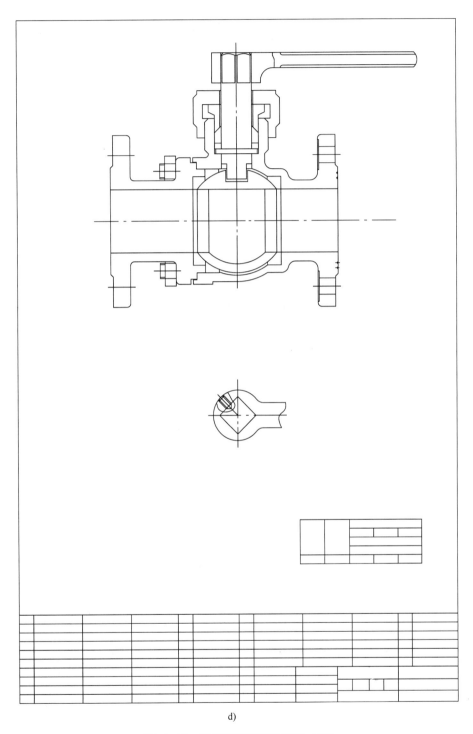

d)

图 10-20 画球阀装配图的步骤（续）

d）步骤四——全面完成底稿

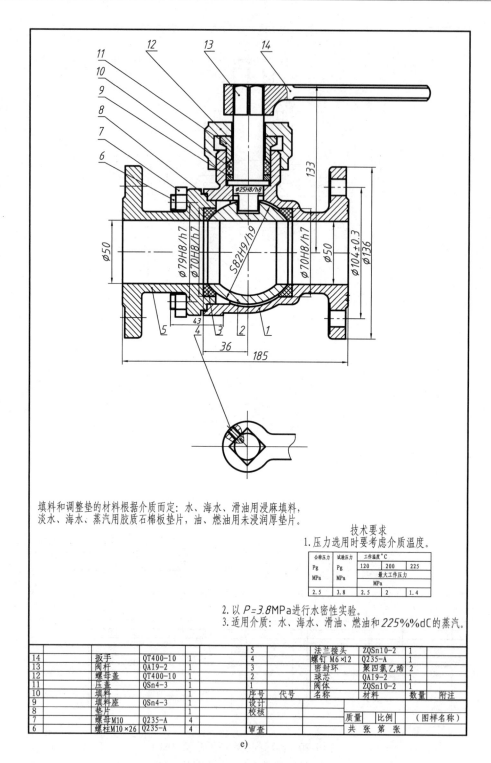

填料和调整垫的材料根据介质而定：水、海水、滑油用浸麻填料，
淡水、海水、蒸汽用胶质石棉板垫片，油、燃油用未浸润厚垫片。

技术要求
1. 压力选用时要考虑介质温度。

公称压力 Pg MPa	试验压力 Pg MPa	工作温度℃		
		120	200	225
		最大工作压力 MPa		
2.5	3.8	2.5	2	1.4

2. 以 P=3.8MPa 进行水密性实验。
3. 适用介质：水、海水、滑油、燃油和225%%dC的蒸汽。

14		扳手	QT400-10	1		5		法兰接头	ZQSn10-2	1
13		阀杆	QAl9-2	1		4		螺钉 M6×12	Q235-A	1
12		螺母盖	QT400-10	1		3		密封环	聚四氯乙烯	2
11		压盖	QSn4-3	1		2		球芯	QAl9-2	1
10		填料		1		1		阀体	ZQSn10-2	1
9		填料座	QSn4-3	1		序号	代号	名称	材料	数量 附注
8		垫片		1		设计				
7		螺母M10	Q235-A	4		校核		质量	比例	(图样名称)
6		螺柱M10×26	Q235-A	4		审查		共 张 第 张		

e)

图 10-20　画球阀装配图的步骤（续）
e）步骤五——检查后完成最终装配图

10.7 看装配图及由装配图拆画零件图

在机器或部件的设计、制造、使用、维修和技术交流等实际工作中，经常要看装配图。通过看装配图可以了解机器或部件的工作原理、各零件间的装配关系和零件的主要结构形状及作用等。

10.7.1 看装配图的方法和步骤

现以图 10-21 所示安全阀装配图为例来说明看装配图的方法和步骤。

1. 概括了解装配图的内容

1）从标题栏中了解机器或部件的名称、用途及比例等。

2）从零件序号及明细栏中，了解零件的名称、数量、材料及在机器或部件中的位置。

3）分析视图，了解各视图的作用及表达意图。

安全阀是用于管路系统中的部件，它由阀体、阀盖、阀门、弹簧以及标准件等组成，对照零件序号和明细栏可以看出安全阀共由 13 种零件装配而成，装配图的比例为 2∶1。

在装配图中，主视图采用全剖视图，表达了各零件间的装配关系和工作原理，并采用了简化画法表达阀体 13 和阀盖 6 用螺纹紧固件连接情况；俯视图采用半视图，反映了安全阀的外形和阀体的上表面结构；再采用一个局部视图 B 反映安全阀下部与机器或容器的连接形式；采用一个局部剖视 C 反映安全阀左右对外连接的形式。安全阀的外形尺寸是 180、104。

2. 分析零件、弄清装配关系和工作原理

为深入了解机器或部件的结构特点，需要分析组成零件的结构形状和作用。对于装配图中的标准件如螺纹紧固件、键、销等和一些常用的简单零件，其作用和结构形状比较明确，无需细读，而对主要零件的结构形状必须仔细分析。

分析时一般从主要零件开始，再看次要零件。首先对照明细栏，在编写零件序号的视图上确定该零件的位置和投影轮廓，按视图的投影关系及根据同一零件在各视图中剖面线方向和间隔应一致的原则，来确定该零件在各视图中的投影。然后分离其投影轮廓，先推想出因其他零件的遮挡或因表达方法的规定而未表达清楚的结构，再按形体分析和结构分析的方法，弄清零件的结构形状。

在分离出零件轮廓的基础上，可以弄清零件间的相互位置，分析零件的装配关系和拆装顺序，分析出机器或部件的工作原理，找出零件间的运动传递关系。

例如安全阀，它的主体零件是阀体、阀盖和阀芯。从全剖的主视图中各零件剖面线方向，能分辨出各零件的边界。对照各视图及图中尺寸 $\phi 34 \dfrac{\text{H7}}{\text{h11}}$、$\phi 26 \dfrac{\text{H8}}{\text{f9}}$ 等，便能了解安全阀的全貌和各零件的结构形状。

阀门 12 是靠调整好的圆柱螺旋压缩弹簧 7 紧密地将阀门的锥部与阀体 13 的锥形孔密封在一起。

阀盖 6 上的调整装置，由弹簧托盘 5、螺杆 4、螺母 2 组成，用于调整弹簧的预加负载。垫片 11 起密封防漏作用。阀帽 1 通过紧定螺钉 3 与阀盖 6 紧固在一起。该阀帽是防止调整

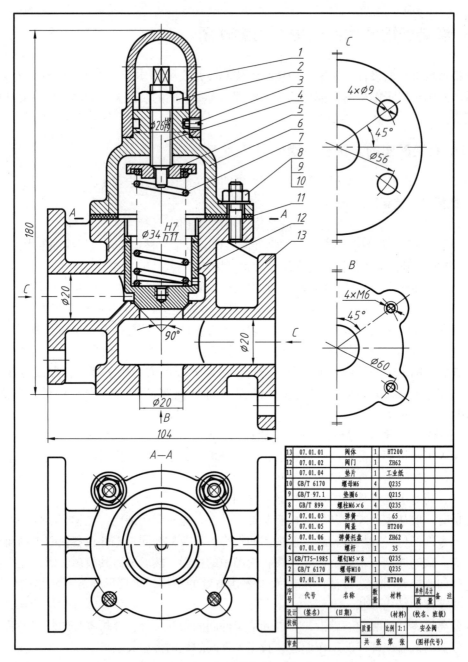

13	07.01.01	阀体	1	HT200		
12	07.01.02	阀门	1	ZH62		
11	07.01.04	垫片	1	工业纸		
10	GB/T 6170	螺母M6	4	Q235		
9	GB/T 97.1	垫圈6	6	Q215		
8	GB/T 899	螺柱M6×6	4	Q235		
7	07.01.03	弹簧	1	65		
6	07.01.05	阀盖	1	HT200		
5	07.01.06	弹簧托盘	1	ZH62		
4	07.01.07	螺杆	1	35		
3	GB/T75-1985	螺钉M5×8	1	Q235		
2	GB/T 6170	螺母M10	1	Q235		
1	07.01.10	阀帽	1	HT200		
序号	代号	名称	数量	材料	单件/总计 质量	备注

图 10-21　安全阀装配图

装置松动而设置的保护罩。

　　主视图中有配合尺寸，如 $\phi 34 \dfrac{H7}{h11}$、$\phi 26 \dfrac{H8}{f9}$ 都为间隙配合。性能尺寸为 $\phi 20$，对外连接和安装尺寸为 $\phi 56$ 和 $\phi 9$。

　　安全阀与机器或容器的连接，是通过阀体 13 下端面 4 组内螺纹孔进行连接的。安全阀左、右两端与管路的连接是通过 $4 \times \phi 9$ 四个孔进行连接的。

从主视图可以看出安全阀的工作原理如下：具有一定压力的流体从阀体右端的孔 $\phi20$ 进入下阀腔，而后经过阀体下端的孔 $\phi20$ 进入连接的容器中。当流体超压时，便推开阀芯进入上阀腔经阀体左端孔 $\phi20$ 流出。

3. 归纳总结，加深理解

在对工作原理、装配关系和主要零件结构分析的基础上，还需对技术要求和全部尺寸进行研究。最后，综合分析想象出机器或部件的整体形状，为拆画零件图作准备，其整体结构见图 10-22 安全阀立体图。

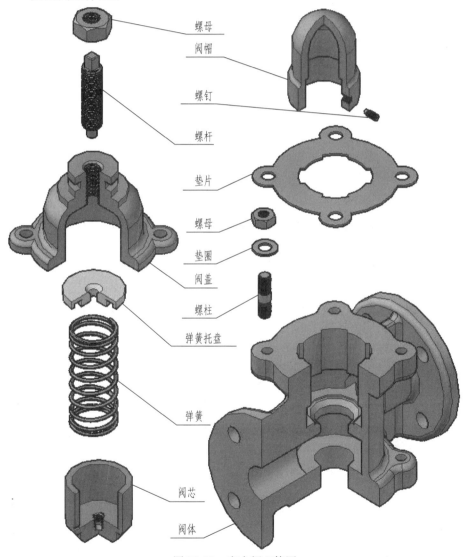

螺母
阀帽
螺钉
螺杆
垫片
螺母
垫圈
阀盖
螺柱
弹簧托盘
弹簧
阀芯
阀体

图 10-22　安全阀立体图

10. 7. 2　由装配图拆画零件图

在设计过程中，首先要绘制装配图，然后再根据装配图拆画零件图，简称拆图。拆图应在全面读懂装配图的基础上进行。为了保证各零件的结构形状合理，并使尺寸、配合性质和技术要求等协调一致，一般情况下，应先拆画主要零件，然后逐一画出其他零件。对于一些标准零件，只需要确定其规定标记，可以不必拆画零件图。

在拆画零件图的过程中，要处理好以下几个问题。

1. 视图的处理

装配图的视图选择方案，主要是从表达机器或部件的装配关系和工作原理出发；而零件图的视图选择，则主要是表达零件的结构形状。由于表达的出发点和要求不同，所以在选择视图方案时，不应简单从装配图上照抄，而应该根据具体零件的结构特点，重新确定零件图的视图选择和表达方案。

2. 零件结构形状的处理

在装配图中对零件的某些局部结构可能表达不完全，而且对一些工艺标准结构还允许省略（如圆角、倒角、退刀槽、砂轮越程槽等）。拆画零件图时，确定装配图中被分离零件的投影后，要补充被其他零件遮住部分的投影，同时考虑设计和工艺的要求，增补被简化掉的结构，合理设计未表达清楚的结构。

3. 零件图上的尺寸处理

装配图中的尺寸不是很多，拆画零件时应按零件图的要求注全尺寸。

1）装配图已注的尺寸，在有关的零件图上应直接抄注出。对于配合尺寸，某些相对位置尺寸一般应注出偏差数值。

2）与标准件相连接或配合的有关结构尺寸，如螺孔、销孔等的直径，要从相应的标准中查取后注在图中。

3）对于零件的一些工艺结构，如圆角、倒角、退刀槽、砂轮越程槽、螺栓通孔等，应尽量选用标准结构，查有关标准后标注尺寸。

4）有些零件的某些尺寸需要根据装配图所给的数据进行计算才能得到（如齿轮分度圆、齿顶圆直径等），应将计算后的结果标注在图中。

5）某些零件，在明细栏中给定了尺寸，如弹簧、垫片等，要按给定尺寸注出。

一般尺寸均按装配图的图形大小和图样比例，直接量取注出。

4. 零件图中的技术要求等的处理

技术要求在零件图中占有重要地位，它直接影响零件的加工质量。根据零件在机器或部件中的作用以及与其他零件的装配关系等要求，标注出该零件的表面粗糙度、尺寸公差等方面的技术要求。

例题 从图 10-21 安全阀的装配图中拆画出阀盖的零件图。

解 （1）分析

由装配图的主视图可以看出，阀盖上面与阀帽相连，下面接阀体，中间装有调整装置，是安全阀的主体零件之一。

阀盖通过紧定螺钉与阀帽紧固在一起。下端旋入 4 组双头螺柱及螺母与阀体紧固，其上端有螺杆旋入，螺杆旋转后调整弹簧托盘从而调节弹簧的预加负荷。

从装配图中所标注的尺寸可知，阀盖与阀帽为 $\phi 26 \dfrac{\text{H8}}{\text{f9}}$ 的间隙配合。整个外形与阀体和阀帽及内腔体相协调。

（2）画图

从装配图中分离出阀盖的轮廓，补齐所缺线条。根据零件图的视图表达方案，主视图将阀盖横放并采用两个相交的剖切平面剖开阀盖，并将其断面旋转成 *A—A* 剖视图。

补画左视图，并补全主、左视图中的漏线。标注尺寸、确定表面粗糙度及尺寸公差。图 10-23 是拆画阀盖的零件图。

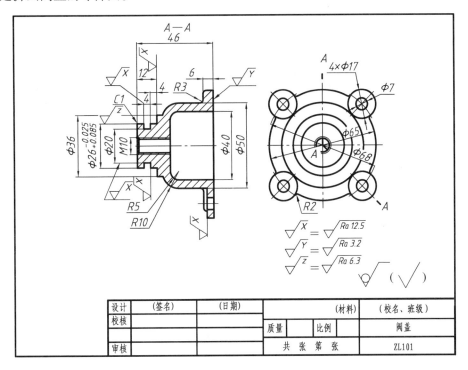

图 10-23 阀盖零件图

10.8 装配体的计算机构型和分解图

装配体是零件的组合，利用三维设计软件可将已经建立好的零件按照一定的约束关系组合成一个独立的装配体文件，在装配过程中，已经存在的，或者是首先被创建（调入）的零件是父零件，后创建（调入）的零件为子零件。零件装配的过程也是零件之间父子关系形成的过程。

在装配过程中，可以检验零件设计是否合理、组成装配的零件之间是否有干涉情况的发生、零件与零件之间的相对位置如何、使用何种关系对零件的位置进行约束。

1. 装配体的设计方法

利用三维设计软件建立装配体有两种方法。

1）自底向上的装配体设计。这种方法从零件设计开始，把已经完成的零件按照配合关系依次插入装配体中，最终形成完整的装配体文件。

2）自顶向下的装配体设计。即在装配体中设计零件。这种方法可以更好地利用零件之间的关系，从而大大提高设计效率。

自顶向下和自底向上两种设计方法并不矛盾，在实际设计中，装配体设计可以采用两种方法的结合。

2. 装配约束

装配约束是指一个零件模型相对于另一个零件模型的放置方式和偏距。三维造型软件通过指定零件之间的约束关系，确定零件之间的相对位置，从而完成零件装配。常见的装配约束类型包括匹配、对齐、插入、相切等。使用装配约束方式将零件模型加入到装配体模型中，并形成父子关系后，零件模型的位置会根据其父零件位置的改变而改变。可以随时修改约束中的参数，并可以与其他的参数建立关系式。

如图 10-24 所示为利用 Pro/E 软件生成的装配体。

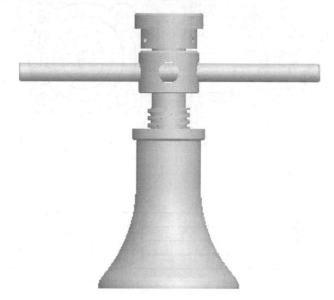

图 10-24　装配体

3. 生成装配分解图

装配体的分解状态也叫爆炸图，是将装配体中的各零部件沿着直线或者坐标轴移动、旋转，使各个零部件从装配体中分解出来，如图 10-25 所示。分解状态可以清楚地显示组成装配体的零部件的形状及相对位置，对于装配体的构成表达十分有利。

下面介绍创建装配体分解图的基本过程。

步骤 1：在菜单栏中选择"视图"→"视图管理"命令，此时系统进入"视图管理器"对话框，如图 10-26 所示。

步骤 2：在"视图管理器"对话框中选择"分解"标签页，可以使用默认分解，也可以单击"新建"按钮，新建一个爆炸图，输入名称并按〈Enter〉键。

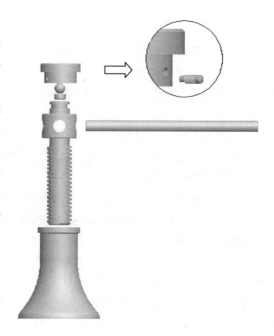

图 10-25　装配分解图

步骤 3：在菜单栏中选择"视图"→"分解"→"编辑位置"命令，系统弹出如图 10-27 所示的"分解位置"对话框。

步骤 4：设置"分解位置"对话框。在对话框中设置运动类型和运动参照。

步骤 5：选择要移动的元件，拖动鼠标到适当的位置松开鼠标。

图 10-26　视图管理器对话框

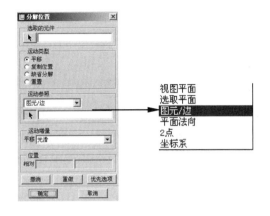

图 10-27　分解位置对话框

思 考 题

1. 装配图的作用是什么？它包括哪些内容？
2. 装配图有哪些规定画法？有哪些特殊画法？
3. 装配图中需要标注哪几类尺寸？
4. 试说明看装配图的方法和步骤。
5. 试说明由装配图拆画零件图的方法和步骤。

第 11 章　计算机辅助设计基础

【本章主要内容】
- CAD 技术的基本概念
- CAD 技术的发展
- 计算机仿真分析简介

在机械制造领域，随着经济的发展，用户对产品的质量，产品更新换代的速度，产品从设计、制造到投放市场的周期等的要求越来越高。为了适应这一高效率、高技术竞争的时代，各类企业均通过采用一系列先进技术来提高企业在市场中的竞争力，其中计算机辅助设计与制造（Computer Aided Design and Manufacturing，CAD/CAM）技术被国际公认为 20 世纪 90 年代的十大重要技术成就之一。计算机辅助设计与制造这一综合性的应用技术是计算机科学、电子信息技术与现代制造技术相结合的产物，是当代先进的生产力，具有知识密集、综合性强、效益高等特点。

从传统意义上来说，产品的生产周期从市场需求分析开始，经过产品设计和制造等过程，才能将产品从抽象的概念变成具体的最终产品。这一过程包括产品设计、工艺设计、数控编程、加工、装配、检测等阶段。

CAD/CAM 的定义范畴如图 11-1 所示，广义 CAD（Computer Aided Design，计算机辅助设计）的范畴包括产品设计和产品分析两大部分，产品设计包含概念设计、结构设计和制图等阶段，即狭义 CAD 的范畴，产品分析包含有限元仿真模拟和优化设计，即 CAE（Computer Aided Engineering，计算机辅助工程）的范畴；CAPP（Computer Aided Process Planning，计算机辅助工艺设计）的范畴涉及生产计划和工艺设计等阶段；CAM（Computer Aided Manufacturing，计算机辅助制造）的范畴包括数控编程、加工过程、装配和检测等阶段。

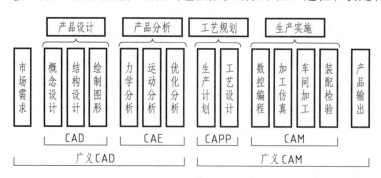

图 11-1　CAD/CAM 的定义范畴

具体来说，CAD 是指工程技术人员以计算机为工具，借助计算机强有力的计算功能和高效率的图形处理能力，对产品进行的总体设计、绘图、分析和编写技术文档等设计活动的总称。一般认为，CAD 的功能包括草图设计、零件设计、装配设计、工程分析、自动绘图、真实感显示及渲染等。同时，产品的 CAD 模型为计算机辅助工程分析（CAE）提供了三维实体模型，利用 CAE 系统可进行产品的结构分析与优化。

11.1　CAD 技术的发展

CAD 技术的发展与计算机技术、计算机图形技术的发展密切相关。

20 世纪 50 年代后期，随着计算机图形学的诞生，利用阴极射线管（CRT）显示器实现了图形的动态显示，为 CAD 技术的问世奠定了基础。

20 世纪 60 年代初期，当时年仅 24 岁的 CAD 的创始人之一，美国麻省理工学院的研究生 I. E. Sutherland 在他发表的博士论文中提出了 SKETCHPAD——人机交互系统。该系统可以用光笔在图形显示器上实现选择、定位等交互功能，并且可以在指定的位置画出直线和圆等。该系统采用分层的数据结构，可以将一张较复杂的图形通过分层调用各有关子图来合成。尽管该系统较原始，但是这些基本理论和技术为交互图形的生成和显示技术的发展奠定了基础，并首次提出了 CAD 术语，标志着 CAD 技术的产生。20 世纪 60 年代中期，美国麻省理工（MIT）、通用汽车（GM）贝尔电话实验室（Bell Telephone Lab.）、当时的洛克希德飞机公司以及英国剑桥大学等都投入大量的精力从事计算机图形学的研究。美国通用汽车公司研制出 DAC - 1 系统，使汽车工业首先进入 CAD 时代；1964 年，IBM 公司公布了计算机图像仪终端 IBM2250 显示装置；1965 年，洛克希德加利福尼亚分公司研制出对话式图像仪；1966 年，由上述两种系统发展而成的对话式计算机图像仪系统（CADAM 系统）问世。1964 年，麦道公司开发了一个由计算机控制、采用阴极射线管显示器的三维计算机辅助设计图像仪系统，并于 1970 年 3 月首次在 F - 15 飞机研制中投入使用。20 世纪 60 年代，CAD 的主要技术特点是交互式二维绘图和三维线框模型，利用解析几何的方法定义有关图素，用来绘制或显示由直线、圆弧组成的图形。初期的图形系统只能表达几何信息，不能描述形体的拓扑关系和表面信息，所以无法实现 CAM、CAE 功能。因此有的学者称这一时期的 CAD 为计算机辅助绘图而非计算机辅助设计。

20 世纪 70 年代，诞生了以自由曲面造型技术为基础的三维曲面造型系统，解决了飞机及汽车制造中大量的自由曲面问题。20 世纪 80 年代初，为了精确表达零件的物理特性，出现了一批以实体造型技术为基础的实体造型 CAD 软件系统，标志着 CAD 技术从计算机辅助绘图转化为计算机辅助设计的质的飞跃，大大提高了产品的开发速度。20 世纪 80 年代中期，提出了参数化实体造型技术，CAD 技术进入高速发展时期，其应用也大范围普及。20 世纪 70、80 年代是 CAD 技术研究的黄金时代，CAD 技术日趋成熟，CAD 的功能模块已基本成型，各种建模方法及理论得到了快速发展，CAD 的单元技术及功能得到了较广泛的应用。但就技术和应用水平而言，CAD 各功能模块的数据结构尚不统一，集成性较差。自 20 世纪 80 年代起，CAD 技术的研究重点不再局限于单元技术的提高，而进入了将各种单元技术集成起来，提供更完整的工程设计、分析和开发环境的时期。20 世纪 90 年代，提出了变量化的实体造型技术。

自 20 世纪 90 年代起，各种集成的 CAD 商品化软件日趋成熟，应用越来越广泛。CAD 技术已不再停留在过去单一模式、单一功能、单一领域的水平，而是向着标准化、集成化、网络化、智能化的方向发展。随着计算机软、硬件及网络技术的发展，PC + Windows 操作系统、工作站 + UNIX 操作系统以及以以太网为主的网络环境构成了 CAX 系统的主流平台。同时，CAX 系统的功能日益增强，接口趋于标准化，GKS、IGES、STEP 等国际和行业标准得到了广泛应用，实现了不同 CAX 系统之间的信息兼容和数据共享，有力地促进了 CAX 技术的普及发展。这一时期 CAD 技术的主要特点是进入开放式、标准化、集成化的发展时期，具有良好的开放性，图形接口和功能日趋标准化。

11.2　CAD 技术的应用

CAD 技术可以应用在很多领域，机械制造是应用最早、最广的领域。科学技术的迅速发展和市场竞争的日益加剧，促使制造业发生了根本性的变革。其显著特点是产品向着机电一体化、智能化和精密化方向发展，其生产组织方式从传统的大批量、少品种的刚性生产结构向着多品种、中小批量的柔性生产结构转变。与此同时，设计的手段与方法也随之改变，以 CAD 为代表的现代设计技术正以惊人的速度向前发展。CAD 技术的普及已经给企业带来了巨大的经济效益。

如今，世界各大航空、航天、造船、汽车等制造业巨头不仅广泛采用 CAD 技术进行产品设计，而且投入大量的人力、物力及资金进行 CAD 软件的开发，以保持在技术上的领先地位和国际市场竞争中的优势。

在产品设计制造过程中的各个阶段引入计算机技术，实现信息处理的高度统一化，把整个产品的生产周期转化为一个复杂的信息生成和处理过程。CAD 技术不是传统设计、制造流程和方法的简单映像，也不局限于个别环节，而是在产品的设计全过程中辅助完成重复性高、劳动量大以及人工难以完成的工作，使产品的设计模式发生了根本变化，形成了现代产品设计制造的 CAD 模式，该模式如图 11-2 所示。

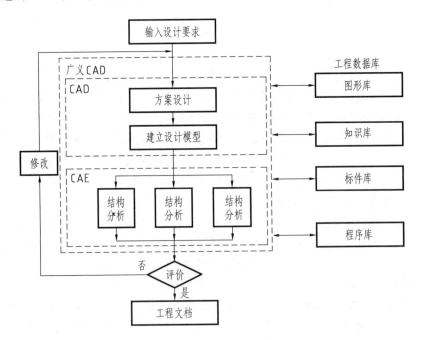

图 11-2　CAD 系统的工作过程

　　为了实现现代产品的 CAD 过程，需要对产品设计过程的信息进行处理，这些处理包括设计中的数值计算、设计分析、绘图、工程数据库的管理等各个方面。一般而言，CAD 应具备的基本功能如下。

1. 产品建模

　　几何建模功能是 CAD 的核心功能。几何建模所提供的有关产品设计的各种信息，是后继作业的基础。几何建模包括以下三部分内容。

　　1）零件的几何造型。在计算机中构造出零件的几何结构模型，并能够以真实感很强的方式显示零件的三维效果，供用户随时观察、修改模型。现阶段对 CAD/CAM 的几何造型功能的要求是，不但应具备完善的实体造型和曲面造型功能，更重要的是应具备很强的参数化特征造型功能。

　　2）产品的装配建模。在计算机中构造出产品及部件的三维装配模型，解决三维产品模型的复杂的空间布局问题，完成三维数字化装配及干涉分析，分析和评价产品的可装配性，避免真实装配中的种种问题；对运动机构进行机构内部零部件之间及机构与周围环境之间的干涉碰撞分析检查，避免各种可能存在的碰撞问题。

　　3）DFX 分析。包括 DFA（面向装配的设计）、DFM（面向制造的设计）、DFC（面向成本的设计）、DFS（面向服务的设计）等。在零部件设计时，运用 DFX 技术在计算机中分析和评价产品的可装配性和可制造性，可以避免一切导致后继制造困难或制造成本增加等不合理的设计。

2. 工程分析与优化

　　采用产品的三维几何模型和装配模型可以对产品进行深入准确的分析，这种分析的深度和广度是手工设计方法无法比拟的，并且，可以采用丰富多彩的手段把分析结果表示出来，非常形象直观。常用的工程分析包括如下内容。

　　1）运动学、动力学分析（Kinematics & Dynamic）。对机构的位移、速度、加速度以及关节的受力进行自动分析，并以形象直观的方式在计算机中进行运动仿真，从而全面了解结构的设计性能和运动情况，及时发现设计问题，进行修改。

　　2）有限元分析（Finite Element Analysis）。结构分析常用的方法是有限元法，用有限元法对产品结构的静态特性、动态特性、强度、振动、热变形、磁场、流场等进行分析计算。

　　3）优化设计（Optimization）。为了追求产品的性能，不仅希望设计的产品是可行的，而且希望设计的产品是最优的。比如体积最小、重量最轻、寿命最合理等。因此，CAD/CAM 应具有优化设计的功能。优化包括总体方案的优化、产品零件结构的优化及工艺参数的优化等。

3. 工程绘图

　　在现阶段，产品设计的结果往往需要用产品图样的形式来表达，因此，CAD/CAM 系统的工程绘图功能必不可少。CAD/CAM 系统应具备处理二维图形的能力，包括基本视图的生成、标注尺寸、图形的编辑及显示控制等功能，以保证生成合乎生产实际要求、符合国家标准的产品图样。

　　目前三维 CAD 逐渐成为主流，这要求 CAD/CAM 系统应具有二、三维图形之间的转换功能，即从三维几何造型直接生成二维图形，并保持二维图形和三维造型之间的信息关联。

4. 工程数据处理和管理

CAD 工作时涉及大量种类繁多的数据，既有几何图形数据，又有产品定义数据，既有静态标准数据，又有动态过程数据，结构相当复杂。因此，CAD 系统应能提供有效的管理手段，采用工程数据库作为统一的数据环境，实现各种工程数据的管理，支持工程设计过程的信息流动与交换。

11. 2. 1　参数化几何建模及工程绘图

三维几何建模就是利用计算机技术，将现实世界中的物体模型输入计算机，而计算机以一定方式将其存储起来。建模技术是 CAD 系统的核心技术，它是计算机辅助制造的基础。几何建模主要是处理零件的几何信息和拓扑信息，几何信息是指物体在欧氏空间中的形状、位置和大小；拓扑信息则是指物体组成的数目及其相互间的连接关系。

三维几何建模有三种方式：线框建模、表面建模和实体建模。实体建模有两种方法：边界表示法和实体结构几何法。也可用边界表示法和实体结构几何法混合技术，实现几何实体建模。

用棱线表示物体的方法就是线框建模。很多二维 CAD 软件都是基于这种几何模型。这种模型用线段、圆、弧、文本和一些简单的曲线来描述对象。线框模型所存储的几何信息是一些线段的信息，一般是各棱线的端点和棱线的类型。因此，线框模型所需内存很少，计算机处理简单、迅速。但由于它是用棱线等来表示物体的形状，只包含了三维立体的一部分形状信息，如一个面由哪几条棱线组成，而立体内部与外部如何区分等，用线框模型都无法表示。线框模型可以表示机械零件的各种投影图，但存在以下局限性：①存在二义性，即有时一种数据可以表示成某一种图形，也可以看成是另外一种图形；②线框模型不能解决两个平面的交线、消除隐藏线、隐藏面等问题，当然也不能输出剖面图。

表面模型是通过对物体表面进行描述的建模方法，又称曲面建模。建模时，先将复杂的外表面分解成若干个组成面，这些组成面可以使用离散数据构成一个个基本的曲面元素，然后通过这些面素的拼接，就构成了所要的曲面。与线框模型相比，除了顶点表和棱线表外，还提供了面表，面表记录了边、面间的拓扑关系。表面模型能够比较完整地定义三维立体的表面，所描述的零件范围广，特别是一些复杂自由曲面，如飞机机翼、汽车车身、螺旋桨等难以用简单的数学模型表达的物体，均可以应用表面模型。另外，表面模型可以为 CAD/CAM 中的其他场合提供数据，例如有限元分析中的网格划分，就可以直接利用表面模型。表面模型也有其局限性，由于所描述的仅是实体的外表面，并没切开物体而展示其内部结构，因而，也就无法表示零件的立体属性。由此，很难确定一个表面模型生成的三维物体是一个实心的物体，还是一个具有一定壁厚的壳，这种不确定性同样会给物体的质量特性分析带来问题。

实体建模是目前应用最多的一种技术，它把三维物体的几何和拓扑信息较完整地存入到计算机中，无二义性，且能生成真实感很强的图形，并能自动进行干涉检查及物性的计算等，还可从中提取、分析计算信息，实现零件的体积和质量计算、有限元分析、数控编程等。按照物体生成的方法不同，实体模型的构成方法可分为体素法、轮廓扫描法和实体扫描法等几种。实体建模包括以下三方面内容：

1. 基本体素

1）拉伸体：一条封闭的曲线沿某一矢量方向拉伸一段距离而得到的实体，如棱柱。

2）旋转体：一条封闭的曲线绕某一轴线旋转某一角度而生成的实体，如圆柱、圆锥、球体等。

3）扫描体：一条或多条封闭截面曲线沿一条轨道按一定规律运动而生成的实体。

4）等厚体：与原始曲面偏移给定厚度而形成的实体。

5）缝合体：由一组封闭曲面缝合而成的实体。

6）倒圆体：在实体的棱线处，生成一个与该棱处的两相邻表面相切的圆弧过渡体。

7）倒角体：在实体棱线处，生成一个给定角度和长度的倒角体。

2. 工艺特征形体

包括凸台、凹腔、孔、键槽、螺纹、肋板等。

3. 拓扑操作

对体素进行并、交、差等布尔运算及用曲面片体修剪体素而生成新的实体。

实体建模有两种方法：边界表示法和实体结构几何法。边界表示法（B – REP法）是以物体边界为基础、定义和描述几何形体的方法（见图 11-3）。这种方法能给出物体完整、显式的边界描述。其基本思想是：每个物体都是由有限个面构成，每个面通过边，边通过点，点通过三个坐标来定义。

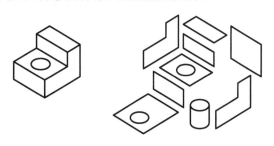

图 11-3　边界法表示实体

由于 B – REP 法仅考虑对象的边界，它不能反映物体的构造过程和特点，也不能记录物体的组成元素的原始特征。B – REP 法的数据结构是网状结构。

任何复杂的物体都可由简单的形体构成。构造实体结构几何法（Construction Solid Geometry，CSG）的基本思想是通过一些简单实体（如长方体、圆柱体、球体、锥体等），经布尔运算生成复杂的三维形体（见图 11-4）。

采用 CSG 法构成三维形体的过程，可采用一棵二叉树来描述，其 CSG 的叶结点为基本体素（简单实体），中间结点为集合运算符号或经集合运算生成的中间形体，树根为生成的最终形体。因此，CSG 树完

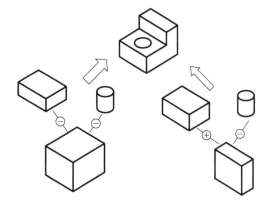

图 11-4　实体结构几何法

整地记录了一个形体的生成过程，造型简单。但是它不能查询到形体较低层次的信息。CSG 法可用于确定物体的质量、惯性矩、密度等要素。

采用两种以上的建模方法来描述一个三维形体的建模称为混合建模（Hybrid Modeling）。在实体建模的 CAD/CAM 系统中，通常采用 CSG 和 B – REP 描述相结合的混合建模方法。用户界面采用 CSG 法，直观、简单和方便；计算机内部采用 B – REP 描述法，它记录三维

形体的完整信息。

特征建模是几何建模技术发展的最新阶段，它用符合设计思想的特征定义零件，是实现 CAD/CAPP/CAM 集成的重要手段。

物体的被加工孔是圆柱面，而凸台也是圆柱面，对于同一种几何体素，其加工方法却完全不同，因此提出特征建模技术。它不再简单地将"孔""槽"表示为"圆柱体""立方体"，而是用若干属性来描述，以说明形成特征的制造工序类别及特征的形状、长、宽、直径等，满足生产加工的要求。特征的定义：一个零件的表面上有意义的区域。特征可分为 6 类：通道特征、凹陷特征、凸起特征、过渡特征、域特征和变形特征。广义的特征是产品生命周期内各种特征信息的集合，它包含名义形状、公差、表面处理以及其他制造信息的建模方法等。特征建模是建立在实体建模的基础上，加入了包含实体的精度信息、材料信息、技术要求和其他有关信息，另外还包含一些动态信息，如零件加工过程中工序图的生成、工序尺寸的确定等信息，以完整地表达实体信息。

特征空间是产品形状特征的集合。它不仅取决于产品类型（铸、锻、焊或钣金等），而且取决于设计者的思想和工程应用（设计、分析、工艺、制造和装配等），特征空间可能是重叠或不连续的。

将一些具有代表性的几何形体定义为特征，并将其所有尺寸作为可变参数，并以此为基础进行更为复杂的几何形体构造。产品的生成过程其实就是多个特征的叠加过程。将特征的形状与尺寸结合起来，通过尺寸约束实现对几何形状的控制，造型必须以完整的尺寸参数为出发点，不能漏标尺寸（欠约束），也不能多标尺寸（过约束）。通过修改尺寸参数可以很容易地进行多次设计迭代，实现产品开发。

在完成单个零件的特征创建之后，使用零件装配模块可以将多个零件进行安装配合，从而生成复杂的组件、部件。在装配过程中，可以检验零件设计是否合理、各组成零件之间是否有干涉情况的发生、零件与零件之间的相对位置如何、使用何种关系对位置进行约束。

多个零件经过装配约束，形成一个装配体后，这个装配体还可以作为另一个装配的部件进行再一次的装配，形成更复杂的装配体。而实际情况也如此，在创建一个大的零件装配模型时，通常是首先把基本零件分组进行第一步的装配，形成不同的子装配体；然后将这些子装配体进行配合，形成更大的装配模型。

在删除、修改确定了父子关系的零件时必须要注意它们之间的关系。例如在删除零件时，子零件的删除不会影响父零件；而删除父零件时，与之相关的子零件也将被同时删除，因此不能随意删除一个父零件，在进行零件装配时，必须要合理选择第一个零件。它应该是整个装配体中最为关键的零件，在以后的装配过程中它也是最不会被删除的零件。

通常创建一个装配体的过程如下。

1）创建新的装配体文件。

2）调入基础零件模型。通过约束关系，确定零件的位置。

3）调入要装配的第二个零件模型。分析两个零件之间的装配约束关系，并选择相应的约束选项装配零件。装配约束是指一个零件模型相对于另一零件模型的放置方式和偏距。装配约束的类型包括匹配、对齐、插入等。

11-1　千斤顶的装配

4）调入与装配模型有关的其他零件模型进行装配。

装配体模型与装配零件使用的是同一数据库，如果修改零件模型，则装配体模型自动修改。如果要复制装配体模型文件，则必须同时复制它所包含的零件模型文件，否则系统将给出缺少零件模型的错误信息。如图 11-5、图 11-6 所示为千斤顶装配及其分解图。

图 11-5　千斤顶装配图

图 11-6　千斤顶分解图

三维 CAD 软件均提供了功能强大的工程图模块。它能够根据创建好的零件模型或装配模型生成对应的工程图，并且可以实现工程图上的尺寸标注、公差标注、文本注释。此外三维 CAD 软件还提供了与其他软件的接口，可以方便地输出或输入工程图文件。

11.2.2　工程分析与优化

1. 机构仿真模块简介

运动仿真和动力学仿真是在计算机上虚拟所设计的机构，达到在虚拟环境中模拟现实机构运动的目的。对于提高设计效率、降低成本、缩短设计周期有很大的作用。

运动仿真是使用机械设计功能来创建机构，定义特定运动副，创建使其能够运动的伺服电动机，实现机构的运动模拟，并可以观察记录分析。

运动仿真仅讨论与刚体运动本身相关的因素，而不讨论引起这些运动的因素（如重力、摩擦力等）。因此，运动仿真是在不考虑作用于机构系统上的力的情况下分析机构运动，并对主体位置、速度和加速度进行测量。运动仿真的分析流程如下。

（1）创建模型

创建模型主要包括定义机构中的主体，建立零件之间的连接，根据设计需要，添加凸轮、齿轮副等特殊连接（见图 11-7）。

（2）检查模型

在装配模型中，拖动可以移动的零部件，观察装配连接情况。

（3）添加模型化要素

在创建完模型以后，在机构添加伺服电动机等运动分析要素。

（4）准备进行分析

定义初始位置，建立测量方式。

（5）创建分析模型

对所创建的机构模型进行运动学分析。

（6）获取结果

进行零件之间的干涉检查，观察测量结果，获取轨迹曲线和运动包络线，有利于设计者了解机构的设计合理性、可行性。

动力学分析是使用机械动态功能在机构上定义力、力矩、弹簧及阻尼等特征和

图 11-7　添加伺服电动机后的齿轮副机构

材料密度等基本属性，使其更加接近现实中的机构，达到真实模拟现实的目的。其分析流程与运动仿真分析流程基本上是一致的，只是流程中的内容不同。其分析流程如下所述。

（1）创建模型

创建模型主要包括定义主体，指定质量属性、生成主体与附着元件之间的连接，生成特殊连接。

（2）检查模型

在装配模型中，拖动可以移动的零部件，观察装配连接情况。

（3）添加建模图元

在创建完模型以后，在机构中添加伺服电动机以及弹簧、阻尼器、执行电动机、力/力矩负荷和重力等影响运动的要素。

（4）创建分析模型

对创建的机构模型进行运动学分析、动力学分析、静态分析、力平衡、重复装配分析等。

（5）获取结果

进行零件之间的干涉检查，观察测量结果，获取轨迹曲线和运动包络线，创建结构负荷集，有利于设计者了解机构的设计合理性、可行性等工程分析。

2. 结构分析模块简介

结构分析模块是专门针对设计工程师和专业分析人员而开发的，是一个集成的 CAE 工具。在完成零件的三维建模后，可进入该模块，将几何模型转化为有限元模型进行结构分析和优化分析等工作，并将其结果可视化。

在结构分析中提供了许多标准解算器，包括 Nx Nastran、MSCNastran、ANSYS 和 ABAQUS。在仿真中创建网格和解法时需要指定将要用于解算模型的解算器以及分析类型。

结构分析功能强大、使用方便，其主要特点概括如下。

（1）友好，交互操作简单

用户在操作时，只需自动划分网格、指定材料属性，再指定载荷、边界条件即可进行计

算求解。

（2）结构关联性好

当设计模型修改后，可自动更新分析结果。同时也可利用优化分析的结果更新设计模型。对于同一零件或部件可以建立和管理多个分析方案，每个分析方案都与设计模型相关联，因此可以根据分析结果选择最佳方案更新设计模型。

（3）强大的网格划分功能

结构分析支持完整的单元类型（1D、2D、3D），并可以在尽可能减少单元数的基础上提供高质量的网格。此外，用户还可以通过控制特定的网格公差来控制复杂几何体的局部、细部网格划分。

（4）强大的前后处理功能

仿真分析模块不仅可以理想化模型，略去一些不重要特征，保留关键特征，从而得到理想的分析结果；而且可进行几何体简化，方便用户根据分析需要来定制 CAD 几何体。分析结果可视化，以图形的形式显示节点和单元的数据，简单明了，还可用动画方式显示结构分析和模态分析的结果。

（5）集成性强

仿真分析模块与其他模块集成在一起，用户不仅可以快速完成分析工作，而且可以在各个模块间自由地切换。

在仿真模块中，将利用 4 个在显示上独立但内部数据相关联的文件（或者说模型）去存储信息并进行仿真分析。

1）设计模型文件

设计模型也称为主模型，是供各模型共同引用的零件模型。主模型在零件建模模块中建立，可同时被装配、工程图、加工、运动分析和仿真分析模块引用。若修改主模型，则其他相关引用将自动更新。

2）理想化模型文件

理想化模型沿用设计模型的几何信息，与设计模型相关联。利用理想化工具，用户可以在理想化模型上对设计特征做简化，这种简化不会影响设计模型。通过简化，略去对分析影响不大的特征，保留主要特征，以利于划分网格和解算。例如抑制主模型中的圆角特征以使问题简化。一个设计模型可以根据不同类型分析的需要，建立多个理想化模型。

3）有限元模型文件

有限元模型沿用理想化模型的几何信息，但在建立网格后，可利用几何体简化工具移去影响网格质量的细长面、小边缘等对象，该操作不会影响理想化模型和主模型。

除划分网格外，有限元模型中还应赋予零件物理特性和材料，为建立解算方案做准备。对于同一理想化模型，可以根据不同分析类型的需要建立多个有限元模型。

4）仿真分析模型

仿真文件在沿用有限元模型数据的基础上包含所有的仿真数据，如载荷、边界条件、解算设置、单元相关数据和物理特性等。

对于同一有限元模型也可建立多个解算方案，如图 11-8 ～ 图 11-11 所示为零件的有限元分析过程。

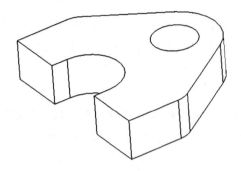

图 11-8　零件的实体模型

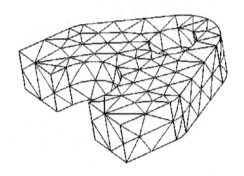

图 11-9　零件的网格模型

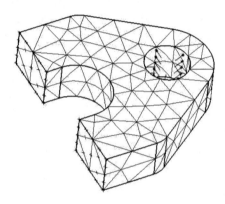

图 11-10　添加荷载与约束

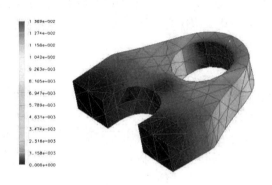

图 11-11　应力分布图

　　随着信息技术的迅速发展，自动化程度越来越高，计算机辅助设计及绘图也越来越普及，三维 CAD 技术也逐渐发展并日趋成熟，代表着工业设计发展的方向，必然会成为制造业应用的主流。未来的趋势是三维 CAD 取代二维 CAD，因此早日掌握三维 CAD 技术对设计人员来说是非常必要的。

思　考　题

1. 简述计算机辅助的基本概念。
2. 简述 CAD 应具备的基本功能。
3. 简述运动仿真的分析流程。
4. 结构分析功能强大、使用方便，其主要特点有哪些?

附　　录

一、螺纹

1. 普通螺纹（GB/T 193—2003 和 GB/T 196—2003）

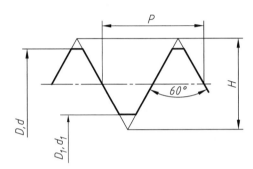

标记示例：

公称直径 24mm，螺距 3mm 粗牙右旋普通螺纹，其标记为：M24

公称直径 24mm，螺距 1.5mm 细牙左旋普通螺纹，其标记为：M24×1.5LH

附表 1　普通螺纹基本尺寸　　　　（单位：mm）

公称直径 D、d		螺距 P		粗牙小径 D_1、d_1	公称直径 D、d		螺距 P		粗牙小径 D_1、d_1
第一系列	第二系列	粗牙	细牙		第一系列	第二系列	粗牙	细牙	
3		0.5	0.35	2.459		22	2.5	2, 1.5, 1	19.294
	3.5	0.6		2.850	24		3		20.752
4		0.7		3.242		27	3		23.752
	4.5	0.75	0.5	3.688	30		3.5	(3), 2, 1.5, 1	26.211
5		0.8		4.134		33	3.5	(3), 2, 1.5	29.211
6		1	0.75	4.917	36		4	3, 2, 1.5	31.670
8		1.25	1, 0.75	6.647		39	4		34.670
10		1.5	1.25, 1, 0.75	8.376	42		4.5		37.129
12		1.75	1.25, 1	10.106		45	4.5		40.129
	14	2	1.5, 1.25[①], 1	11.835	48		5	4, 3, 2, 1.5	42.587
16		2	1.5, 1	13.835		52	5		46.587
	18	2.5	2, 1.5, 1	15.294	56		5.5		50.046
20		2.5	2, 1.5, 1	17.294					

注：1. 优先选用第一系列，括号内尺寸尽可能不用。

　　2. 公称直径 D、d 第三系列未列入。

　　3. 中径 $D2$、$d2$ 未列入。

① M14×1.25 仅用于火花塞。

2. 管螺纹

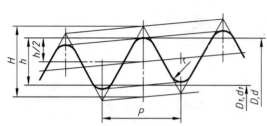

55°密封管螺纹（GB/T 7306.2—2000）

螺纹锥度为1:16，基本直径在基准平面内确定

$$H = 0.960237P \quad h = 0.640327P \quad r = 0.137278P$$

标记示例：

3/4 的右旋圆锥内螺纹：Rc 3/4

3/4 的右旋圆锥外螺纹：R_2 3/4

3/4 的左旋圆锥内螺纹：Rc 3/4 LH

3/4 的右旋圆锥内螺纹与圆锥外螺纹组成的螺纹副：Rc/$R_2$3/4

55°非密封管螺纹（GB/T 7307—2001）

$$H = 0.960491P \quad h = 0.640327P$$
$$r = 0.137329P$$

标记示例：

1/2A 级右旋外螺纹：G1/2A

1/2B 级左旋外螺纹：G1/2B – LH

1/2 右旋内螺纹：G1/2B – LH

螺纹副用外螺纹标记代号表示

附表 2　55°管螺纹尺寸代号及基本尺寸　　　　　　（单位：mm）

尺寸代号	每25.4mm 内的牙数 n/个	螺距 P	牙高 h	基本直径			基准距离 （圆锥）
				大径 $d = D$	中径 $d_2 = D_2$	小径 $d_1 = D_1$	
1/16	28	0.907	0.581	7.723	7.142	6.561	4
1/8	28	0.907	0.581	9.728	9.147	8.566	4
1/4	19	1.337	0.856	13.157	12.301	11.445	6
3/8	19	1.337	0.856	16.662	15.806	14.950	6.4
1/2	14	1.814	1.162	20.955	19.793	18.631	8.2
3/4	14	1.814	1.162	26.441	25.279	24.117	9.5
1	11	2.309	1.479	33.249	31.770	30.291	10.4
$1^1/_4$	11	2.309	1.479	41.910	40.431	38.952	12.7
$1^1/_2$	11	2.309	1.479	47.803	46.324	44.845	12.7
2	11	2.309	1.479	59.614	58.135	56.656	15.9
$2\frac{1}{2}$	11	2.309	1.479	75.184	73.705	72.226	17.5
3	11	2.309	1.479	87.884	86.405	84.926	20.6
4	11	2.309	1.479	113.030	111.551	110.072	25.4
5	11	2.309	1.479	138.430	136.951	135.472	28.6
6	11	2.309	1.479	163.830	162.351	160.872	28.6

二、常用标准件

1. 六角头螺栓

六角头螺栓 C 级（GB/T 5780—2016）　　　　　　　六角头螺栓（A 和 B 级 GB/T 5782—2016）

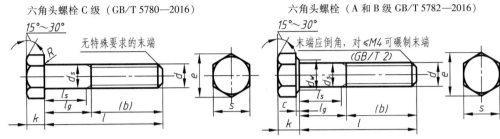

标记示例:

螺纹规格 d = M12、公称长度 l = 80、性能等级为 4.8 级、不经表面处理、产品等级为 C 级的六角头螺栓标记为：螺栓　GB/T 5780　M12 × 80

螺纹规格 d = M12，公称长度 l = 80、性能等级为 8.8 级、表面氧化、产品等级为 A 级的六角头螺栓标记为：螺栓 GB/T 5782　M12 × 80

附表 3　六角头螺栓各部分尺寸　　　　　　　　（单位：mm）

螺纹规格 d			M3	M4	M5	M6	M8	M10	M12	M16	M20	M24	M30	M36
b 参考	$l \leqslant 125$		12	14	16	18	22	26	30	38	46	54	66	78
	$125 < l \leqslant 200$		18	20	22	24	28	32	36	44	52	60	72	84
	$l > 200$		31	33	35	37	41	45	49	57	65	73	85	97
c	max		0.4	0.4	0.5	0.5	0.6	0.6	0.6	0.8	0.8	0.8	0.8	0.8
	min		0.15	0.15	0.15	0.15	0.15	0.15	0.15	0.2	0.2	0.2	0.2	0.2
d_w min	产品等级	A	4.57	5.88	6.88	8.88	11.63	14.63	16.63	22.49	28.19	33.61	—	—
		B	4.45	5.74	6.74	8.74	11.47	14.47	16.44	22	27.7	33.25	42.75	51.11
e min	产品等级	A	6.07	7.66	8.79	11.05	14.38	17.77	20.03	26.75	33.53	39.98	—	—
		B	5.88	7.50	8.63	10.98	14.20	17.59	19.85	26.17	32.95	39.55	50.85	60.79
k 公称			2	2.8	3.5	4	5.3	6.4	7.5	10	12.5	15	18.7	22.5
r min			0.1	0.2	0.2	0.25	0.4	0.4	0.6	0.6	0.8	0.8	1	1
s 公称 = max			5.5	7	8	10	13	16	18	24	30	36	46	55
l 商品规格范围			20 ~ 30	25 ~ 40	25 ~ 50	30 ~ 60	40 ~ 80	45 ~ 100	50 ~ 120	65 ~ 160	80 ~ 200	90 ~ 240	110 ~ 300	140 ~ 360
l 系列			20、25、30、35、40、45、50、55、60、65、70、80、90、100、110、120、130、140、150、160、180、200、220、240、260、280、300、320、340、360、380、400											

注：1. GB/T 5780—2016 规定了螺纹规格为 M5—M64 的 C 级六角头螺栓；GB/T 5782—2016 规定了螺纹规格为 M1.6 - M64 的 A、B 级六角头螺栓，A 级用于 $d \leqslant 24$ 和 $l \leqslant 10d$ 或 $l \leqslant 150$mm 的螺栓，B 级用于 $d > 24$ 和 $l > 10d$ 或 $l > 150$mm 的螺栓。

2. 钢材料六角头螺栓 C 级性能等级包括 3.6、4.6 和 4.8 级；A、B 级性能等级包括 5.6、8.8、9.8 和 10.9 级。性能等级标记代号由 "·" 隔开的两部分数字组成，第一部分数字表示公称抗拉强度的 1/100；第二部分数字表示公称屈服点或公称屈服强度与公称抗拉强度的比值（屈强比）的 10 倍。

2. 双头螺柱

GB/T 897—1988 （$b_m = 1d$）　　GB/T 898—1988 （$b_m = 1.25d$）

GB/T 899—1988 （$b_m = 1.5d$）　　GB/T 900—1988 （$b_m = 2d$）

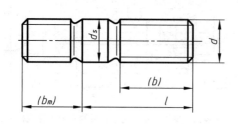
A型

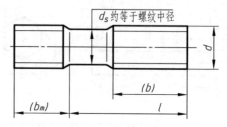
B型（碾制）

标记示例：

两端均为粗牙普通螺纹，$d = 10$mm，$l = 50$mm，性能等级为4.8级，B型，$b_m = 1d$ 的双头螺栓：

螺柱　GB/T 897 M10×50

A型：螺柱　GB/T 897 AM10×50

附表4　双头螺柱各部分尺寸　　　　　　　　（单位：mm）

螺纹规格 d		M5	M6	M8	M10	M12	M16	M20	M24	M30	M36	M42
b_m	GB 897—1988	5	6	8	10	12	16	20	24	30	36	42
	GB 898—1988	6	8	10	12	15	20	25	30	38	45	52
	GB 899—1988	8	10	12	15	18	24	30	36	45	54	65
	GB 900—1988	10	12	16	20	24	32	40	48	60	72	84
d_s		5	6	8	10	12	16	20	24	30	36	42
l/b		$\dfrac{16\sim22}{10}$	$\dfrac{20\sim22}{10}$	$\dfrac{20\sim22}{12}$	$\dfrac{25\sim28}{14}$	$\dfrac{25\sim30}{16}$	$\dfrac{30\sim38}{20}$	$\dfrac{35\sim40}{25}$	$\dfrac{45\sim50}{30}$	$\dfrac{60\sim65}{40}$	$\dfrac{65\sim75}{45}$	$\dfrac{65\sim80}{50}$
		$\dfrac{25\sim50}{16}$	$\dfrac{25\sim30}{14}$	$\dfrac{25\sim30}{16}$	$\dfrac{30\sim38}{16}$	$\dfrac{32\sim40}{20}$	$\dfrac{40\sim45}{30}$	$\dfrac{45\sim65}{35}$	$\dfrac{55\sim75}{45}$	$\dfrac{70\sim90}{50}$	$\dfrac{80\sim100}{60}$	$\dfrac{85\sim110}{70}$
			$\dfrac{32\sim75}{18}$	$\dfrac{32\sim90}{22}$	$\dfrac{40\sim120}{26}$	$\dfrac{45\sim120}{30}$	$\dfrac{60\sim120}{38}$	$\dfrac{70\sim120}{46}$	$\dfrac{80\sim120}{54}$	$\dfrac{95\sim120}{60}$	$\dfrac{120}{78}$	$\dfrac{120}{90}$
					$\dfrac{130}{32}$	$\dfrac{130\sim180}{36}$	$\dfrac{130\sim200}{44}$	$\dfrac{130\sim200}{52}$	$\dfrac{130\sim200}{60}$	$\dfrac{130\sim200}{72}$	$\dfrac{130\sim200}{84}$	$\dfrac{130\sim200}{96}$
										$\dfrac{210\sim250}{85}$	$\dfrac{210\sim300}{91}$	$\dfrac{210\sim300}{109}$
l 系列												

l 系列：16，(18)，20，(22)，25，(28)，30，(32)，35，(38)，40，45，50，(55)，60，(65)，70，(75)，80，(85)，90，(95)，100，110，120，130，140，150，160，170，180，190，200，210，220，230，240，250，260，280，300

注：括号内规格尽可能不采用。

3. 螺钉

内六角圆柱头螺钉（GB/T 70.1—2008）

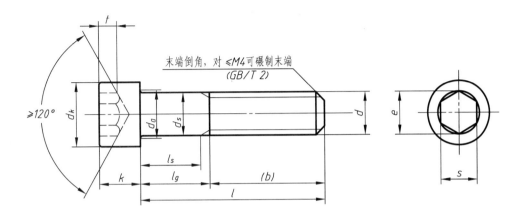

末端倒角，对 ≤M4 可碾制末端
（GB/T 2）

标记示例：

螺纹规格 d = M5，公称长度 l = 20mm，性能等级为 8.8 级，表面氧化的 A 级内六角圆柱头螺钉：

螺钉　GB/T 70.1M5 × 20

附表5　内六角圆柱头螺钉各部分尺寸　　　　　　　（单位：mm）

螺纹规格 d		M3	M4	M5	M6	M8	M10	M12	M16	M20	M24	M30	M36
b 参考		18	20	22	24	28	32	36	44	52	60	72	84
d_k max	光滑头部	5.5	7	8.5	10	13	16	18	24	30	36	45	54
	滚花头部	5.68	7.22	8.72	10.22	13.27	16.27	18.27	24.33	30.33	36.39	45.39	54.46
k　max		3	4	5	6	8	10	12	16	20	24	30	36
t　min		1.3	2	2.5	3	4	5	6	8	10	12	15.5	19
e　min		2.873	3.443	4.583	5.723	6.683	9.143	11.429	15.996	19.437	21.734	25.154	30.854
s　公称		2.5	3	4	5	6	8	10	14	17	19	22	27
l 商品规格范围		5 ~ 30	6 ~ 40	8 ~ 50	10 ~ 60	12 ~ 80	16 ~ 100	20 ~ 120	25 ~ 160	30 ~ 200	40 ~ 200	45 ~ 200	55 ~ 300
l 系列		2.5、3、4、5、6、8、10、12、16、20、25、30、35、40、45、50、55、60、65、70、80、90、100、110、120、130、140、150、160、180、200、220、240、260、280、300											

注：1. 标准规定螺钉规格 M1.6 - M64。

2. 钢材料螺钉性能等级包括 8.8、10.9 和 12.9 级。

开槽圆柱头螺钉（GB/T 65—2016）　　　　　　开槽沉头螺钉（GB/T 68—2016）

开槽盘头螺钉（GB/T 67—2016）

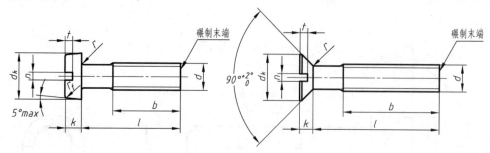

标记示例：

　　螺钉规格 $d = M5$、公称长度 $l = 20$、性能等级为 4.8 级、不经表面处理的 A 级开槽沉头螺钉标记为：

　　螺钉　GB/T 68　M5×20

附表6　开槽螺钉各部分尺寸 （单位：mm）

螺纹规格 d		M1.6	M2	M2.5	M3	（M3.5）	M4	M5	M6	M8	M10
b　min		25	25	25	25	38	38	38	38	38	38
n　公称		0.4	0.5	0.6	0.8	1	1.2	1.2	1.6	2	2.5
t min	GB/T 65	0.45	0.6	0.7	0.85	1	1.1	1.3	1.6	2	2.4
	GB/T 67	0.35	0.5	0.6	0.7	0.8	1	1.2	1.4	1.9	2.4
	GB/T 68	0.32	0.4	0.5	0.6	0.9	1	1.1	1.2	1.8	2
d_k 公称 = max	GB/T 65	3	3.8	4.5	5.5	6	7	8.5	10	13	16
	GB/T 67	3.2	4.2	5	5.6	7	8	9.5	12	16	20
	GB/T 68	3	3.8	4.7	5.5	7.3	8.4	9.3	11.3	15.8	18.3
k 公称 = max	GB/T 65	1.1	1.4	1.8	2	2.4	2.6	3.3	3.9	5	6
	GB/T 67	1	1.3	1.5	1.8	2.1	2.4	3	3.6	4.8	6
	GB/T 68	1	1.2	1.5	1.65	2.35	2.7	2.7	3.3	4.65	5
l 商品规格 范围	GB/T 65	2～16	3～20	3～25	4～30	5～35	5～40	6～50	8～60	10～80	12～80
	GB/T 67	2～16	2.5～20	3～25	4～30	5～35	5～40	6～50	8～60	10～80	12～80
	GB/T 68	2.5～16	3～20	4～25	5～30	6～35	6～40	8～50	8～60	10～80	12～80
全螺纹 $b = l - a$	GB/T 65	$l \leqslant 30$					$l \leqslant 40$				
	GB/T 67										
	GB/T 68						$l \leqslant 45$				
l 系列		2、2.5、3、4、5、6、8、10、12、（14）、16、20、25、30、35、40、45、50、（55）、 60、（65）、70、（75）、80									

　　注：1. 标准规定螺钉规格 M1.6 – M10。

　　　2. 开槽圆柱头螺钉、开槽盘头螺钉结构型式相近。

　　　3. 无螺纹部分杆径约等于螺纹中径或允许等于螺纹大径。

　　　4. 括号内规格尽可能不采用。

　　　5. 长度系列中螺钉 GB/T 65 无 2.5mm 规格；螺钉 GB/T 68 无 2mm 规格。

4. 紧定螺钉

开槽长圆柱端紧定螺钉（GB/T 75—2018）　　　内六角圆柱端紧定螺钉（GB/T 79—2007）

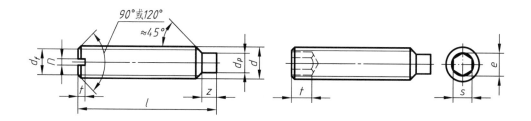

标记示例：

　　螺纹规格为 M6，公称长度 l = 12mm、性能等级为 45H 级、表面氧化处理的 A 级内六角圆柱端紧定螺钉标记为：

　　螺钉　GB/T 79　M6 × 12

附表7　圆柱端竖定螺钉各部分尺寸　　　　　　　　（单位：mm）

螺纹规格 d			M1.6	M2	M2.5	M3	M4	M5	M6	M8	M10	M12	M14	M20	M24
d_p	max		0.8	1	1.5	2	2.5	3.5	4	5.5	7	8.5	12	15	18
z 长圆柱端	max		1.05	1.25	1.5	1.75	2.25	2.75	3.25	4.3	5.3	6.3	8.36	10.36	12.43
	min		0.8	1	1.25	1.5	2	2.5	3	4	5	6	8	10	12
GB/T 75	t	min	0.56	0.64	0.72	0.8	1.12	1.28	1.6	2	2.4	2.8	—	—	—
	n	公称	0.25	0.25	0.4	0.4	0.6	0.8	1	1.2	1.6	2	—	—	—
	l 商品范围	短	2.5	3	4	5	6	8	8、0	10、12	12、16	16、20	—	—	—
		长	3 ~ 8	4 ~ 10	5 ~ 12	6 ~ 12	8 ~ 20	10 ~ 25	12 ~ 30	16 ~ 40	20 ~ 50	25 ~ 60	—	—	—
GB/T 79	t min	短	0.7	0.8	1.2	1.2	1.5	2	2	3	4	4.8	6.4	8	10
		长	1.5	1.7	2	2	2.5	3	3.5	5	6	8	10	12	15
	e	min	0.809	1.011	1.454	1.733	2.303	2.873	3.443	4.583	5.723	6.863	9.149	11.429	13.716
	s	公称	0.7	0.9	1.3	1.5	2	2.5	3	4	5	6	8	10	12
	l 商品范围	短	2、2.5	2.5、3	3、4	4、5	5、6	6	8	8、10	10、12	12、16	16、20	20、25	25、30
		长	3 ~ 8	4 ~ 10	5 ~ 12	6 ~ 12	8 ~ 20	8 ~ 25	10 ~ 30	12 ~ 40	16 ~ 50	20 ~ 60	25 ~ 60	30 ~ 60	35 ~ 60
l 系列			2、2.5、3、4、5、6、8、10、12、16、20、25、30、35、40、45、50、55、60												

注：1. 标准规定开槽长圆柱端紧定螺钉规格 M1.6 - M12；内六角圆柱端紧定螺钉规格 M1.6 - M24。

　　2. $d_f ≈$ 螺纹小径。

5. 螺母

1 型六角螺母（GB/T 6170—2015）　　　　　　　六角薄螺母（GB/T 6172.1—2016）

2 型六角螺母（GB/T 6175—2016）

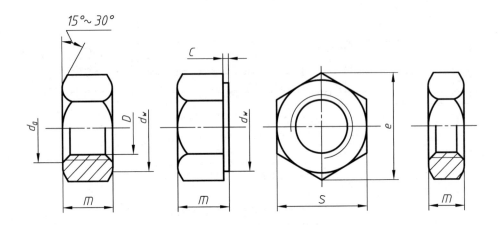

标记示例：

螺纹规格 D = M12，性能等级为 8 级、不经表面处理、产品等级 A 级的 1 型六角螺母标记为：

螺母　GB/T 6170　M17

附表8　螺母各部分尺寸　　　　　　　　　　（单位：mm）

螺纹规格 D		M3	M4	M5	M6	M8	M10	M12	M16	M20	M24	M30	M36
c	max	0.4	0.4	0.5	0.5	0.6	0.6	0.6	0.8	0.8	0.8	0.8	0.8
d_a	max	3.45	4.6	5.75	6.75	8.75	10.8	13	17.3	21.6	25.9	32.4	38.9
d_w	min	4.6	5.9	6.9	8.9	11.6	14.6	16.6	22.5	27.7	33.2	42.7	51.1
e	min	6.01	7.66	8.79	11.05	14.38	17.77	20.03	26.75	32.95	39.55	50.85	60.79
s	公称 = max	5.5	7	8	10	13	16	18	24	30	36	46	55
GB/T 6170 m	max	2.4	3.2	4.7	5.2	6.8	8.4	10.8	14.8	18	21.5	25.6	31
	min	2.15	2.9	4.4	4.9	6.44	8.04	10.37	14.1	16.9	20.2	24.3	29.4
GB/T 6172 m	max	1.8	2.2	2.7	3.2	4	5	6	8	10	12	15	18
	min	1.55	1.95	2.45	2.9	3.7	4.7	5.7	7.42	9.1	10.9	13.9	16.9
GB/T 6175 m	max	—	—	5.1	5.7	7.5	9.3	12	16.4	20.3	23.9	28.6	34.7
	min	—	—	4.8	5.4	7.14	8.94	11.57	15.7	19	22.6	27.3	33.1

注：1. GB/T 6170、GB/T 6172.1 规格 M1.6 - M64；GB/T 6170 规格 M5 - M36。

　　2. 产品等级：A 级用于 $D \leqslant 16$mm；B 级用于 $D > 16$mm 的螺母。

6. 平垫圈

小垫圈 – A 级（GB/T 848—2002）　　　　平垫圈 倒角型 – A 级（GB/T 97.2—2002）

平垫圈 – A 级（GB/T 97.1—2002）

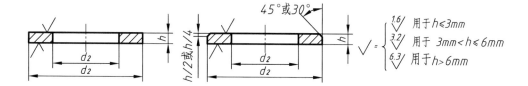

标记示例：

标准系列、公称规格 8mm、由钢制造的硬度等级为 200HV 级、不经表面处理、产品等级 A 级、倒角型平垫圈标记为：

垫圈　GB/T 97.2　8

附表9　垫圈各部分尺寸　　　　　　　　（单位：mm）

公称规格（螺纹大径 d）		3	4	5	6	8	10	12	14	16	20	24	30
内径 d_1	公称（min）	3.2	4.3	5.3	6.4	8.4	10.5	13	15	17	21	25	31
外径 d_2 公称（max）	GB/T 848	6	8	9	11	15	18	20	24	28	34	39	50
	GB/T 97.1 GB/T 97.2	7	9	10	12	16	20	24	28	30	37	44	56
厚度 h 公称	GB/T 848	0.5	0.5	1	1.6	1.6	1.6	2	2.5	2.5	3	4	4
	GB/T 97.1 GB/T 97.2	0.5	0.8	1	1.6	1.6	2	2.5	2.5	3	3	4	4

7. 平键的剖面及键槽

普通型 平键（GB/T 1096—2003）　　　　平键 键槽的剖面尺寸（GB/T 1095—2003）

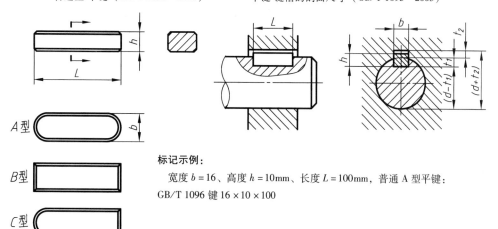

标记示例：

宽度 $b = 16$、高度 $h = 10$mm、长度 $L = 100$mm，普通 A 型平键：

GB/T 1096 键 $16 \times 10 \times 100$

附表10　普通平键各部分尺寸与公差　　　　　（单位：mm）

轴 公称直径 d 大于	至	键尺寸 $b×h$	C或r	L范围	宽度b 基本尺寸	正常联接 轴N9	正常联接 毂J9	紧联接 轴和毂P9	深度 轴t_1 基本尺寸	轴t_1 极限偏差	深度 毂t_2 基本尺寸	毂t_2 极限偏差	半径r max	min
6	8	2×2	0.16~0.25	6~20	2	−0.004 / −0.029	±0.0125	−0.006 / −0.031	1.2	+0.10	1	+0.10	0.16	0.08
8	10	3×3		6~36	3				1.8		1.4		0.16	0.08
10	12	4×4	0.25~0.40	8~45	4	0 / −0.030	±0.0150	−0.012 / −0.042	2.5		1.8		0.25	0.16
12	17	5×5		10~56	5				3.0		2.3		0.25	0.16
17	22	6×6		14~70	6				3.5		2.8		0.25	0.16
22	30	8×7	0.40~0.60	18~90	8	0 / −0.036	±0.0180	−0.015 / −0.051	4.0		3.3		0.40	0.25
30	38	10×8		22~110	10				5.0		3.3		0.40	0.25
38	44	12×8		28~140	12				5.0		3.3		0.40	0.25
44	50	14×9		36~160	14	0 / −0.043	±0.0215	−0.018 / −0.061	5.5	+0.020	3.8	+0.20	0.40	0.25
50	58	16×10		45~180	16				6.0		4.3		0.40	0.25
58	65	18×11	0.60~0.80	50~200	18				7.0		4.4		0.40	0.25
65	75	20×12		56~220	20	0 / −0.052	±0.0260	−0.022 / −0.074	7.5		4.9		0.60	0.40
75	85	22×14		63~250	22				9.0		5.4		0.60	0.40
85	95	25×14		70~280	25				9.0		5.4		0.60	0.40
95	110	28×16		80~320	28				10.0		6.4		0.60	0.40

注：1. 长度系列6, 8, 10, 12, 14, 16, 18, 20, 22, 25, 28, 32, 36, 40, 45, 50, 56, 63, 70, 80, 90, 100, 110, 125, 140, 160, 180, 200, 220, 250, 280, 320, 360, 400, 450, 500。

2. 在零件中轴上键槽深用 $d-t_1$ 标注；轮毂上键槽深用 $d+t_2$ 标注。键槽的极限偏差按照 t_1（轴）和 t_2（毂）的极限偏差选取，但轴上键槽深（$d-t_1$）的极限偏差应取负号。

3. 松联接键槽的极限偏差为轴为H9，毂为D10。

8. 销

圆柱销 不淬硬钢和奥氏体不锈钢（GB/T 119.1—2000）

圆柱销 淬硬钢和马氏体不锈钢（GB/T 119.2—2000）

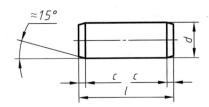

标记示例：

公称直径 $d=6$mm、公称长度 $l=30$mm，材料为钢、不经淬火、不经表面处理的圆柱销：

销　GB/T 119.1　6M6×30

附表 11　圆柱销各部分尺寸　　　　　　　　　　　　　（单位：mm）

d	3	4	5	6	8	10	12	16	20	25	30	40
$c\approx$	0.5	0.63	0.8	1.2	1.6	2	2.5	3	3.5	4	5	6.3
l 范围　GB/T 119.1	8 ~ 30	8 ~ 40	10 ~ 50	12 ~ 60	14 ~ 80	18 ~ 95	22 ~ 140	26 ~ 180	35 ~ 200	50 ~ 200	60 ~ 200	80 ~ 200
GB/T 119.2	8 ~ 30	10 ~ 40	12 ~ 50	14 ~ 60	18 ~ 80	22 ~ 100	26 ~ 100	40 ~ 100	50 ~ 100	—	—	—
公称长度 *l* 系列	2、3、4、5、6、8、10、12、14、16、18、20、22、24、26、28、30、32、35、40、45、50、55、60、65、70、75、80、85、90、95、100、120、140、160、180、200											

圆锥销（GB/T 117—2000）

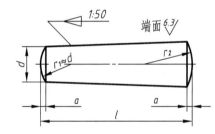

标记示例：

　　公称直径 $d=6\mathrm{mm}$、公称长度 $l=30\mathrm{mm}$，材料为 35 钢、热处理硬度 28~38HRC、表面氧化处理的 A 型圆锥销：

　　销　GB/T 117　6×30

附表 12　圆锥销各部分尺寸　　　　　　　　　　　　　（单位：mm）

d	3	4	5	6	8	10	12	16	20	25	30	40	50
$a\approx$	0.4	0.5	0.63	0.8	1	1.2	1.6	2	2.5	3	4	5	6.3
l 范围	12 ~ 45	14 ~ 55	18 ~ 60	22 ~ 90	22 ~ 120	26 ~ 160	32 ~ 160	40 ~ 200	45 ~ 200	50 ~ 200	55 ~ 200	60 ~ 200	65 ~ 200
公称长度 *l* 系列	2、3、4、5、6、8、10、12、14、16、18、20、22、24、26、28、30、32、35、40、45、50、55、60、65、70、75、80、85、90、95、100、120、140、160、180、200												

注：1. 公称长度大于 200mm，按 20mm 递增。

　　2. A 型（磨削），锥面表面粗糙度 $Ra=0.8\mu\mathrm{m}$；B 型（切削或冷墩），锥面表面粗糙度 $Ra=3.2\mu\mathrm{m}$。

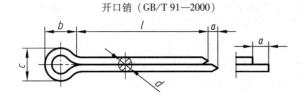

开口销（GB/T 91—2000）

标记示例：

公称规格 5mm、公称长度 $l = 50$mm，材料为 Q215 或 Q235、不经处理的开口销：

销　GB/T　91　5×50

附表 13　开口销各部分尺寸　　　　　　　　（单位：mm）

公称规格		1	1.2	1.6	2	2.5	3.2	4	5	6.3	8	10	13	16
d　max		0.9	1	1.4	1.8	2.3	2.9	3.7	4.6	5.9	7.5	9.5	12.4	15.4
a　max		1.6	2.5	2.5	2.5	2.5	3.2	4	4	4	4	6.3	6.3	6.3
$b \approx$		3	3	3.2	4	5	6.4	8	10	12.6	16	20	26	32
c	max	1.8	2.0	2.8	3.6	4.6	5.8	7.4	9.2	11.8	15	19	24.8	30.8
	min	1.6	1.7	2.4	3.2	4	5.1	6.5	8	10.3	13.1	16.6	21.7	27
l 范围		6 ~ 20	8 ~ 25	8 ~ 32	10 ~ 40	12 ~ 50	14 ~ 63	18 ~ 80	22 ~ 100	32 ~ 125	40 ~ 160	45 ~ 200	71 ~ 250	112 ~ 280
公称长度 l 系列		4，5，6，8，10，12，14，16，18，20，22，25，28，32，36，40，45，50，56，63，71，80，90，100，112，125，140，160，180，200，224，250，280												

注：公称规格等于开口销直径，标准规定规格为 0.6 ~ 20mm。

9. 滚动轴承

滚动轴承 深沟球轴承 外形尺寸（GB/T 276—2013）

滚动轴承 圆锥滚子轴承 外形尺寸（GB/T 297—2015）

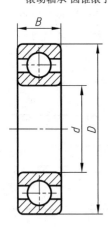

标记示例：

轴承内径 d 为 60mm、尺寸系列代号 010 的深沟球轴承标记为

滚动轴承　6012 GB/T 276

轴承内径 d 为 25mm、尺寸系列代号 02 的圆锥滚子轴承标记为：

滚动轴承　30205 GB/T 297

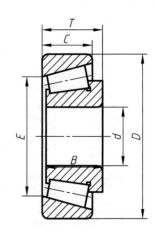

附表 14　深沟球轴承各部分尺寸

轴承型号	尺寸/mm			轴承型号	尺寸/mm		
	d	D	B		d	D	B
604	4	12	4	633	3	13	5
605	5	14	5	634	4	16	5
…	…	…	…	635	5	19	6
609	9	24	7	6300	10	35	11
6000	10	26	8	6301	12	37	12
6001	12	28	8	6302	15	42	13
6002	15	32	9	6303	17	47	14
6003	17	35	10	6304	20	52	15
6004	20	42	12	63/22	22	56	16
60/22	22	44	12	6305	25	62	17
6005	25	47	12	63/28	28	68	18
60/28	28	52	12	6306	30	72	19
6006	30	55	13	63/32	32	75	20
60/32	32	58	13	6307	35	80	21
6007	35	62	14	6308	40	90	23
6008	40	68	15	6309	45	100	25
…	…	…	…	…	…	…	…
623	3	10	4	6403	17	62	17
624	4	13	5	6404	20	72	19
…	…	…	…	6405	25	80	21
629	9	26	8	6406	30	90	23
6200	10	30	9	6407	35	100	25
6201	12	32	10	6408	40	110	27
6202	15	35	11	6409	45	120	29
6203	17	40	12	6410	50	130	31
6204	20	47	14	6411	55	140	33
62/22	22	50	14	6412	60	150	33
6205	25	52	15	6413	65	160	35
62/28	28	58	16	6414	70	180	37
6206	30	62	16	6415	75	190	42
62/32	32	65	17	6416	80	200	48
6208	40	80	18	6417	85	210	52
6209	45	85	19	6418	90	225	54
…	…	…	…	…	…	…	…

注：左侧表格第 1 列依次为 01 系列、02 系列；右侧表格第 1 列依次为 03 系列、04 系列。

三、技术要求

1. 表面粗糙度

产品几何技术规范（GPS）技术产品文件中表面结构的表示法（GB/T 131—2006）

产品几何技术规范（GPS）表面结构 轮廓法 表面粗糙度参数及其数值（GB/T 1031—2009）

附表 15　表面粗糙度参数及数值系列　　　　　　　（单位：μm）

参数	数值		推荐的取样长度 lr/mm	
	优选系列	补充系列		
Ra	0.012、	0.008、0.01、0.016、0.02、	≥0.008 ~ 0.02	0.08
	0.025、0.05、0.1、	0.032、0.4、0.063、0.08、	>0.02 ~ 0.1	0.25
	0.2、0.4、0.8、1.6、	0.125、0.16、0.25、0.32、0.5、 0.63、1、1.25、2	>0.1 ~ 2	0.8
	3.2、6.3、	2.5、4、5、8、10	>2 ~ 10	2.5
	12.5、25、50、	16、20、32、40、63、80	>10 ~ 80	8
	100			
Rz	0.025、0.05、0.1、	0.032、0.04、0.063、0.08	≥0.025 ~ 0.1	0.08
	0.2、0.4、	0.125、0.16、0.25、0.32、0.5	>0.1 ~ 0.5	0.25
	0.8、1.6、3.2、6.3、	0.63、1、1.25、2、2.5、4、5、 8、10	>0.5 ~ 10	0.8
	12.5、25、50、	16、20、32、40	>10 ~ 50	2.5
	100、200、	63、80、125、160、250、320、	>50 ~ 320	8
	400、800、1600	500、630、1000、1250		

注：在幅度参数常用的数值范围内（Ra 为 0.025 ~ 6.3 μm，Rz 为 0.1 ~ 25 μm）推荐优先选用 Ra。

2. 极限与配合

产品几何技术规范（GPS）极限与配合 第 1 部分：公差、偏差和配合的基础（GB/T 1800.1—2020）

产品几何技术规范（GPS）极限与配合 第 2 部分：标准公差等级和孔、轴极限偏差表（GB/T 1800.2—2020）

附表16　基孔制优先、常用配合

基孔制	a	b	c	d	e	f	g	h	js	k	m	n	p	r	s	t	u	v	x	y	z
				间隙配合					过渡配合				过盈配合								
H6						H6/f5	H6/g5	H6/h5	H6/js5	H6/k5	H6/m5	H6/n5	H6/p5	H6/r5	H6/s5	H6/t5					
H7						H7/f6	H7/g6	H7/h6	H7/js6	H7/k6	H7/m6	H7/n6	H7/p6	H7/r6	H7/s6	H7/t6	H7/u6	H7/v6	H7/x6	H7/y6	H7/z6
H8					H8/e7	H8/f7	H8/g7	H8/h7	H8/js7	H8/k7	H8/m7	H8/n7	H8/p7	H8/r7	H8/s7	H8/t7	H8/u7				
H8				H8/d8	H8/e8	H8/f8		H8/h8													
H9			H9/c9	H9/d9	H9/e9	H9/f9		H9/h9													
H10			H10/c10	H10/d10				H10/h10													
H11	H11/a11	H11/b11	H11/c11	H11/d11				H11/h11													
H12		H12/b12						H12/h12													

注：1. H6/n5、H7/P6 在公称尺寸≤3mm 和 H8/r7 在≤100mm 时为过渡配合。

2. 涂色的配合优先。

附表17　基轴制优先、常用配合

基孔制	A	B	C	D	E	F	G	H	JS	K	M	N	P	R	S	T	U	V	X	Y	Z
				间隙配合					过渡配合				过盈配合								
h5						F6/h5	G6/h5	H6/h5	JS6/h5	K6/h5	M6/h5	N6/h5	P6/h5	R6/h5	S6/h5	T6/h5					
h6						F7/h6	G7/h6	H7/h6	JS7/h6	K7/h6	M7/h6	N7/h6	P7/h6	R7/h6	S7/h6	T7/h6	U7/h6				
h7					E8/h7	F8/h7		H8/h7	JS8/h7	K8/h7	M8/h7	N8/h7									
h8				D8/h8	E8/h8	F8/h8		H8/h8													
h9				D9/h9	E9/h9	F9/h9		H9/h9													
h10				D10/h10				H10/h10													
h11	A11/h11	B11/h11	C11/h11	D11/h11				H11/h11													
h12		B12/h12						H12/h12													

注：涂色的配合优先。

附表18　孔的极限偏差（GB/T 1800.2—2009）　　　　（单位：μm）

大于	至	A 11	B 11	B 12	C 11	D 8	D 9	D 10	D 11	E 8	E 9	F 6	F 7	F 8	F 9	G 6	G 7
—	3	+330	+200	+240	+120	+34	+45	+60	+80	+28	+39	+12	+16	+20	+31	+8	+12
		+270	+140	+140	+60	+20	+20	+20	+20	+14	+14	+6	+6	+6	+6	+2	+2
3	6	+345	+215	+260	+145	+48	+60	+78	+105	+38	+50	+18	+22	+28	+40	+12	+16
		+270	+140	+140	+70	+30	+30	+30	+30	+20	+20	+10	+10	+10	+10	+4	+4
6	10	+370	+240	+300	+170	+62	+76	+98	+130	+47	+61	+22	+28	+35	+49	+14	+20
		+280	+150	+150	+80	+40	+40	+40	+40	+25	+25	+13	+13	+13	+13	+5	+5
10	14	+400	+260	+330	+205	+77	+93	+120	+160	+59	+75	+27	+34	+43	+59	+17	+24
14	18	+290	+150	+150	+95	+50	+50	+50	+50	+32	+32	+16	+16	+16	+16	+6	+6
18	24	+430	+290	+370	+240	+98	+117	+149	+195	+73	+92	+33	+41	+53	+72	+20	+28
24	30	+300	+160	+160	+110	+65	+65	+65	+65	+40	+40	+20	+20	+20	+20	+7	+7
30	40	+470	+330	+420	+280												
		+310	+170	+170	+120	+119	+142	+180	+240	+89	+112	+41	+50	+64	+87	+25	+34
40	50	+480	+340	+430	+290	+80	+80	+80	+80	+50	+50	+25	+25	+25	+25	+9	+9
		+320	+180	+180	+130												
50	65	+530	+380	+490	+330												
		+340	+190	+190	+140	+146	+174	+220	+290	+106	+134	+49	+60	+76	+104	+29	+40
65	80	+550	+390	+500	+340	+100	+100	+100	+100	+60	+60	+30	+30	+30	+30	+10	+10
		360	+200	+200	+150												
80	100	+600	+440	+570	+390												
		+380	+220	+220	+170	+174	+207	+260	+340	+125	+159	+58	+71	+90	+123	+34	+47
100	120	+630	+460	+590	+400	+120	+120	+120	+120	+72	+72	+36	+36	+36	+36	+12	+12
		+410	+240	+240	+180												
120	140	+710	+510	+660	+450												
		+460	+260	+260	+200												
140	160	+770	+530	+680	+460	+208	+245	+305	+395	+148	+185	+68	+83	+106	+143	+39	+54
		+520	+280	+280	+210	+145	+145	+145	+145	+85	+85	+43	+43	+43	+43	+14	+14
160	180	+830	+560	+710	+480												
		+580	+310	+310	+230												
180	200	+950	+630	+800	+530												
		+660	+340	+340	+240												
200	225	+1030	+670	+840	+550	+242	+285	+355	+460	+172	+215	+79	+96	+122	+165	+44	+61
		+740	+380	+380	+260	+170	+170	+170	+170	+100	+100	+50	+50	+50	+50	+15	+15
225	250	+1110	+710	+880	+570												
		+820	+420	+420	+280												
250	280	+1240	+800	+1000	+620												
		+920	+480	+480	+300	+271	+320	+400	+510	+191	+240	+88	+108	+137	+186	+49	+69
280	315	+1370	+860	+1060	+650	+190	+190	+190	+190	+110	+100	+56	+56	+56	+56	+17	+17
		+1050	+540	+540	+330												
315	355	+1560	+960	+1170	+720												
		+1200	+600	+600	+360	+299	+350	+440	+780	+214	+265	+98	+119	+151	+202	+54	+75
355	400	+1710	+1040	+1250	+760	+210	+210	+210	+210	+125	+125	+62	+62	+62	+62	+18	+18
		+1350	+680	+680	+400												
400	450	+1900	+1160	+1390	+840												
		+1500	+760	+760	+440	+327	+385	+480	+630	+232	+290	+108	+131	+165	+223	+60	+83
450	500	+2050	+1240	+1470	+880	+230	+230	+230	+230	+135	+135	+68	+68	+68	+68	+20	+20
		+1650	+840	+840	+480												

（续）

公称尺寸/mm		H							JS			K			M		
大于	至	6	7	8	9	10	11	12	6	7	8	6	7	8	6	7	8
—	3	+6 / 0	+10 / 0	+14 / 0	+25 / 0	+40 / 0	+60 / 0	+100 / 0	±3	±5	±7	0 / −6	0 / −10	0 / −14	−2 / −8	−2 / −12	−2 / −16
3	6	+8 / 0	+12 / 0	+18 / 0	+30 / 0	+48 / 0	+75 / 0	+120 / 0	±4	±6	±9	+2 / −6	+3 / −9	+5 / −13	−1 / −9	0 / −12	+2 / −16
6	10	+9 / 0	+15 / 0	+22 / 0	+36 / 0	+58 / 0	+90 / 0	+150 / 0	±4.5	±7	±11	+2 / −7	+5 / −10	+6 / −16	−3 / −12	0 / −15	+1 / −21
10	14	+11 / 0	+18 / 0	+27 / 0	+43 / 0	+70 / 0	+110 / 0	+180 / 0	±5.5	±9	±13	+2 / −9	+6 / −12	+8 / −19	−4 / −15	0 / −18	+2 / −25
14	18																
18	24	+13 / 0	+21 / 0	+33 / 0	+52 / 0	+84 / 0	+130 / 0	+210 / 0	±6.5	±10	±16	+2 / −11	+6 / −15	+10 / −23	−4 / −17	0 / −21	+4 / −19
24	30																
30	40	+16 / 0	+25 / 0	+39 / 0	+62 / 0	+100 / 0	+160 / 0	+250 / 0	±8	±12	±19	+3 / −13	+7 / −18	+12 / −27	−4 / −20	0 / −25	+5 / −34
40	50																
50	65	+19 / 0	+30 / 0	+46 / 0	+74 / 0	+120 / 0	+190 / 0	+300 / 0	±9.5	±15	±23	+4 / −15	+9 / −21	+14 / −32	−5 / −24	0 / −30	+5 / −41
65	80																
80	100	+22 / 0	+35 / 0	+54 / 0	+87 / 0	+140 / 0	+220 / 0	+350 / 0	±11	±17	±27	+4 / −18	+10 / −25	+16 / −38	−6 / −28	0 / −35	+6 / −48
100	120																
120	140	+25 / 0	+40 / 0	+63 / 0	+100 / 0	+160 / 0	+250 / 0	+400 / 0	±12.5	±20	±31	+4 / −21	+12 / −28	+20 / −43	−8 / −33	0 / −40	+8 / −55
140	160																
160	180																
180	200	+29 / 0	+46 / 0	+72 / 0	+115 / 0	+185 / 0	+290 / 0	+460 / 0	±14.5	±23	±36	+5 / −24	+13 / −33	+22 / −50	−8 / −37	0 / −46	+9 / −63
200	225																
225	250																
250	280	+32 / 0	+52 / 0	+81 / 0	+130 / 0	+210 / 0	+320 / 0	+520 / 0	±16	±26	±40	+5 / −27	+16 / −36	+25 / −56	−9 / −41	0 / −52	+9 / −72
280	315																
315	355	+36 / 0	+57 / 0	+89 / 0	+140 / 0	+230 / 0	+360 / 0	+570	±18	±28	±44	+7 / −29	+17 / −40	+28 / −61	−10 / −46	0 / −57	+11 / −78
355	400																
400	450	+40 / 0	+63 / 0	+97 / 0	+155 / 0	+250 / 0	+400 / 0	+630 / 0	±20	±31	±48	+8 / −32	+18 / −45	+29 / −68	−10 / −50	0 / −63	+11 / −86
450	500																

（续）

公称尺寸/mm		N			P		R		S		T		U	V	X	Y	Z
大于	至	6	7	8	6	7	6	7	6	7	6	7	7	7	7	7	7
—	3	-4	-4	-4	-6	-6	-10	-10	-14	-14	—	—	-18	—	-20	—	-26
		-10	-14	-18	-12	-16	-16	-20	-20	-24			-28		-30		-36
3	6	-5	-4	-2	-9	-8	-12	-11	-16	-15	—	—	-19	—	-24	—	-31
		-13	-16	-20	-17	-20	-20	-23	-24	-27			-31		-36		-43
6	10	-7	-4	-3	-12	-9	-16	-13	-20	-17	—	—	-22	—	-28	—	-36
		-16	-19	-25	-21	-24	-25	-28	-29	-32			-37		-43		-51
10	14	-9	-5	-3	-15	-11	-20	-16	-25	-21	—	—	-26	—	-33	—	-43
		-20	-23	-30	-26	-29	-31	-34	-36	-39			-44		-51		-61
14	18													-32	-38	—	-53
														-50	-56		-71
18	24	-11	-7	-3	-18	-14	-24	-20	-31	-27	—	—	-33	-39	-46	-55	-65
		-24	-28	-36	-31	-35	-37	-41	-44	-48			-54	-60	-67	-76	-86
24	30										-37	-33	-40	-47	-56	-67	-80
											-50	-54	-61	-68	-77	-88	-101
30	40	-12	-8	-3	-21	-17	-29	-25	-38	-34	-43	-39	-51	-59	-71	-85	-103
		-28	-33	-42	-37	-42	-45	-50	-54	-59	-59	-64	-76	-84	-96	-110	-128
40	50										-49	-45	-61	-72	-88	-105	-127
											-65	-70	-86	-97	-113	-130	-152
50	65	-14	-9	-4	-26	-21	-35	-30	-47	-42	-60	-55	-76	-91	-111	-133	-161
		-33	-39	-50	-45	-51	-54	-60	-66	-72	-79	-85	-106	-121	-141	-163	-191
65	80						-37	-32	-53	-48	-69	-64	-91	-109	-135	-163	-199
							-56	-62	-72	-78	-88	-94	-121	-139	-165	-193	-229
80	100	-16	-10	-4	-30	-24	-44	-38	-64	-58	-84	-78	-111	-133	-165	-201	-245
		-38	-45	-58	-52	-59	-66	-73	-86	-93	-106	-113	-146	-168	-200	-236	-280
100	120						-47	-41	-72	-66	-97	-91	-131	-159	-197	-241	-297
							-69	-76	-94	-101	-119	-126	-166	-194	-232	-276	-332
120	140	-20	-12	-4	-36	-28	-56	-48	-85	-77	-115	-107	-155	-187	-233	-285	-350
		-45	-52	-67	-61	-68	-81	-88	-110	-117	-140	-147	-195	-227	-273	-325	-390
140	160						-58	-50	-93	-85	-127	-119	-175	-213	-265	-325	-400
							-83	-90	-118	-125	-152	-159	-215	-253	-305	-365	-440
160	180						-61	-53	-101	-93	-139	-131	-195	-237	-295	-365	-450
							-86	-93	-126	-133	-164	-171	-235	-277	-335	-405	-490
180	200	-22	-14	-5	-41	-33	-68	-60	-113	-105	-157	-149	-219	-267	-333	-408	-503
		-51	-60	-77	-70	-79	-97	-106	-142	-151	-186	-195	-265	-313	-379	-454	-549
200	225						-71	-63	-121	-113	-171	-163	-241	-293	-368	-453	-558
							-100	-109	-150	-159	-200	-209	-287	-339	-414	-499	-604
225	250						-75	-67	-131	-123	-187	-179	-267	-323	-408	-503	-623
							-104	-113	-160	-169	-216	-225	-313	-369	-454	-549	-669
250	280	-25	-14	-5	-47	-36	-85	-74	-149	-138	-209	-198	-295	-365	-455	-560	-690
		-57	-66	-86	-79	-88	-117	-126	-181	-190	-241	-250	-347	-417	-507	-612	-742
280	315						-89	-78	-161	-150	-231	-220	-330	-405	-505	-630	-770
							-121	-130	-193	-202	-263	-272	-382	-457	-557	-682	-822
315	355	-26	-16	-5	-51	-41	-97	-87	-179	-169	-257	-247	-369	-454	-569	-709	-879
		-62	-73	-94	-87	-98	-133	-144	-215	-226	-293	-304	-426	-511	-626	-766	-936
355	400						-103	-93	-197	-187	-283	-273	-414	-509	-639	-799	-979
							-139	-150	-233	-244	-319	-330	-471	-566	-696	-856	-1036
400	450	-27	-17	-6	-55	-45	-113	-103	-219	-209	-317	-307	-467	-572	-717	-897	-1077
		-67	-80	-103	-95	-108	-153	-166	-259	-272	-357	-370	-530	-635	-780	-960	-1140
450	500						-119	-109	-239	-229	-347	-337	-517	-637	-797	-977	-1227
							-159	-172	-279	-292	-387	-400	-580	-700	-860	-1040	-1290

附表 19　轴的极限偏差（GB/T 1800.2—2020）　　　　　（单位：μm）

公称尺寸/mm		a	b		c	d				e		f					g	
大于	至	11	11	12	10	7	8	9	10	7	8	5	6	7	8	9	5	6
—	3	−270 / −330	−140 / −200	−140 / −240	−60 / −100	−20 / −30	−20 / −34	−20 / −45	−20 / −60	−14 / −24	−14 / −28	−6 / −10	−6 / −12	−6 / −16	−6 / −20	−6 / −31	−2 / −6	−2 / −8
3	6	−270 / −345	−140 / −215	−140 / −260	−70 / −118	−30 / −42	−30 / −48	−30 / −60	−30 / −78	−20 / −32	−20 / 38	−10 / −15	−10 / −18	−10 / −22	−10 / −28	−10 / −40	−4 / −9	−4 / −12
6	10	−280 / −370	−150 / −240	−150 / −300	−80 / −138	−40 / −55	−40 / −62	−40 / −76	−40 / −98	−25 / −40	−25 / −47	−13 / −19	−13 / −22	−13 / −28	−13 / −35	−13 / −49	−5 / −11	−5 / −14
10	14	−290 / −400	−150 / −260	−150 / −330	−95 / −165	−50 / −68	−50 / −77	−50 / −93	−50 / −120	−32 / −50	−32 / −59	−16 / −24	−16 / −27	−16 / −34	−16 / −43	−16 / −59	−6 / −14	−6 / −17
14	18	−290 / −400	−150 / −260	−150 / −330	−95 / −165	−50 / −68	−50 / −77	−50 / −93	−50 / −120	−32 / −50	−32 / −59	−16 / −24	−16 / −27	−16 / −34	−16 / −43	−16 / −59	−6 / −14	−6 / −17
18	24	−300 / −430	−160 / −290	−160 / −370	−110 / −194	−65 / −86	−65 / −98	−65 / −117	−65 / −149	−40 / −61	−40 / −73	−20 / −29	−20 / −33	−20 / −41	−20 / −53	−20 / −72	−7 / −16	−7 / −20
24	30	−300 / −430	−160 / −290	−160 / −370	−110 / −194	−65 / −86	−65 / −98	−65 / −117	−65 / −149	−40 / −61	−40 / −73	−20 / −29	−20 / −33	−20 / −41	−20 / −53	−20 / −72	−7 / −16	−7 / −20
30	40	−310 / −470	−170 / −330	−170 / −420	−120 / −220	−80 / −105	−80 / −119	−80 / −142	−80 / −180	−50 / −75	−50 / −89	−25 / −36	−25 / −41	−25 / −50	−25 / −64	−25 / −87	−9 / −20	−9 / −25
40	50	−320 / −480	−180 / −340	−180 / −430	−130 / −230	−80 / −105	−80 / −119	−80 / −142	−80 / −180	−50 / −75	−50 / −89	−25 / −36	−25 / −41	−25 / −50	−25 / −64	−25 / −87	−9 / −20	−9 / −25
50	65	−340 / −530	−190 / −380	−190 / −490	−140 / −260	−100 / −130	−100 / −146	−100 / −174	−100 / −220	−60 / −90	−60 / −106	−30 / −43	−30 / −49	−30 / −60	−30 / −76	−30 / −104	−10 / −23	−10 / −29
65	80	−360 / −550	−200 / −390	−200 / −500	−150 / −270	−100 / −130	−100 / −146	−100 / −174	−100 / −220	−60 / −90	−60 / −106	−30 / −43	−30 / −49	−30 / −60	−30 / −76	−30 / −104	−10 / −23	−10 / −29
80	100	−380 / −600	−220 / −440	−220 / −570	−170 / −310	−120 / −155	−120 / −174	−120 / −207	−120 / −260	−72 / −107	−72 / −126	−36 / −51	−36 / −58	−36 / −71	−36 / −90	−36 / −123	−12 / −27	−12 / −34
100	120	−410 / −630	−240 / −460	−240 / −590	−180 / −320	−120 / −155	−120 / −174	−120 / −207	−120 / −260	−72 / −107	−72 / −126	−36 / −51	−36 / −58	−36 / −71	−36 / −90	−36 / −123	−12 / −27	−12 / −34
120	140	−460 / −710	−260 / −510	−260 / −660	−200 / −360	−145 / −185	−145 / −208	−145 / −245	−145 / −305	−85 / −125	−85 / −148	−43 / −61	−43 / −68	−43 / −83	−43 / −106	−43 / −143	−14 / −32	−14 / −39
140	160	−520 / −770	−280 / −530	−280 / −680	−210 / −370	−145 / −185	−145 / −208	−145 / −245	−145 / −305	−85 / −125	−85 / −148	−43 / −61	−43 / −68	−43 / −83	−43 / −106	−43 / −143	−14 / −32	−14 / −39
160	180	−580 / −830	−310 / −560	−310 / −710	−230 / −390	−145 / −185	−145 / −208	−145 / −245	−145 / −305	−85 / −125	−85 / −148	−43 / −61	−43 / −68	−43 / −83	−43 / −106	−43 / −143	−14 / −32	−14 / −39
180	200	−660 / −950	−340 / −630	−340 / −800	−240 / −425	−170 / −216	−170 / −242	−170 / −285	−170 / −355	−100 / −146	−100 / −172	−50 / −70	−50 / −79	−50 / −96	−50 / −122	−50 / −165	−15 / −35	−15 / −44
200	225	−740 / −1030	−380 / −670	−380 / −840	−260 / −445	−170 / −216	−170 / −242	−170 / −285	−170 / −355	−100 / −146	−100 / −172	−50 / −70	−50 / −79	−50 / −96	−50 / −122	−50 / −165	−15 / −35	−15 / −44
225	250	−820 / −1110	−420 / −710	−420 / −880	−280 / −465	−170 / −216	−170 / −242	−170 / −285	−170 / −355	−100 / −146	−100 / −172	−50 / −70	−50 / −79	−50 / −96	−50 / −122	−50 / −165	−15 / −35	−15 / −44
250	280	−920 / −1240	−480 / −800	−480 / −1000	−300 / −510	−190 / −242	−190 / −271	−190 / −320	−190 / −400	−110 / −162	−110 / −191	−56 / −79	−56 / −88	−56 / −108	−56 / −137	−56 / −186	−17 / −40	−17 / −49
280	315	−1050 / −1370	−540 / −860	−540 / −1060	−330 / −540	−190 / −242	−190 / −271	−190 / −320	−190 / −400	−110 / −162	−110 / −191	−56 / −79	−56 / −88	−56 / −108	−56 / −137	−56 / −186	−17 / −40	−17 / −49
315	355	−1200 / −1560	−600 / −960	−600 / −1170	−360 / −590	−210 / −267	−210 / −299	−210 / −350	−210 / −440	−125 / −182	−125 / −214	−62 / −87	−62 / −98	−62 / −119	−62 / −151	−62 / −202	−18 / −43	−18 / −54
355	400	−1350 / −1710	−680 / −1040	−680 / −1250	−400 / −630	−210 / −267	−210 / −299	−210 / −350	−210 / −440	−125 / −182	−125 / −214	−62 / −87	−62 / −98	−62 / −119	−62 / −151	−62 / −202	−18 / −43	−18 / −54
400	450	−1500 / −1900	−760 / −1160	−760 / −1390	−440 / −690	−230 / −293	−230 / −327	−230 / −385	−230 / −480	−135 / −198	−135 / −232	−68 / −95	−68 / −108	−68 / −131	−68 / −165	−68 / −223	−20 / −47	−20 / −60
450	500	−1650 / −2050	−840 / −1240	−840 / −1470	−480 / −730	−230 / −293	−230 / −327	−230 / −385	−230 / −480	−135 / −198	−135 / −232	−68 / −95	−68 / −108	−68 / −131	−68 / −165	−68 / −223	−20 / −47	−20 / −60

（续）

公称尺寸/mm		h							js			k			m		
大于	至	5	6	7	8	9	10	11	5	6	7	5	6	7	5	6	7
—	3	0 −4	0 −6	0 −10	0 −14	0 −25	0 −40	0 −60	±2	±3	±5	+4 0	+6 0	+10 0	+6 +2	+8 +2	+12 +2
3	6	0 −5	0 −8	0 −12	0 −18	0 −30	0 −48	0 −75	±2.5	±4	±6	+6 +1	+9 +1	+13 +1	+9 +4	+12 +4	+16 +4
6	10	0 −6	0 −9	0 −15	0 −22	0 −36	0 −58	0 −90	±3	±4.5	±7	+7 +1	+10 +1	+16 +1	+12 +6	+15 +6	+21 +6
10	14	0 −8	0 −11	0 −18	0 −27	0 −43	0 −70	0 −110	±4	±5.5	±9	+9 +1	+12 +1	+19 +1	+15 +7	+18 +7	+25 +7
14	18																
18	24	0 −9	0 −13	0 −21	0 −33	0 −52	0 −84	0 −130	±4.5	±6.5	±10	+11 +2	+15 +2	+23 +2	+17 +8	+21 +8	+29 +8
24	30																
30	40	0 −11	0 −16	0 −25	0 −39	0 −62	0 −100	0 −160	±5.5	±8	±12	+13 +2	+18 +2	+27 +2	+20 +9	+25 +9	+34 +9
40	50																
50	65	0 −13	0 −19	0 −30	0 −46	0 −74	0 −120	0 −190	±6.5	±9.5	±15	+15 +2	+21 +2	+32 +2	+24 +11	+30 +11	+41 +11
65	80																
80	100	0 −15	0 −22	0 −35	0 −54	0 −87	0 −140	0 −220	±7.5	±11	±17	+18 +3	+25 +3	+38 +3	+28 +13	+35 +13	+48 +13
100	120																
120	140	0 −18	0 −25	0 −40	0 −63	0 −100	0 −160	0 −250	±9	±12.5	±20	+21 +3	+28 +3	+43 +3	+33 +15	+40 +15	+55 +15
140	160																
160	180																
180	200	0 −20	0 −29	0 −46	0 −72	0 −115	0 −185	0 −290	±10	±14.5	±23	+24 +4	+33 +4	+50 +4	+37 +17	+46 +17	+63 +17
200	225																
225	250																
250	280	0 −23	0 −32	0 −52	0 −81	0 −130	0 −210	0 −320	±11.5	±16	±26	+27 +4	+36 +4	+56 +4	+43 +20	+52 +20	+72 +20
280	315																
315	355	0 −25	0 −36	0 −57	0 −89	0 −140	0 −230	0 −360	±12.5	±18	±28	+29 +4	+40 +4	+61 +4	+46 +21	+57 +21	+78 +21
355	400																
400	450	0 −27	0 −40	0 −63	0 −97	0 −155	0 −250	0 −400	±13.5	±20	±31	+32 +5	+45 +5	+68 +5	+50 +23	+63 +23	+86 +23
450	500																

（续）

公称尺寸/mm		n			p		r			s			t		u	v	x	y	z
大于	至	5	6	7	5	6	5	6	5	6	7	5	6	6	6	6	6	6	6
—	3	+8 +4	+10 +4	+14 +4	+10 +6	+12 +6	+14 +10	+16 +10	+18 +14	+20 +14	+24 +14	—	—	+24 +18	—	+26 +20	—	+32 +26
3	6	+13 +8	+16 +8	+20 +8	+17 +12	+20 +12	+20 +15	+23 +15	+24 +19	+27 +19	+31 +19	—	—	+31 +23	—	+36 +28	—	+43 +35
6	10	+16 +10	+19 +10	+25 +10	+21 +15	+24 +15	+25 +19	+28 +19	+29 +23	+32 +23	+38 +23	—	—	+37 +28	—	+43 +34	—	+51 +42
10	14	+20 +12	+23 +12	+30 +12	+26 +18	+29 +18	+31 +23	+34 +23	+36 +28	+39 +28	+46 +28	—	—	+44 +33	—	+51 +40	—	+61 +50
14	18	+20 +12	+23 +12	+30 +12	+26 +18	+29 +18	+31 +23	+34 +23	+36 +28	+39 +28	+46 +28	—	—	+44 +33	+50 +39	+56 +45	—	+71 +60
18	24	+24 +15	+28 +15	+36 +15	+31 +22	+35 +22	+37 +28	+41 +28	+44 +35	+48 +35	+56 +35	—	—	+54 +41	+60 +47	+67 +54	+76 +63	+86 +73
24	30	+24 +15	+28 +15	+36 +15	+31 +22	+35 +22	+37 +28	+41 +28	+44 +35	+48 +35	+56 +35	+50 +41	+54 +41	+61 +48	+68 +55	+77 +64	+88 +75	+101 +88
30	40	+28 +17	+33 +17	+42 +17	+37 +26	+42 +26	+45 +34	+50 +34	+54 +43	+59 +43	+68 +43	+59 +48	+64 +48	+76 +60	+84 +68	+96 +80	+110 +94	+128 +112
40	50	+28 +17	+33 +17	+42 +17	+37 +26	+42 +26	+45 +34	+50 +34	+54 +43	+59 +43	+68 +43	+65 +54	+70 +54	+86 +70	+97 +81	+113 +97	+130 +114	+152 +136
50	65	+33 +20	+39 +20	+50 +20	+45 +32	+51 +32	+54 +41	+60 +41	+66 +53	+72 +53	+83 +53	+79 +66	+85 +66	+106 +87	+121 +102	+141 +122	+163 +144	+191 +172
65	80	+33 +20	+39 +20	+50 +20	+45 +32	+51 +32	+56 +43	+62 +43	+72 +59	+78 +59	+89 +59	+88 +75	+94 +75	+121 +102	+139 +120	+165 +146	+193 +174	+229 +210
80	100	+38 +23	+45 +23	+58 +23	+52 +37	+59 +37	+66 +51	+73 +51	+86 +71	+93 +71	+106 +71	+106 +91	+113 +91	+146 +124	+168 +146	+200 +178	+236 +214	+280 +258
100	120	+38 +23	+45 +23	+58 +23	+52 +37	+59 +37	+69 +54	+76 +54	+94 +79	+101 +79	+114 +79	+119 +104	+126 +104	+166 +144	+194 +172	+232 +210	+276 +254	+332 +310
120	140	+45 +27	+52 +27	+67 +27	+61 +43	+68 +43	+81 +63	+88 +63	+110 +92	+117 +92	+132 +92	+140 +122	+147 +122	+195 +170	+227 +202	+273 +248	+325 +300	+390 +365
140	160	+45 +27	+52 +27	+67 +27	+61 +43	+68 +43	+83 +65	+90 +65	+118 +100	+125 +100	+140 +100	+152 +134	+159 +134	+215 +190	+253 +228	+305 +280	+365 +340	+440 +415
160	180	+45 +27	+52 +27	+67 +27	+61 +43	+68 +43	+86 +68	+93 +68	+126 +108	+133 +108	+148 +108	+164 +146	+171 +146	+235 +210	+277 +252	+335 +310	+405 +380	+490 +465
180	200	+51 +31	+60 +31	+77 +31	+70 +50	+79 +50	+97 +77	+106 +77	+142 +122	+151 +122	+168 +122	+186 +166	+195 +166	+265 +236	+313 +284	+379 +350	+454 +425	+549 +520
200	225	+51 +31	+60 +31	+77 +31	+70 +50	+79 +50	+100 +80	+109 +80	+150 +130	+159 +130	+176 +130	+200 +180	+209 +180	+287 +258	+339 +310	+414 +385	+499 +470	+604 +575
225	250	+51 +31	+60 +31	+77 +31	+70 +50	+79 +50	+104 +84	+113 +84	+160 +140	+169 +140	+186 +140	+216 +196	+225 +196	+313 +284	+369 +340	+454 +425	+549 +520	+669 +640
250	280	+57 +34	+66 +34	+86 +34	+79 +56	+88 +56	+117 +94	+126 +94	+181 +158	+190 +158	+210 +158	+241 +218	+250 +218	+347 +315	+417 +385	+507 +475	+612 +580	+742 +710
280	315	+57 +34	+66 +34	+86 +34	+79 +56	+88 +56	+121 +98	+130 +98	+193 +170	+202 +170	+222 +170	+263 +240	+272 +240	+382 +350	+457 +425	+557 +525	+682 +650	+822 +790
315	355	+62 +37	+73 +37	+94 +37	+87 +62	+98 +62	+133 +108	+144 +108	+215 +190	+226 +190	+247 +190	+293 +268	+304 +268	+426 +390	+511 +475	+626 +590	+766 +730	+936 +900
355	400	+62 +37	+73 +37	+94 +37	+87 +62	+98 +62	+139 +114	+150 +114	+233 +208	+244 +208	+265 +208	+319 +294	+330 +294	+471 +435	+566 +530	+696 +660	+856 +820	+1036 +1000
400	450	+67 +40	+80 +40	+103 +40	+95 +68	+108 +68	+153 +126	+166 +126	+259 +232	+272 +232	+295 +232	+357 +330	+370 +330	+530 +490	+635 +595	+780 +740	+960 +920	+1140 +1100
450	500	+67 +40	+80 +40	+103 +40	+95 +68	+108 +68	+159 +132	+172 +132	+279 +252	+292 +252	+315 +252	+387 +360	+400 +360	+580 +540	+700 +660	+860 +820	+1040 +1000	+1290 +1250

参 考 文 献

［1］大连理工大学工程图学教研室. 机械制图［M］. 北京：高等教育出版社，2013.

［2］刘炀，李学京，邹玉堂，等. 机械工程图学中标准教学指南：T/SCGS 301001—2019［S］. 北京：中国图学学会，2019.

［3］邹玉堂，等. AutoCAD 2018 实用教程［M］. 北京：机械工业出版社，2018.

［4］宋金虎. 机械制图及 AutoCAD［M］. 北京：清华大学出版社，北京交通大学出版社，2018.

［5］何铭新，钱可强. 机械制图［M］. 北京：高等教育出版社，2016.